车辆装备战场抢修
3D 打印技术与应用

封会娟　杨纯艳　周慧　等著

国防工业出版社

·北京·

内 容 简 介

本书系统地介绍了车辆装备战场抢修3D打印技术的全过程及其应用;详细介绍了车辆装备3D打印战场抢修技术体系构建的原则、要素、生成和描述,以期带领读者以全新的视野和方法认识和掌握车辆装备战场抢修3D打印技术;着重阐述了车辆装备3D打印战场抢修流程、关键技术、抢修方案决策技术、控制优化技术,以及应用案例,为读者在相关行业中应用3D打印技术提供参考。

图书在版编目(CIP)数据

车辆装备战场抢修3D打印技术与应用 / 封会娟等著.
北京:国防工业出版社,2024.8.--ISBN 978-7-118-13173-4
Ⅰ.①E145.6
中国国家版本馆 CIP 数据核字第 2024Z64A10 号

※

国防工业出版社 出版发行

(北京市海淀区紫竹院南路23号 邮政编码100048)
北京凌奇印刷有限责任公司印刷
新华书店经售

*

开本 710×1000 1/16 插页3 印张17 字数323千字
2024年8月第1版第1次印刷 印数1—1000册 定价120.00元

(本书如有印装错误,我社负责调换)

| 国防书店:(010)88540777 | 书店传真:(010)88540776 |
| 发行业务:(010)88540717 | 发行传真:(010)88540762 |

编写组名单

主　　编　封会娟　杨纯艳　周　慧
副 主 编　董　岳　张　坚　杨英杰
参编人员　李慧梅　周　斌　杨　明
　　　　　　刘卫强　纪培彬　常　春
　　　　　　沈　虹　张　波　王　斌

前　言

　　3D 打印是一项集机械、材料、计算机、控制、信息等学科于一体的技术,虽然只发展了 30 余年,但其突破了传统制造技术在结构方面的复杂性,在复杂结构的快速制造、个性化定制等方面已显示出了明显优势,因而受到广泛关注,必将对各行各业带来深远的影响。

　　车辆装备是我军现代化武器装备体系的重要组成部分,直接影响作战任务的完成。即便现有的车辆装备已具备优秀的生存能力,但在复杂战场环境下仍面临着战场损伤。在战场上,车辆装备损伤修复的手段越多、范围越广、效率越高,战斗力的恢复能力就越强。为了更深入地研究车辆装备战场抢修新手段并推广应用,组织编写了本书。在撰写过程中,兼顾了不同知识背景读者的要求,既保证内容新颖、反映最新研究成果,又有军事理论知识探讨和应用实例。因此,本书既适合不同领域的工程技术人员阅读,也可作为相关行业的参考书。

　　全书分为 10 章,第 1 章为绪论,简述车辆装备战场抢修 3D 打印的相关概念、重要地位、发展历程、技术特点等;第 2 章介绍了车辆装备战场抢修 3D 打印的任务需求,主要包括 3D 打印应用于车辆装备的适用性、应用模式和任务清单;第 3 章介绍了车辆装备战场抢修 3D 打印流程,主要包括 3D 打印引入车辆装备战场抢修后的技术流程、备件供应流程;第 4 章介绍了车辆装备战场抢修 3D 打印的关键技术,主要包括 3D 打印战场修复技术、3D 打印备件供应技术、智能诊断评估技术和信息共享技术;第 5 章介绍了车辆装备战场抢修 3D 打印体系构建的原则、要素、生成和描述;第 6 章介绍了车辆装备战场抢修 3D 打印方案的决策技术,主要包括战场抢修方案评价指标体系的构建、抢修方案的组合评价方法和应用案例;第 7 章介绍了车辆装备 3D 打印控制优化技术,主要包括熔融沉积成形技术参数优化、有限元数值模拟和应用案例;第 8 章介绍了应用在车辆装备上的 3D 打印材料;第 9 章介绍了车辆装备战场抢修 3D 打印系统构建的基本原则、构建原理、系统组成和试验论证;第 10 章介绍了车辆装备战场抢修 3D 打印的典型案例。

　　由于本书涉及多学科交叉的前沿新技术,书中难免有疏漏之处,恳请广大读者批评指正!

作者
2024 年 4 月

目 录

第 1 章　绪论 1
 1.1　引言 1
 1.2　车辆装备战场抢修 3D 打印的相关概念 2
  1.2.1　战场抢修 2
  1.2.2　3D 打印 3
  1.2.3　车辆装备战场抢修 3D 打印 7
 1.3　车辆装备战场抢修 3D 打印的意义和作用 7
 1.4　车辆装备战场抢修 3D 打印的现状 8
  1.4.1　战场抢修现状 8
  1.4.2　3D 打印技术及其应用现状 9
 1.5　车辆装备战场抢修 3D 打印的发展 20
  1.5.1　3D 打印行业发展概况 20
  1.5.2　军用 3D 打印技术的发展概况 23

第 2 章　车辆装备战场抢修 3D 打印的任务需求 29
 2.1　车辆装备战场抢修的常用方法 29
 2.2　车辆装备的使命任务和技术特征 31
  2.1.1　车辆装备的功能 31
  2.2.2　车辆装备的技术特征 31
 2.3　车辆装备战场抢修 3D 打印的适用性分析 32
  2.3.1　必要性分析 32
  2.3.2　可行性分析 32
  2.3.3　局限性分析 36
 2.4　车辆装备战场抢修 3D 打印的应用模式和应用方法 37
  2.4.1　车辆装备战场抢修 3D 打印的应用模式 37
  2.4.2　车辆装备战场抢修 3D 打印的应用方法 38
 2.5　车辆装备战场抢修 3D 打印任务清单 38

第 3 章　车辆装备战场抢修 3D 打印流程 41

3.1 车辆装备战场抢修的现有流程 41
  3.1.1 战场损伤评估 41
  3.1.2 战场抢修现有流程 43
3.2 车辆装备战场抢修 3D 打印技术流程 45
  3.2.1 战场抢修技术的分析 45
  3.2.2 战场抢修 3D 打印技术流程 46
3.3 车辆装备 3D 打印备件供应流程 47
  3.3.1 备件供应流程 47
  3.3.2 3D 打印备件供应流程 48
3.4 车辆装备战场抢修 3D 打印流程 49

第 4 章 车辆装备战场抢修 3D 打印关键技术 51
4.1 车辆装备战场抢修能力需求 51
4.2 3D 打印战场修复技术 52
  4.2.1 3D 打印技术 52
  4.2.2 野战适应技术 53
  4.2.3 打印材料技术 53
  4.2.4 模型获取和处理技术 56
  4.2.5 打印后处理技术 58
4.3 3D 打印备件供应技术 58
  4.3.1 增材制造性分析技术 59
  4.3.2 三维模型数据库技术 60
  4.3.3 备件需求预测技术 61
  4.3.4 质量监控技术 61
4.4 损伤评估和数据通信技术 62
  4.4.1 智能诊断评估技术 62
  4.4.2 信息共享技术 63

第 5 章 车辆装备战场抢修 3D 打印综合技术体系构建 65
5.1 技术体系构建原则 65
5.2 技术体系要素 65
  5.2.1 技术组成要素 66
  5.2.2 技术体系结构要素 66
5.3 综合技术体系生成 67

5.4 综合技术体系描述 ... 69
5.4.1 技术视图模型 ... 69
5.4.2 技术视图实例描述 ... 69

第6章 车辆装备战场抢修 3D 打印方案决策技术 ... 73
6.1 车辆装备战场抢修方案 ... 73
6.1.1 战场抢修基本理论 ... 73
6.1.2 战场抢修流程 ... 75
6.1.3 车辆装备战场抢修方案分析 ... 77
6.1.4 战场抢修方案决策流程 ... 80
6.2 车辆装备战场抢修方案评价指标体系 ... 81
6.2.1 评价指标体系构建原则 ... 81
6.2.2 评价指标体系的构建 ... 83
6.2.3 指标体系的组合赋权方法 ... 87
6.3 车辆装备战场抢修方案组合评价 ... 91
6.3.1 单一评价方法评价 ... 91
6.3.2 组合评价的事前检验 ... 94
6.3.3 基于兼容度极大化的组合评价模型 ... 95
6.3.4 组合评价的事后检验 ... 97
6.4 车辆装备战场抢修方案决策应用案例 ... 98
6.4.1 基本情况 ... 98
6.4.2 决策过程 ... 100
6.4.3 结果分析 ... 110

第7章 车辆装备 3D 打印控制优化技术 ... 112
7.1 车辆装备 3D 打印 FDM 技术 ... 112
7.1.1 FDM 技术概述 ... 112
7.1.2 面向车辆装备战场抢修的 FDM 技术应用 ... 115
7.2 车辆装备 3D 打印 FDM 技术参数优化 ... 117
7.2.1 基于 Design-Expert 的试验设计 ... 117
7.2.2 基于模糊推理的多指标综合 ... 122
7.2.3 回归模型建立 ... 126
7.2.4 基于遗传算法的参数优化 ... 129
7.3 车辆装备 3D 打印 FDM 技术有限元数值模拟 ... 132

7.3.1　FDM 成形过程有限元模型的建立 ·············· 132
　　7.3.2　FDM 成形的温度场模拟 ······················· 135
　　7.3.3　FDM 成形的应力场模拟 ······················· 138
　　7.3.4　打印速度对成形质量的影响 ···················· 142
7.4　车辆装备 3D 打印应用案例 ······························ 144
　　7.4.1　实例选取 ······································ 145
　　7.4.2　参数优化与打印试验 ··························· 146
　　7.4.3　实车验证 ······································ 150
　　7.4.4　试验结果 ······································ 150

第8章　车辆装备典型 3D 打印材料应用 ················ 152

8.1　常用的 3D 打印材料 ··································· 152
　　8.1.1　金属材料 ······································ 153
　　8.1.2　无机非金属材料 ································· 155
　　8.1.3　高分子材料 ···································· 157
　　8.1.4　复合材料 ······································ 161
8.2　3D 打印材料在车辆装备战场抢修中的典型应用 ········· 165
　　8.2.1　车辆装备零部件分析 ····························· 165
　　8.2.2　PC 材料的应用 ·································· 165
　　8.2.3　ABS 和 PLA 材料的应用 ························ 166
　　8.2.4　金属钢和钛的应用 ······························· 168
　　8.2.5　其他材料的应用 ································· 169
8.3　车辆装备战场抢修 3D 打印材料的应用发展 ············· 169
　　8.3.1　3D 打印材料应用展望 ···························· 169
　　8.3.2　3D 打印材料发展举措 ···························· 170

第9章　车辆装备战场抢修 3D 打印系统构建技术 ········ 172

9.1　车辆装备战场抢修 3D 打印系统可行性 ················· 172
　　9.1.1　打印项目的可行性 ······························· 172
　　9.1.2　打印方式的可行性 ······························· 173
　　9.1.3　抢修方法的可行性 ······························· 173
　　9.1.4　战场(野战)条件的可行性 ························ 175
9.2　车辆装备战场抢修 3D 打印系统构建方法 ··············· 175
　　9.2.1　系统的基本概念及原理 ··························· 176

    9.2.2 车辆装备战场抢修 3D 打印系统构建的基本原则 …………… 177
    9.2.3 车辆装备战场抢修 3D 打印系统构建的原理与方法 ………… 177
  9.3 车辆装备战场抢修 3D 打印系统组成 ……………………………… 183
    9.3.1 装备零部件模型获取系统 …………………………………… 183
    9.3.2 模型数据处理系统 …………………………………………… 183
    9.3.3 多功能打印系统 ……………………………………………… 186
    9.3.4 精加工系统 …………………………………………………… 187
    9.3.5 载具系统 ……………………………………………………… 190
  9.4 车辆装备战场抢修 3D 打印系统论证与试验 ……………………… 191
    9.4.1 试验件的选取 ………………………………………………… 191
    9.4.2 试验件打印方案分析论证 …………………………………… 192
    9.4.3 打印设备选择 ………………………………………………… 193
    9.4.4 车辆装备战场抢修 3D 打印系统的试验 …………………… 193

第 10 章 车辆装备战场抢修 3D 打印实例验证 …………………………… 198
  10.1 低压油管 …………………………………………………………… 198
    10.1.1 低压油管技术特性与损伤模式 …………………………… 198
    10.1.2 低压油管战时破损 3D 打印抢修 ………………………… 199
  10.2 动力转向储油罐 …………………………………………………… 204
    10.2.1 动力转向储油罐技术特性与损伤模式 …………………… 204
    10.2.2 动力转向储油罐 3D 打印抢修 …………………………… 204
  10.3 气门室罩盖 ………………………………………………………… 209
    10.3.1 气门室罩盖技术特性和损伤模式 ………………………… 209
    10.3.2 气门室罩盖战时破损 3D 打印抢修 ……………………… 209
  10.4 放油螺塞 …………………………………………………………… 210
    10.4.1 放油螺塞技术特性和损伤模式 …………………………… 210
    10.4.2 放油螺塞战时破损 3D 打印抢修 ………………………… 211
  10.5 中冷器进气管 ……………………………………………………… 214
    10.5.1 中冷器进气管技术特性和损伤模式 ……………………… 214
    10.5.2 中冷器进气管 3D 打印抢修 ……………………………… 214
  10.6 散热器进水管 ……………………………………………………… 217
    10.6.1 散热器进水管技术特性和损伤模式 ……………………… 217
    10.6.2 散热器进水管战时破损 3D 打印抢修 …………………… 218

10.7　齿轮 ·· 222
　　　　10.7.1　齿轮技术特性与损伤模式 ··· 223
　　　　10.7.2　齿轮战时破损 3D 打印抢修 ·· 223
参考文献 ·· 227
附录 A　APDL 语句 ·· 231
附录 B　3D 打印概述 ·· 236

第1章 绪 论

1.1 引 言

未来战争是基于信息系统的体系对抗,车辆装备是我军现代化武器装备体系的重要组成部分,在信息赋能的时代背景下,车辆装备使用任务发生了重大的变化,从主战装备、信息化装备、保障装备和兵力投送的传统地面机动平台,发展提升为远程机动、兵力投送以及信息化武器装备的作战平台。在这种军事需求的猛烈推动下,随之而来的是车辆装备技术含量的增加和复杂程度的提升,车辆装备使用完好性和任务持续性的要求也越来越高,车辆装备直接影响部队作战、指挥控制、勤务支援和战术支援任务的执行。

现代战争中精确制导武器使用比例进一步加大,特种弹药种类增多,反应速度明显加快,命中精度显著提高,战场信息化水平大大增强,装备战场损伤呈现出以下特点:装备战损率和损伤严重程度加大,损伤威胁的结构发生变化,保障装备易受攻击,不同地域、不同装备的战损和损伤率差距增大等。即使车辆装备具备顽强的生存能力,但在复杂的战场环境下,仍不可避免地会出现战场损伤的状况,影响任务的完成。为了在战场上尽快修复车辆装备恢复战斗力,就需要对损伤车辆装备实施快速有效的战场抢修。

目前,车辆装备的战场抢修技术方法已经比较完备和成熟,随着高新技术和工业水平的发展,战场抢修也由过去的传统抢修方式朝着快速化、智能化、信息化的方向发展。探索先进技术,拓展抢修方法,丰富抢修技术体系,不断提高车辆装备战场抢修能力,是一个需要不断研究和探索的问题。

近年来,3D打印技术迅速发展,受到世界各国重视。美国《时代》周刊将3D打印技术列为"美国十大增长最快的工业",认为3D打印将是现代工业革命的源泉和驱动力;英国《经济学人》杂志称它将"与其他数字化生产模式一起,推动并实现第三次工业革命",认为该技术将改变人类未来生产与生活模式,实现社会化制造。随着对3D打印的深入研发,成本低廉、性能优越的打印材料逐渐出现在人们的视野,打印材料的不断丰富,使得3D打印大量应用在电子消费产品、车辆装备、航天航空、医疗、军工、地理信息及艺术设计等领域。

随着各军事强国对3D打印的重视,3D打印广泛应用于武器装备设计、制造和维修保障。2014年,美国海军利用金属材料快速制造出舰艇部件,实现了自足保障;同年,美国国家航空航天局(NASA)利用陶瓷材料制造出火箭发动机的喷射器并成功发射;2016年,俄罗斯以超低成本的工程塑料制造出无人机样机并成功试航。有专家预测,随着打印材料的不断发掘和研发,未来的军舰、飞机、坦克等大型复杂的武器装备,甚至军事基地等都可用3D打印机直接或间接制造出来,实现前方战场武器的"自给自足"和损伤装备的快速抢修。

在传统战场抢修技术中引入3D打印技术,构建基于3D打印的车辆装备战场抢修综合技术体系,不仅能补充完善现有抢修技术,提高车辆装备战场抢修的效率,而且还能解决目前战场抢修中可能出现的备件携带不足、备件购买困难、再造周期较长、特殊备件成本过高等问题。同时,在战场抢修体系中增加3D打印平台,可以将战场抢修所需的备件、工具等资源的生产及供应从后方迁移到前线,缩短车辆装备后勤保障供应链,减小保障规模,降低后勤供应风险,实现"利齿削尾",增强车辆的机动性,提高战场应急保障的军事效益。

1.2 车辆装备战场抢修3D打印的相关概念

1.2.1 战场抢修

1. 相关概念

战场抢修,美军称为战场损伤评估与修复(Battlefield Damage Assessment and Repair,BDAR),主要包括战场损伤评估和战场损伤修复。战场抢修的主要目的是使受损武器装备以最短时间返回战场,保证装备拥有基本作战或者实施自救的能力。装备的战场抢修是非常重要的战时保障工作,也是在战场上保持战斗力和恢复战斗力的重要保证。

战场损伤评估(Battlefield Damage Assessment,BDA)是指在时间紧迫的战场情况下,快速评估战损车辆装备的损伤严重程度,提出相应的损伤修复建议,为维修人员的抢修提供指导,保证能及时修复战损车辆,使其完成当前作战任务。

战场损伤修复(Battlefield Damage Repair,BDR)是指在评估完车辆装备损伤后,使用现场的抢修资源,采用有效的抢修措施,快速恢复战损的车辆装备的功能状态,使其继续完成当前任务或者退出战场自救。

战场损伤修复不同于平时修理,由于抢修时间有限,抢修环境又较为复杂多变,战损装备修复后的功能完备程度一般比平时维修低,装备的功能状态仅需恢复到能够完成当前作战任务即可,并不需要恢复全部功能。按照恢复的程度,通常可以将战损装备分为能全面执行任务、能使用、能应急使用、能自行撤回 4 种情况。因此,在战场抢修中,一般采用应急修理方法和措施修复车辆装备。根据损伤模式和程度,主要的修理方法有简化修理、替代、重构、拆换、原件修复、支配等。

战场损伤评估是战场损伤修复的前提,战场损伤修复技术的发展会影响损伤评估。

2. 战场抢修的特点

战场抢修的核心支撑就是高效、便捷的战场抢修技术。战场抢修技术是使战损装备能够恢复全部或部分功能的方法、工艺、技能和手段的统称。

由于战场环境恶劣,维修人员、设备等资源有限以及任务的紧迫性,战场抢修更加注重在最短时间内采用有效的修理方法和技术恢复损伤装备执行任务所需的基本功能。战场抢修具有抢修时间更加紧迫、损伤模式具有随机性和不确定性、修理方法灵活、恢复状态多样等特点。表 1-1 所列为战场抢修与平时维修的区别。

表 1-1 战场抢修与平时维修的区别

项 目	战场抢修	平时维修
故障原因	战损故障、超负荷故障、使用故障	使用故障、自然故障
恢复功能	全部或部分影响任务执行的基本功能	设计时规定的全部功能
目标	以最短时间恢复装备所需功能,满足作战需求	以最低费用保持战备完好性
场所	现地修理,野战修理机构修理环境恶劣,维修场所通常尽可能简易	部队级、基地级修理机构环境良好,维修资源配备齐全
标准	在满足一定作战能力的前提下,降低修理标准	维修标准较高,尽可能使装备恢复到标准状态
方法	原件更换,应急修理方式	规定的程序方法
人员	装备使用人员、抢修分队人员	专门的维修人员
标准	在满足一定作战能力的前提下,降低修理标准	维修标准较高,尽可能使装备恢复到标准状态

1.2.2 3D 打印

1. 相关概念

3D 打印是一项集机械、计算机、数控、材料等多学科于一体的数字化先进制造技术,是采用数字驱动方式将材料逐层堆积成形生成三维实体的技术。这种制造技术与传统的去除材料加工技术不同,又称为增材制造(Additive Manufacturing,AM)。

3D 打印原理与传统打印机类似,只不过其打印消耗材料不是墨粉,而是根据产品的不同选用多种高技术的新材料和不同类型的"打印头"来快速"打印"出最终产品或零部件。3D 打印基于离散堆积原理,通过材料的逐渐累积来实现制造的技术。它利用计算机将成形零件的 3D 模型切成一系列一定厚度的"薄片",3D 打印设备自下而上地制造出每一层"薄片",最后叠加成形出三维实体,如图 1-1 所示。

 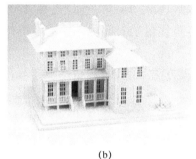

(a)　　　　　　　　　　　　　　　(b)

图 1-1　3D 打印的观赏品和房屋模型

3D 打印将传统的多维制造降为二维制造,突破了传统制造方法的约束和限制,能将不同材料自由制造成空心结构、多孔结构、网格结构及梯度功能结构等,从根本上改变了设计思路,即将面向工艺制造的传统设计变为面向性能最优的设计。3D 打印突破了传统制造技术对零部件材料、形状、尺度、功能等的制约,几乎可以制造任意复杂的结构,可跨越宏观、介观、微观、原子等多尺度,也可整体成形甚至取消装配。3D 打印可以有效简化生产工序,缩短制造周期。

3D 打印主要由高精度机械系统、数控系统、喷射系统和成形环境等子系统组成,其核心装备是集机械、控制及计算机技术等为一体的复杂机电一体化系统的 3D 打印机。此外,新型打印材料、打印工艺、设计与控制软件等也是 3D 打印技术体系的重要组成部分。

2. 3D 打印技术与传统加工技术对比

传统加工技术是对原材料进行一系列的制模、成形、切削、打磨、组装等工序的材料去除加工成形方法,与增材制造技术相对应,称为减材制造技术。

增减材复合加工技术是一种将增材制造与减材制造相结合的新技术,同时具备自由造型和精加工的技术优势。美国斯坦福大学研究的形状沉积制造(Shape Deposition Manufacturing,SDM)技术是融合增材制造代码与数控加工代码,控制安装在机床上的打印喷头和铣削刀具,实现堆积—铣削—堆积加工。由于在惰性气体环境下实施堆积、铣削加工可以防止金属成形层氧化,提高成形工件表面精度,减少内部气孔等缺陷。

从批量生产方面来看,增材制造与减材制造技术的加工环境和加工速度是不同的,机械加工过程使用冷却液对影响增材加工所需的惰性气体环境,铣削产生的废料会影响增材制造粉末的回收利用。由于增材制造速度较慢,一种技术加工时另一种技术处于"等待"状态,有时会浪费设备产能。为了使技术潜能最大化,提高生产制造速度,应将两种技术独立开来协调工作。

表 1-2 所列为 3D 打印技术与传统加工技术的比较,相比于传统加工方式,3D 打印技术具有无模具一体化成形、自由设计制造、小批量产品制造周期短、材料利用率高、生产成本低的优势。其不足之处是产品的表面质量和力学质量存在缺陷,需要依靠另外的后处理方式改善质量;制造速度一般,无法与机械加工的大批量制造优势相比。

表 1-2 3D 打印技术与传统加工技术的比较

制造方式	3D 打印	传统加工
完成方式	增材制造	减材制造
生产步骤	直接成形	有一定工序
模型(具)	三维数字模型,可实现复杂结构设计,满足功能集成化和轻量化需求	需要多个实体模具,模型简单,受制于加工方式
成形方式	数据驱动材料堆积,一体成形,减少装配次数	人工或电脑控制机器实施车、铣、削、磨等加工,再组装成形
加工场所	任何可放置 3D 打印系统的地域,减少运输环节	不同的固定厂房、设备分工合作
产品质量	成形效果好,但表面质量和力学性能需要经过后期处理提高	表面质量和力学性能符合当前标准
生产周期	新产品开发制造周期短,一般为 1~7 天,适用于小批量制作	新产品开发制造周期长,一般为 45 天左右,适用于大批量制造
人力	少量软硬件操作的技术型人才	大量不同工种的技能型工人
物质资源	原材料利用率高,一般为 60%~90%,污染小	原材料利用率低,一般为 10%~30%,废料较多,耗能大
生产成本	低	高

为了使3D打印技术面向生产,满足大批量生产对质量、成本和效率的要求。开发基于3D打印技术的新一代数字化柔性生产线,零件模型获取、粉末供应、增材制造成形、后期处理、质量检测等工作流程可全部采用自动化管理。3D打印数字化柔性生产线与现有的独立3D打印系统相比,能够满足零件大批量增材制造的需求,制造成本可降低50%,图1-2所示为3D打印制造的柴油发动机铝支架。

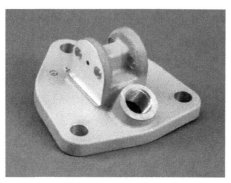

图1-2 3D打印制造的柴油发动机铝支架

3. 3D打印优势

1) 工艺水平高

在传统机械制造领域中,许多关键部位金属构件精度要求较高,制造难度大。而3D打印可以很容易制造出形状复杂、结构不规则的零部件。与传统机械加工相比,3D打印的零部件微观组织更细、力学性能更好、质量更小、精度更高,可大幅度提高产品的整体性能。经过20年的发展,目前3D打印成形的精度基本上都可以控制在0.3mm以下,如3D System公司的Projet SD 6000/7000最高成形精度高达0.025mm。

2) 生产周期短

传统机械加工对制造工艺和机器设备要求比较高,制造工艺繁杂,往往需要经过模具设计、模具制作、制作模型、修整等工序,机器设备庞大,生产周期较长。而3D打印无需复杂的工艺和大型的机械设备,只需在计算机中建立产品的三维模型,即可在较短时间内制造出产品的实体。全程数字化控制,可随时暂停修正,大大缩短了生产制造环节的时间,节省了运输时间,缩短了生产周期。

3) 个性化制作

采用传统制作工艺生产个性化模型的难度较大,成本高昂。而3D打印的模型数量可以自定义,不管一个还是多个都可以用相同的成本个性化制作,这个优势为3D打印开拓新的市场奠定了坚实的基础。

4) 材料多样性

一个3D打印系统可以使用多种材料的打印,制作材料的多样性可以满足不同领域的需要,如金属、无机非金属、高分子材料等。

5) 材料利用率高

传统的零件制造大都采用模具铸型和机械加工来完成,生产过程中,零件的大部分材料被车、刨、铣、磨等减法加工工艺去除,最终材料利用率较低,不足20%。3D打印采用加法加工工艺,根据零件实际尺寸进行精确堆积,无须切削加工,使得材料利用率极大提高。研究表明,3D打印材料利用率是传统工艺的5倍以上,制造成本降低一半。

1.2.3 车辆装备战场抢修3D打印

车辆装备战场抢修3D打印是运用3D打印技术,对车辆装备的战场损伤评估和战场损伤修复。

从内涵上讲,车辆装备战场抢修3D打印是3D打印领域与战场抢修领域的交叉和融合,是新技术在战场抢修领域的创新应用,既具有车辆装备战场抢修的本质特性,又具有3D打印的鲜明属性。

从外延上讲,车辆装备战场抢修3D打印关注的终极问题仍然是车辆装备战场抢修,是运用3D打印技术到车辆装备战场抢修中,最终目标是使受损车辆装备返回战场且拥有基本作战或自救的能力,主要内容包括战场损伤评估和战场损伤修复。

与其他融合领域一样,车辆装备战场抢修与3D打印融合将会衍生出新的抢修方法和抢修模式,也会遇到新的问题与挑战。

1.3 车辆装备战场抢修3D打印的意义和作用

由于3D打印技术无须模具、快速成形、便携式即时制造、精准再制造修复的优势,采用3D打印技术作为现有装备保障体系的一个技术补充,为车辆装备的战场抢修提供了新的解决思路和方法。3D打印技术在车辆装备战场抢修中的应用会大大提高我军的战场保障能力,甚至影响传统的战场保障模式,具有深远的意义。根据战场环境的复杂性与战场抢修的意义,3D打印在我军车辆装备的战场抢修中的应用优势主要有以下几个方面。

1. 快速制造替换零件

在战争背景下,车辆装备遭敌人袭击而导致零件损坏时,经过损伤评估,若零件损伤程度较大不能修复,应当采取换件修理。技术保障人员可以利用携带的 3D 打印机,快速打印出受损部件进行装配,使车辆装备尽快恢复再次投入使用。在阿富汗战争中,美军便在前线部署了两个由 3D 打印机构成的"移动零件医院",快速打印损伤的零件实施换件修理,提高了前线的战场抢修能力,极大增强了武器装备持续作战能力。

2. 准确修复损伤零件

当车辆装备损伤部件较大、换件修理耗材太多或损伤程度较小可修复时,均应采用原件修理。传统修复工艺如焊修、黏接等属于不精确尺寸修复,存在诸多不足:工件易变形、颗粒粗大、修复时间长、性能下降等。利用 3D 打印修复损伤部位时,可根据损伤部位的尺寸、形状确定技术参数,实现损伤部件的定量、定点、定形修复,修复后的零部件热变形小、组织均匀、颗粒细小,零部件性能可得到最大限度的恢复。

3. 精简改造复杂零件

当车辆装备战场损伤零件结构复杂、拆装困难时,在不影响车辆行驶功能的前提下,可以忽略该零件的部分功能,采用 3D 打印技术对原零件进行精简改造,快速打印出拆装便捷、结构简化、性能优越的新型零件。例如,车辆装备的机油滤清器损坏时,在战场情况下可以忽略滤清器的过滤作用,打印出一段油管将进油管和出油管连接起来,便能在最短时间内使得车辆装备恢复行驶功能。

4. 大幅减少库存零件

在战争中,易损零件的备用件库存数量决定着维修分队的战场抢修能力和武器装备的持续作战能力。因此,为了打赢战争,战争开始前会储备大量的保障物资,战争结束后运输处理没有使用的库存物资则成为一个难题,常常会造成巨大的经济损失。例如,海湾战争结束后,美国运输滞留在沙特的库存物资,花费近 20 亿美元。如果采用 3D 打印技术快速制造替换件和快速修复损伤件,就可使备用零件库存量大幅降低,甚至实现零库存。

1.4 车辆装备战场抢修 3D 打印的现状

1.4.1 战场抢修现状

战场抢修主要包括战场损伤评估和战场损伤修复,战场损伤评估是战场损伤修复的前提,战场损伤修复技术的发展会影响战场损伤评估。战场抢修是部队战斗力的倍增器,在第四次中东战争中,以色列军队得益于快速有效的战场抢修活动,以少胜多取得战争胜利,自此战场抢修的重要性得到了各国军队的广泛关注。

以美军为例,美军专门成立了战场损伤分析研究中心,制定了陆海空军各自的《战场损伤评估与修复(BDAR)纲要》,纲要规定了各军兵种装备 BDAR 技术手册的编制、抢修工具箱的开发、BDAR 组织训练要求等。1986 年,美国陆军在可靠性与维修性(Reliability and Maintainability,RAM)年会上提出了战斗恢复力的概念,要求将抢修性作为装备的固有特性在设计阶段进行考虑和建设。

在海湾战争和伊拉克战争中,美军将研发的数字化维修系统、故障诊断系统、多功能检测设备、交互式电子手册、远程支援维修系统、成套的 BDAR 工具箱等应用到战场上,经受实战检验,对恢复和保持装备作战性能发挥了重要作用。

美军通过 3D 课件、虚拟维修系统等网络教学手段对维修保障人员进行技术培训和指导,使其能掌握最新的装备战场抢修技术和工具。在部队维修保障作业体系上,目前美军正在将过去的四级维修演化为两级维修,野战级维修由过去的基层级(装备操作人员和部队基层维修分队)与直接支援级合并,在前方装备故障点或修理点负责更换故障零部件和组件;支援级维修由过去的全般支援级与基地级维修合并,负责故障部件维修,然后将其返还到备件供应系统。两级维修在结构上更加精简,减小了保障规模,提高了部队战时保障任务响应能力和抢修效率。

美军在理论和技术研究方面投入了大量科研力量,重视战场损伤数据的采集和分析,将研究出的最新成果应用到部队维修训练上,在较短时间内将新理论、新技术转化为部队战时维修保障能力。

1.4.2　3D 打印技术及其应用现状

1.4.2.1　3D 打印技术原理和类型

1. 3D 打印技术原理

3D 打印技术可用来制造金属、塑料、陶瓷等材质的零部件,产品制造基本流程如图 1-3 所示。

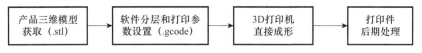

图 1-3　3D 打印基本流程

第一步是获取 3D 打印的产品模型,可以通过 Solidwoks、UG、CATIA 等软件设计产品三维模型,或者直接从三维模型数据库下载。产品三维模型一般为 STL 文件格式,以三角面片形式离散地表示实体的表面信息。

第二步是通过 Cura、3DMax 等 3D 打印处理软件对三维模型分层处理,然后根据选择的打印材料和打印方式,设置填充率、打印速度、温度等重要参数,得到一个打印机可以识别的 GCODE 代码文件。

第三步是打印机根据产品模型的分层信息,进行自下而上的材料累积,打印机不同其打印方式也不一样。

第四步是对成形的打印件进行后期处理。3D 打印过程中需要打印一些支撑结构来支持材料的堆积成形,打印完成后将打印件与打印基座分离,去除多余的支撑材料,后期再通过表面打磨处理和热处理提高零部件表面精度和力学质量。

2. 3D 打印技术类型

3D 打印综合了数字建模技术、机电控制技术、信息技术、材料科学与化学等诸多方面的前沿技术知识,具有很高的技术含量。目前,行业内主要有 7 种类型的 3D 打印技术。

(1)粉末床熔化技术:选择性地对粉末床的粉末进行熔化、凝固。大多采用金属粉末,也可使用塑料粉末和陶瓷粉末。其主要包括选择性激光烧结、选择性激光熔化、直接金属激光烧结、电子束熔化、多喷头熔融等技术。

(2)定向能量沉积技术:在激光、电子束等高能量作用下,金属粉末或者金属丝在产品表面熔融固化。该技术不受方向和空间限制,而且可以在一个产品上使用多种材料,适用于原件修复。其主要包括激光金属沉积、激光近净成形、直接金属沉积等技术。

(3)光聚合技术:液态光敏树脂通过紫外线或激光照射发生固化反应,凝固成稳定的固体形状。其主要包括立体光固化成形、数字光处理、连续液面生长等技术,可实现高精度和高复杂性打印,适用于大面积产品打印。

(4)材料挤出技术:将丝状的材料加热成熔融状态通过喷头挤出,市场普及较广,桌面级的打印机可用于简单模型的制造,工业级的打印机能够满足金属、塑料制品的实际应用需求。其主要包括熔融沉积成形、电熔制丝成形等技术。

(5)黏结剂喷射技术:根据部件的几何形状,控制喷嘴精确地喷射黏合剂,层层黏结金属粉末,最后在烧结炉中将黏结剂去除,以获得所需金属零件。

(6)材料喷射技术:材料层层铺放,通过光固化或者化学树脂热融的方式成形,可以在一个产品中喷射多种材料。其主要包括聚合物喷射、平滑曲率打印、多喷头造型等技术。

(7)层压技术:通过黏胶化学方法或者超声焊接方式将片状材料压合在一起,打印完成后把多余的部分切除。其主要包括分层实体制造、选择性沉积层压、超声增材制造等技术。

1.4.2.2 3D打印技术

1. 3D打印成形技术

3D打印成形技术最早由美国麻省理工学院于1993年开发,奠定了Z Corporation原塑制造过程的基础。3D打印技术使用液态联结体将铺有粉末的各层固化创建3D实体原型。利用3D打印技术,ZCorp.公司开发的3D打印成形具有处理速度快、成本低廉、应用范围广的特点。

ZCorp.公司的3D打印成形技术利用3D源数据,通常3D源数据的形式为计算机辅助设计(CAD)模型。机械CAD软件包作为创建3D数据的首批应用产品,很快便成为几乎所有产品开发流程的标准。其他行业(如建筑设计)也因3D技术所提供的绝对优势而将其应用于本行业,对于各种至关重要的应用产品,这些优势包括视觉效果更佳、自动化程度更高以及更经济有效地重复应用3D数据。

Z Corp.公司3D打印成形机使用标准喷墨打印技术,将液态连接体铺放在粉末薄层上逐层创建各部件。这种3D打印成形过程可精确地创建3D数据所展示的实体模型,打印成形所需的时间根据部件的高度而定。Z Corp.公司技术在打印成形过程中不需要使用实体或附加支持,并且所有未使用的材料都可再利用。

Z Corp.公司3D打印成形技术是市场上快捷的商用添加技术。Z Corp.公司使用600dpi(每英寸点数)分辨率的喷墨打印头,采用按需滴墨技术,制造出了真正独一无二的3D喷墨打印机。由于不需要刚性支柱结构,Z Corp.公司的3D打印成形机可垂直堆叠部件。用户可以利用整个制作区域,构建一个流程生产多个部件,减少制作总数,缩短处理时间。

2. 光固化成形法

光固化成形(Stereolithography Apparatus,SLA)法也称光造型、立体光刻、立体印刷,其工艺过程是以液态光敏树脂为材料充满液槽,由计算机控制的激光束跟踪层状界面轨迹照射到液槽中的液体树脂,使这一层液体树脂固化,然后升降台下降一层高度,在已成形的层面上再布满一层树脂,再进行新一层的扫描,新固化的一层牢固地粘在已成形的层面上,如此重复,直至整个零件制造完毕,最终得到一个3D实体模型。

SLA工艺是由Charles Hull于1984年获得美国专利并被3D Systems公司商品化,目前被公认为世界上研究最深入、应用最早的一种3D打印方法。

用于SLA工艺的材料主要为感光性的液态树脂,即光敏树脂。该类光敏树脂材料主要包括齐聚物、反应性稀释剂和引发剂。根据引发剂引发机理,这类光敏树脂材料分为自由基光固化树脂、阳离子光固化树脂和混杂型光固化树脂三类。自由基体系是由光引发剂受照射激发产生自由基,引发单体和预聚物聚合交联;阳离子体系是由阳离子光引发剂受辐射产生强质子酸,催化加速聚合,使树脂固化;混杂型体系则混合了上述两种固化原理。

光固化树脂最早采用激光照射而产生固化。西安交通大学为了降低成本于1996年推出了以廉价的紫外灯为光源的SLA工艺系统,同时研发了在紫外照射下产生固化的光敏树脂。近年来,美国一些公司研发并推出了采用蓝色卤素冷光照射而固化的光敏树脂,避免了温度升高给口腔带来的不适感,因此这类树脂首先用于人类修补牙齿。另外,冷光固化的光敏树脂用于3D打印,可以避免由于温度变化而造成的变形问题,因此可以用来打印高精度、高精密的模型。目前,发展SLA复合材料也是该工艺的一个重要研究方向。将SLA光固化树脂作为载体,通过加入纳米陶瓷粉末、短纤维等,可改善材料强度、耐热性能等,改变其用途;或者添加功能性材料如生物活性物质,在高温下将SLA烧蚀制造功能零件等。

3. 分层实体制造法

分层实体制造法(Laminated Object Manufacturing,LOM)也称为叠层实体制造,其工艺原理是根据零件分层集合信息切割箔材和纸等,将所获得的层片黏结成实体。实体工艺过程是:首先,铺上一层箔材,用滚子碾压并加热,以固化黏结剂,使新铺上的一层牢固地黏结在已形成体上;然后,切割该层的轮廓,如此反复直到加工完毕;最后,去除切碎部分得到完整的零件。该工艺的特点是工作可靠、模型支撑性好、成本低、效率高;缺点是前期、后期处理费时费力,且不能制造中空结构件。

Michael Feygin于1984年提出LOM工艺,并于1985年组建Helisys公司,1990年前后开发了第一台商业机型LOM-1015,之后Helisys公司被Cubic Technologies公司收购。目前,研究LOM工艺的有Helisys公司、华中科技大学、清华大学、Kira公司、Sparx公司和Kinergy公司。对制作大型零件而言,特别是汽车工业,LOM一般比SLA更适用,现在国内3D打印在工业领域用得比较多的就是这种工艺。LOM工艺中的打印材料涉及薄层材料、黏结剂和涂布工艺三个方面的问题。薄层材料可分为纸材、塑料薄膜、金属箔等,目前多为廉价的纸材;而黏结剂一般为热熔胶。纸材的选取、热溶胶的配置及涂布工艺均要从保证最终原型零件的质量出发,同时要考虑成本。

对于LOM打印材料的纸材,原则上只要满足以下特性要求就可以选用:抗湿性、浸润性、足够的抗拉强度、较小的收缩率等。Helisys公司除原有的LPH、LPS和LPF三个系列纸材品种,还开发了塑料和复合材料品种。华中科技大学推出的HRP系列成形机和成形材料具有较高的性价比,打印过程中需要从废料中剥离3D打印件,剥离难度大,打印件表面粗糙不光滑,带有明显的阶梯纹且容易出现层裂。

4. 选择性激光烧结法

选择性激光烧结法(Selected Laser Sintering,SLS)常采用金属、陶瓷、AS塑料等材料的粉末作为成形材料,其工艺过程是:在工作台上铺上一层粉末,在计算机控制下激光束有选择地烧结粉末,零件的空心部分不烧结,仍为粉末材料,被烧结部分便固化在一起构成零件的实心部分,一层完成后再进行下一层,新一层与其上一层牢牢地烧结在一起。全部烧结完成后,去除多余的粉末便得到烧结成的零件。该工艺的特点是材料适用面广,不仅能制造塑料零件,还能制造陶瓷、金属、蜡等材料的零件,造型精度高,原型强度高,所以可用样件进行功能试验或装配模拟。

SLS法由美国得克萨斯大学奥斯汀分校的Dechard于1989年研制成功,首先被美国DTM公司商品化,DTM公司后来被美国3D Systems公司收购。同时,德国的EOS公司也在该领域占有一定的市场份额,其前身主要以研究粉末冶金无收缩烧结铜粉材料为主,并在该材料的基础上推出的(Direct Metal Laser Sintering,DMLS)工艺系统也同属SLS工艺范畴,主要有EOSINT M 250、EOSINT M 250 Xtend和EOSINT M 270三种。

从形态上讲,用于SLS工艺的材料是各类粉末,如尼龙粉、覆裹尼龙的玻璃粉、聚碳酸脂粉、聚酰胺粉、蜡粉、金属粉(打印后通常需要再烧结及渗铜处理)、覆裹热凝树脂的细沙、覆蜡陶瓷粉和覆蜡金属粉等;从材质上讲,SLS工艺不仅能成形石蜡、塑料等低熔点材料,还可以直接成形包括不锈钢在内的金属,甚至是陶瓷等高熔点材料。利用金属或陶瓷材料打印获得高强度、高硬度的制件或零件,SLS工艺的上述特点是获得业界广泛关注和具有应用前景的主要原因。

在SLS工艺研究初期,人们一直试图对某种单一成分的金属材料进行烧结,如Cu、Pb、Sn及Zn等低熔点金属,但是发现在烧结过程中很容易产生"球化"现象:当输入的能量不太大时,容易得到由一串圆球组成的扫描线;当输入的能量足够高时,容易得到半椭圆形连续的烧结线,烧结过程中激光功率越高粉末飞溅现象越严重,影响尺寸精度。"球化"现象产生的原因主要与粉末熔化后液体质点的受力情况有关。激光快速加热冷却形成温度梯度,由此产生的表面张力远比松散固体金属粉末之间的相互作用力大,导致金属粉末被液体质点黏结形成较大的球体,激光功率越大,球的直径也越大。

为了改善成形质量,减少"球化"现象的发生,人们将SLS工艺中原型材料的注意力转向了多元系液相烧结。多元系液相烧结是以低熔点成分为黏结剂,把高熔点的基体材料黏结在一起。烧结时激光将粉末升温至成分熔点之间的某一温度,将黏结剂粉末熔化,在表面张力的作用下,熔化的黏结剂填充于未熔化的基体粉末颗粒间的孔隙中,将基体材料黏结在一起。目前,商品化的多元系液相烧结原型材料基本上有两种:一种是使用具有不同化学性质的粉末混合材料,该混合材料的液相来自低熔点组元的熔化或者低熔共晶物的形成;另一种是将预合金化的粉末加热到固相线与液相线之间的某个温度,进行超固相线温度烧结。DTM公司推出和使用的SLS打印材料属于前者,主要是聚合物包裹的金属粉末,烧结而成的绿件(非最终件)强度低,干燥脱湿后需要放入高温炉膛内进行渗铜致密;EOS公司研制的SLS原型材料则属于后者,是由含有不同熔点、不同收缩率的金属化合物组成的金属粉末。目前,应用比较成熟的是前一种多元系液相烧结原型材料。

DTM公司和EOS公司每年仍有数种新产品问世。DTM公司的新产品DuraForm GF材料,成形件精度更高,表面更光滑,用该材料造出了汽车上的蛇形管、密封垫和门封等防渗漏的柔性零件;Rapidtool 2.0的收缩率只有0.2%,其成形件可以达到较高的精度和较低的表面粗糙度,几乎不需要后续抛光工序;Polycarbonate铜-尼龙混合粉末,主要用于制作小批量的注塑模。目前,EOS公司发展的一种新的尼龙粉末材料PA3200 GF,类似于DTM公司的DuraForm GF,用这种材料制作的零件精度和表面粗糙度都较好。

钛合金Ti6Al4V是目前与人类生物相容性最接近的金属材料,通过SLS工艺打印粉末态的钛合金,获得的均匀多孔生物结构可以与人体组织获得更好的成长结合,因此钛合金在SLS工艺中用来打印人类需要置换的各类骨骼、关节等器官。国内外这样的手术案例已经很多,我国在该领域走在世界前列。

在打印过程中,未经烧结的粉末对原型的空腔和悬臂部分起着支撑作用,不必像SLA和FDM工艺那样额外设置支撑工艺结构,而且SLS工艺能够直接成形金属制品,这使得SLS原型工艺的发展颇为引人注目,是工业领域最具推广价值的工艺方式,在华中科技大学等国内高校获得了大力发展。然而,用该类3D打印材料制作的打印件,虽然具有不受零件形状复杂程度的限制、无须任何支撑且尺寸精度较高、成形材料广泛、材料利用率高等优点;但该类材料也有明显缺点,其制件力学性能差、表面质量差、致密度低且后续渗铜致密工艺过程复杂。

5. 熔融沉积成形法

熔融沉积成形法(Fused Deposition Modeling,FDM)又称为熔丝沉积成形,其工艺过程是以热塑性成形材料丝为材料,材料丝通过加热器的挤压头融化成液体,由计算机控制挤压头沿零件每一截面的轮廓准确运动,使融化的热塑材料丝通过喷嘴挤出,覆盖于已建造的零件之上,在极端的时间内迅速凝固形成一层材料。然后,挤压头沿轴向向上运动微小距离,进行下一层材料的建制,这样逐层由底到顶堆积成一个实体模型或零件。该工艺的特点是使用维护简单,成本较低,速度快。一般情况下,复杂程度原型仅需要几个小时即可成形,而且成形过程无污染。

FDM 工艺以美国 Stratasys 公司开发的 FDM 成形系统应用最为广泛。该公司自 1993 年开发出第一台 FDM1650 机型后,先后推出了 FDM2000、FDM3000、FDM8000 及 1998 年推出的引人注目的 FDM Quantum 机型,该机型的最大造型体积达到 600mm×500mm×600m。国内的清华大学与北京殷华公司也较早地进行了 FDM 工艺商品化系统的研制工作。目前,国内外桌面型的 3D 打印用得最多的就是这种工艺。

目前,可用于该工艺的材料主要为便于熔融的低熔点材料,一般加工过程为丝状材料经供料辊送到喷头的内腔加热。不同材料的加热熔融温度不同,熔模铸造蜡丝为 74℃,机械加工蜡丝为 96℃,聚烯烃树脂丝为 106℃,聚酰胺丝为 155℃,丙烯腈、丁二烯、苯乙烯共聚物(Acrylonitrile-Butadience-Styrene,ABS)塑料丝为 270℃。

1)ABS

所有的 FDM 原型系统都提供 ABS 作为打印材料,接近 90% 的 FDM 模型都是由这种材料制造的。ABS 打印件的强度可以达到 ABS 注塑件的 80%,而其他属性如耐热性与抗化学性也近似或相当于注塑件,耐热温度为 93.3℃,这让 ABS 成为功能性测试应用中广泛使用的材料。

2)聚碳酸酯

聚碳酸酯(Polycarbonate,PC)是在 Titan 机型上使用的一种新式打印材料。增强型的 PC 打印材料比 ABS 原型材料生产的模型更经得起外力与负载,甚至还可以达到注塑 ABS 成形件的强度,其耐热温度为 125℃。

3)聚苯砜

在各种打印材料之中,聚苯砜(Polyphenylsulfone,PPSF)有着最高的强韧性、耐热性(其耐热温度为 400℃)和抗化学性,是在 Titan 机型上使用的一种新式工程材料。航天工业、汽车工业以及医疗产品业的生产制造商是第一批使用这种材料的用户。航天工业应用该材料的难燃属性,汽车制造业应用其抗化学性以及在 400℃ 以上还能持续运作的特性,医疗产品制造商对聚苯砜材料具有消毒能力深感兴趣,砜(sulfone)本身是一种有机硫化合物,用作治疗麻风病或结核病。

以上是 FDM 工艺应用最广泛和最新的三种打印材料。为了节省材料成本和提高沉积效率,新型 FDM 工艺系统采用了双喷头:一个喷头用于挤出沉积原型材料;另一个喷头用于挤出沉积支撑材料。一般来说,原型材料丝精细成本较高,沉积效率较低,而支撑材料丝较粗成本较低,沉积效率较高。双喷头提高了沉积效率和降低了原型制作成本,还可以灵活地选择具有特殊性能的支撑材料,方便后处理过程中去除支撑材料。支撑材料需要能够承受一定的高温,与原型材料不浸润,具有水溶性或者酸溶性、较低的熔融温度、特别好的流动性等。目前,有两种类型的支撑材料,即水溶性(Water Works,WW)类和易剥离性(Break Away Support Structure,BASS)类,该类3D打印材料的主要缺点是局限于低熔点材料。

6. 电子束选区熔化成形技术

电子束选区熔化成形技术(Electron Beam Melting,EBM)是在真空环境下以电子束为热源,金属粉末为成形材料,通过不断在粉末床上铺展金属粉末,然后用电子束扫描熔化,使一个个小的熔池相互熔合并凝固,这样不断反复,形成一个完整的金属零件实体。这种技术可以制造出结构复杂、性能优良的金属零件,但是成形尺寸受到粉末床和真空室的限制。

7. 激光选区熔化成形技术

激光选区熔化成形技术(Selective Laser Melting,SLM)的原理与电子束选区熔化成形技术相似,也是一种基于粉末床的铺粉成形技术,只是热源由电子束换成了激光束,通过这种技术同样可以成形出结构复杂、性能优异、表面质量良好的金属零件,但目前这种技术无法成形出大尺寸的零件。

针对SLS工艺的缺点,德国Fraunholfer学院于1995年提出同样采用离散-堆加原理的SLM技术,该工艺不仅具有SLS的优点,而且成形金属致密度高,力学性能好,它的出现给复杂金属零件的制造带来了一场革命。德国的MCP公司、EOS公司和法国的Phenix公司均已实现SLM设备及相应粉末材料的商品化生产,并处于国际领先地位。国内从事SLM设备与工艺研发的单位主要有江苏永年激光成形技术有限公司、华中科技大学、北京航空航天大学等,但未有成熟的商品化材料见诸市场。SLM材料种类包括铁基合金、镍基合金、铝合金、钛合金等。

铁基合金在工程技术中占有重要地位,因而铁基粉末的SLM成形研究得最广泛、最深入,包括伊朗谢里夫理工大学研究的Fe-0.8C-4Cu-0.4P合金、瑞典卡尔斯塔德大学研究的Fe-20Ni-8.3Cu-1.35P合金、英国利物浦大学研究的H13工具钢、德国鲁尔大学研究的316L不锈钢等。由于纯铁粉直接激光熔化时容易伴随大量孔洞产生,上述研究成果通过合金化以提升成形动力学,改善成形性能,提高相对密度。

铝合金一直广泛应用于汽车、航空航天等领域内的冷却和轻量化的零部件,也备受3D打印界的关注。AlSi10Mg Speed1.0是EOS公司的新近产品,平均粒径为30μm,经过3D打印后几乎可以获得100%的致密度,制件的抗拉强度可达到360MPa,屈服强度可达到220MPa。

钛合金是3D打印界新近在金属材质方向的研究热点。北京航空航天大学先后攻克了飞机次承力钛合金复杂结构件、大型主承力钛合金结构件的SLM工程化应用技术,顺利通过在某型飞机上全部应用试验考核,使我国成为继美国之后世界上第二个掌握飞机次承力钛合金复杂结构件SLM工程化技术并实现在飞机上应用的国家;而实现大型主承力钛合金结构件的SLM工程化及装机应用,我国则是目前世界上唯一的国家。上述SLM工程化的钛合金结构件主要为TA15、TC4两种钛合金牌号。然而,该类SLM打印材料需在高温液态下凝固成形,尺寸收缩、结晶晶粒粗大及内应力等问题是值得深入研究的。

8. 金属激光熔融沉积成形技术

金属激光熔融沉积成形技术(Laser Direct Melting Deposition,LDMD)以激光束为热源,通过自动送粉装置将金属粉末同步精确地送入激光在成形表面上所形成的熔池中。随着激光斑点的移动,粉末不断地送入熔池中熔化然后凝固,最终得到所需要的形状。这种成形工艺可以成形大尺寸的金属零件,但是无法成形结构非常复杂的零件。

9. 电子束熔丝沉积成形技术

电子束熔丝沉积成形技术又称电子束自由成形制造技术(Electron Beam Freeform Fabrication,EBF),是在真空环境中以电子束为热源、金属丝材为成形材料,通过送丝装置将金属丝送入熔池并按设定轨迹运动,直到制造出目标零件或毛坯。这种方法效率高,成形零件内部质量好,但是成形精度及表面质量差,不适用于塑性较差的材料,因此无法加工成丝材。

10. 连续液面生长技术

2014年,连续液面生长技术(Continuous Liquid Interface Production,CLIP)申请专利。2015年3月20日,Carbon 3D公司的CLIP技术登上了权威学术杂志Science的封面。CLIP技术本质上是SLA或DLP的改进,并且利用了氧阻聚效应:使用一种透明透气的特氟龙膜作为树脂槽底部,该膜可以同时通过光和氧气,由于氧阻聚效应,进入树脂槽的氧气能够在树脂内营造一个光固化的"盲区",这个"盲区"最小可达几十微米厚(为2~3个红细胞的直径)。在"盲区"里的树脂不会发生光聚合反应,光线会固化"盲区"上方的光敏树脂。固化的打印件并没有像传统的SLA技术那样黏在树脂槽底部,打印时无须缓慢剥离,可以做到连续打印,完成一件产品只需要几分钟,相比以往的3D打印技术需要数个小时的过程,Carbon 3D公司的CILP技术的工作效率提高了25~100倍。

2016年2月,中国科学院福建物质结构研究所3D打印工程技术研发中心提出了一种特殊的半渗透性透明元件,作为树脂槽内底面的一部分,固定于打印光源的照射路径上。该类半渗透性透明元件对氧气的透过率比一般性高分子聚合物高,最高可到 10 倍,氧气或空气均可作为固化抑制剂使用。由于液态抑制固化层的存在,固化区域与树脂槽底部能够轻松无损伤分离,实现全程固化的高速连续性,获得最大打印速度超过 600mm/h,比美国 Carbon 3D 公司发布的连续 3D 打印设备速度快约 20%。

11. 多喷头熔融技术

多喷头熔融技术(Multi-Jet-Fusion,MJF)也是近年来刚兴起的 3D 打印工艺之一,主要由惠普公司研发,称为是新兴增材制造技术的一大"中坚力量"。该技术类似于传统的平面打印技术,采用多主体(Multi-Agent)打印材料,层层熔固。

MJF 技术采用逐层制造技术,其喷出的是粉末状的物体,此外还有两个结构同时工作,一个负责加热喷涂基础材料,另一个喷涂化学试剂来强化打印细节与着色。两套传动机制相对独立分别工作,使得 3D 打印机具有较高生产效率的同时,可获得高质量的输出成品。其工作过程为:首先,在工作区域喷涂第一层热熔基础材料后,传动装置带动惠普热熔喷墨阵列从左端移动到右端,在整个工作区域喷涂化学溶剂;然后,顶端装置在传动带的驱动下,从上到下对化学溶剂进行加热,同时再次喷涂热熔材料并进行加热,进而为下一循环做准备。因此,单次循环过程可理解为"喷涂热熔材料—喷涂化学溶剂—加热"的过程。为保证输出效率,每次循环过程结束后,传动装置驱动喷头进行右左、下上方向移动,进行第二次循环喷涂,直至成品打印完毕。

12. 其他 3D 打印技术

随着计算机技术的发展,陆续出现了许多新的 3D 打印技术,如数字光处理(DLP)技术,其原理与 DLP 投影机的技术相同,其制造过程与立体光固化成形(SLA)技术类似,但是由于其能生产的产品精度较高,因此价格也较昂贵。还有与 DLP 类似的技术,如使用发光二极管(Light-Emitting Diode,LED)来固化树脂的 3D 打印技术,采用双光子的光聚合反应实现超小型 3D 打印的技术,使用纸张或卡片粘在一起,然后用激光切割来实现的分层实体制造技术等。

1.4.2.3　3D 打印技术应用现状

由于 3D 打印技术具有复杂结构制造优势,在汽车、船舶、航空航天等高端制造业,3D 打印助力轻量化和功能集成化的新零部件开发。拓扑优化是通过采用中空夹层、薄壁加筋、点阵等具有特殊功能的复杂结构,在满足边界条件、预张力、负载等条件的情况下,实现最佳材料构成的设计方式,提高产品质量和性能。通用公司对经过拓扑优化设计的发动机喷油嘴进行 3D 打印,将喷油嘴的零件数量从20多个减少到1个,整体减重25%,并且改善了传统喷油嘴容易过热和积炭的问题,提高了5倍使用寿命。

中国汽车工程协会在《中国制造2025》(2015年5月国务院发布)中发布了汽车制造3D打印技术路线图,到2020年,实现汽车零部件3D打印间接制造,汽车关键零部件制造周期缩短50%;到2025年,实现汽车零部件3D打印直接制造,新车研发周期缩短50%;到2030年,实现多材料、复合3D打印和批量打印生产,高端车型零部件直接打印。

3D打印在民用领域发展应用的同时,也在助力军事领域的应用。美军大力发展3D打印技术,将其应用在装备研制和装备维修保障方面,如图1-4所示。

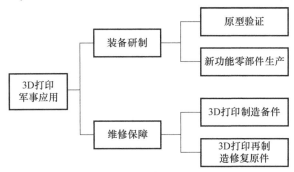

图1-4 3D打印技术在军事上的应用

在装备研制方面,3D打印技术能够实现复杂功能性结构在产品上的应用,而且能够快速制造出产品原型,极大缩短产品研制周期,并且节约制造原材料和人力等生产成本。美军已将3D打印技术用于火箭发动机、卫星、导弹、飞机、固定翼无人机、榴弹发射器等武器装备的零部件研发制造,提高了装备功能特性。

在装备快速维修保障方面,2001年,美军联合Optomec公司建立了基于激光近净成形(Laser Engineered Net Shaping,LENS)技术的军械修复系统,对艾布拉姆斯M1坦克燃气涡轮发动机零部件(转子、密封转轮、间隔压气机、导向器叶片、压气机定子、压气机叶片等)进行再制造修复。由于再制造修复比直接更换零部件更经济节约,第一年该系统为美军节省军费开支630万美元。2012年和2013年,美国陆军陆续将两部3D打印系统部署至阿富汗战场,系统布置后,在1年多时间生产了近15000个零件,实现了备件精确保障。利用3D打印技术,在战场上美军就可以满足装备保障的备件需求,摆脱冗余复杂的战场保障供应链,增强单兵作战、战区巡逻以及小型前线作战基地的持续作战能力。

1.5　车辆装备战场抢修3D打印的发展

1.5.1　3D打印行业发展概况

随着技术的不断发展,3D打印也已逐步应用于制造业的各个领域,包括日常生活用品、汽车行业、生物医疗、航空航天、模具制造等,其中日常生活用品和汽车行业占据主要份额,生物医疗方面的占比在持续提升,而3D打印设备在航空航天领域的应用也稳中有升。

3D打印技术的应用主要分成四类。

1) 概念模型

在设计流程早期,使用3D打印技术构造模型,可以检查设计物件的结构、外形和功效,发现任何缺点都可以第一时间修改设计。如果有需要可以再次构造、检查和修改设计,重复这个迭代过程,直到设计出最好的概念模型。将二维的设计图转变为真实的物件,无疑可以加速产品开发,降低成本。此外,三维物件可以更好地展示设计,因此设计师能够快速做出更好的决定。

2) 功能原型

设计师可以通过制造功能原型证明设计的合理性,同时,还可以使用三维产品进行性能测试和严格的工程评价。功能原型组件的制作通常可以提高效率,从数小时到十多小时不等,还便于第一时间找出缺点,避免出现工程性变更,付出昂贵的代价。3D打印技术还可以缩短产品上市时间,最大化产品性能。

3) 工具制造

企业的制造工序中,在需要钻模、夹具、测量仪器、样品、模型、压铸模等工具时,可以通过产品打印设备制作,而不是花费时间和金钱去购置与安装机器进行铸型或浇铸。三维产品打印设备在工具制作方面不仅可以缩短时间,降低成本,还可改善生产装配流程。基于分层的构造可以使企业设计出结构精密、质量轻盈、符合人体工程学的产品,提高装配流程的效率。

4) 制成品

3D打印技术已经成为业界新潮流,不论是航空企业、医学设备制造商、小型汽车生产商,还是洞悉先机的企业家,都纷纷采用这项技术。使用3D打印技术取代传统的生产流程可以节省时间,降低成本,而且无论何时,只要有需要便可以对设计做出修改,解除了传统生产流程的限制,企业可以在定制业务或小批量应用设备方面开拓新市场。

3D打印的出现,不仅对模型制造方面是一个革新,而且会影响普通百姓的生活。随着技术的发展，3D 打印的应用领域不断扩展。下面分别从 4 个领域进行简要总结。

1. 生物医学领域

3D 打印在生物医疗方面的应用主要包括构建医学模型、人工骨骼、生物器官、牙齿、整形美容等方面。

在构建医学模型方面，利用 3D 打印技术可以进行包括神经外科、脊柱外科、整形外科、耳鼻喉科等外科模拟手术，以制定最佳手术方案，提高手术的成功率。在制造人工骨骼方面，可以根据患者的具体情况，制造出钛合金或多孔生物陶瓷等材料的人工骨骼，然后植入人体，目前该项技术已日趋成熟，并在多名患者身上成功应用。

在制造生物器官方面，需要将支架材料、细胞、细胞所需营养、药物等化学成分在合理的位置和时间同时传递，进而形成生物器官，目前，虽然科学家们成功用 3D 打印技术制做出了仿生耳和肾脏等，但是距离实际应用还有很长的距离。

在制造牙齿方面，可以对患者的牙齿进行扫描，打印制造钛合金等材料的义齿支架，目前已经有专门应用于牙科的 3D 打印机。

在整形美容方面，利用扫描设备对需要整形的部位进行扫描，利用计算机重现原来面貌，然后再 3D 打印缺损部分，目前已经成功对多名患者进行了整形美容。

2011 年 9 月，Object 医疗解决方案部门负责人 Avi Cohen 介绍，其新型材料非常适合 3D 打印植入手术导板和口腔输送盘。2011 年 11 月，英国媒体报道，德国科学家利用 3D 打印技术成功地研制了人造血管，用 3D 打印骨骼、器官模型更是轻而易举的事了。

3D 打印技术应用于医学领域的成效比较显著，但是目前 3D 打印技术的医学应用很大一部分仍处于研究阶段。随着对生物材料、成形分辨率、组织工程血管的制造等医学关键问题的解决，必将推动 3D 打印技术在医学领域发挥出更大的作用。

2. 工业领域

现代工业中，很多新产品的开发需要事先制作模型，如手机、汽车、飞机等工业在新产品推出之前要做很多模型和零部件。基于 3D 打印技术的快速成形可以大大减少前期研发时间，越来越多应用于工业领域。

目前，3D 打印在汽车行业的主要应用为汽车设计、原型制造和模具开发。测试样件和应用模具的 3D 打印使设计者能够对产品设计有直观的体验，方便找出问题并进行优化，明显提高了产品的开发设计速度。另外，维修环节的零部件和个性化汽车部件也可以进行直接制造。目前，3D 打印的汽车已经试运行成功,整个汽车外壳是一体打印,车内的零部件是单独打印,最后结合其他部件组装而成。随着科技的进步及人们个性化的要求,3D 打印将在汽车行业起着越来越重要的作用。图 1-5 所示为世界上第一辆 3D 打印汽车 Urbee。

图 1-5　世界上第一辆利用 3D 打印技术制造的汽车

在汽车行业,2013 年初,美国打印的世界首款 3D 打印汽车 Urbee 2 上市销售,整车只有 50 个左右的零件,除发动机和底盘是传统工艺制造的金属件,其余大部分都是 3D 打印出来的塑料件,标志着整车创新时代的来临。2015 年,美国宣布要建立"3D 打印汽车工厂"。

3. 个性化领域

随着 3D 技术的发展,3D 打印可以打印各种各样的日常小模型,打印设备也可以小至放到桌面上。杯子、桌椅、玩具、灯具、刀叉、吸尘器、衣柜、家电等家用日常生活用品均可以个性化设计和打印,材料可以根据个人喜好选用塑料、金属、陶瓷等。可以想象 3D 打印进入每个家庭的场景,个性化的设计充满了房间,创意无处不在,甚至每个人所用的筷子都是独一无二的。距离上述场景的出现,3D 打印技术还有很长的一段路要走,包括 3D 打印机和材料的成本、材料的多样化、材料的安全性及操作的简易化等问题均需要一一解决。

4. 航天领域

2012 年,美国国家航空航天局(National Aeronautics and Space Administration,NASA)完成了"添加制造仪器"的测试,该仪器利用 3D 打印技术在太空打印宇航员所需要的模型。在空间站飞行过程中,航天员只需要向 3D 打印机中供应塑料或金属等材料,就可以利用它来"打印"国际空间站中所使用的新工具或零部件模具和实体,这是 NASA 对太空按需生产能力的投资,3D 打印机可以广泛运用于建造空间站部件,制造航天员使用的工具、卫星,甚至航天器等。这种打印机原型通过了 NASA 在模拟微重力条件下的试验。研发团队认为,未来在太空利用他们正在制造的打印机可以"打印"出太空所需 1/3 的零部件。2014 年,NASA 将一台 Zero-g 3D 打印机送上太空,在太空中打印国际空间站中所使用的新工具和零部件,未来甚至打印卫星及航天器,拟实现太空按需生产的能力。

  3D 打印技术提供了一种极具成本效益的方式完成多次设计迭代,在关键的开发过程初始阶段,获取产品设计的即时反馈信息。对于产品设计几乎即时的修改,不仅有助于降低成本,而且能够加快产品上市时间。对于在设计流程中采用 3D 打印技术的企业来说,无疑增加了显著的竞争优势。

  随着价格的下降,3D 打印设备市场将会进一步扩大,尤其是在中小型企业和学校方面。3D 打印设备耐用,打印快捷、准确,成本低廉等优点可以帮助企业缩短产品上市周期,增强企业竞争力。

1.5.2 军用 3D 打印技术的发展概况

1.5.2.1 国外发展概况

  3D Systems 和 Stratasys 3D 是国外的两大 3D 技术与设备公司,欧美国家不仅在 3D 打印理论和技术上研究深入,在产业化和实践应用中也发展迅猛,在军事上的应用尤其可圈可点。

  1. 美国

  美国是 3D 打印技术的发源地,拥有最前沿的 3D 打印技术,在探索 3D 打印方法创新方面取得了新的进展。

  2013 年 11 月,美国得克萨斯州的 Solid Concepts 公司利用金属粉末制造并测试了世界上第一支 3D 打印的金属手枪,这支手枪以经典的 M1911 为模型打印制造,组成元件超过 30 个,包括不锈钢和一些特殊合金材料,经过 50 次发射测试,射击距离超过 27m,与常规武器同样精准,如图 1-6 所示。

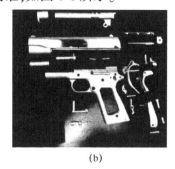

(a)   (b)

图 1-6 Solid Concepts 公司打印的 M1911 手枪

2013 年 12 月,Solid Concepts 公司又为 Area-I 公司的 Area Ⅰ 737 无人机模

型PETRA的制造,使用选择性激光烧结技术打印了燃料箱、副翼、操纵面、襟翼等主要组件,所生产的部件质量完美,重量较轻,并省掉了传统制造方法耗时的后处理步骤,仅副翼的制作就从原来的24天缩短到3天,最终使PETRA实现了完美的试飞测试,如图1-7所示。

图1-7　Area-I 737无人机模型试飞

2015年3月,美国Carbon 3D公司开发出一种革命性3D打印技术——连续液面生长(Continuous Liquid Interface Production,CLIP)技术,该技术比目前的3D打印技术要快25~100倍,并且可以实现之前几乎不可制造的超复杂几何结构。该技术与现行的逐层机械化成形方式不同,属于一种化学反应过程,通过平衡紫外光和氧气在液体介质中熔化物体,创造可调谐的光化学来实现3D打印。成形零件的特征尺寸可小于20μm,比一张纸厚度的1/4还要薄。

美国国防部曾计划为相关研究与学术机构以及一些公司拨付6000万美元用于3D打印技术的研发,希望通过该技术带动航空航天、武器装备等领域的技术更加快速的发展。

3D打印技术是美国"第三次抵消战略"的核心,也是美军谋求的十大关键技术之一,提出将利用3D打印技术"打印陆海空"。2013年,美国陆军快速装备部队(Rapid Equipping Force,REF)在战区部署了第二个移动远征实验室(Expeditionary Laboratory Mobile,ELM),通过使用3D打印机和计算机数字控制设备,将铝、塑料和钢材生产加工成所需零部件,用来修复在作战中受损的飞机和地面车辆。2014年,美国海军将3D打印机规划为海上船只的标配设备,不仅可以为行驶船只打印临时使用的零件,还可以用来打印无人机群,拟实现"海上制造"的能力。2016年,美国空军首次将3D打印部件(用于座位扶手的塑料端盖)用于E-3预警机上,代表着美国空军将3D打印技术用于军机的开端。

除此之外,美军还将利用3D打印为士兵打印衣服食物,甚至根据不同环境打印数字化单兵设备,拟将3D打印系统变成"克隆武器的兵工厂"。美国海军作战发展中心概念与创新部部长Loper上尉称:"后勤的未来是3D打印,如果我们在船上用3D打印出这些产品,将显著减少携带的供应数量,那就真的没有限制了。"

美国田纳西州的橡树岭国家实验室(Oak Ridge National Laboratory,ORNL)正在进行目前最复杂的增材设计:海军研究办公室的一种双臂水下悬浮机器人,其液压组件和布线、汽缸、活塞驱动的关节、摄像头等都集成在打印的金属臂里,无须外部管道或电线;ORNL还开发了一种向热塑性颗粒中添加增强碳纤维的承力零件打印方法,可以使强度提高2倍、刚度提高4倍,并防止了零件的冷却翘曲,利用这项技术可实现大型结构组件的生产,打印出大型无人机机翼结构。

2012年12月10日,通用电气公司的网站报道,通用电气航空公司正应用3D打印技术制造终级喷气发动机。工程师们设计的这款新发动机,零件由陶瓷复合材料和复杂的3D打印冷却部件制造,易于飞行。

目前,美国F-35战斗机的主承力构架还是要靠几万吨级的水压机压制成形,然后切割、削制、打磨,不仅制作周期长,而且浪费了大量的原材料,大约70%的钛合金在加工过程中作为边角废料被损耗,后续在构件组装时还要消耗额外的连接材料,导致最终成形的构件比3D打印出来的构件重将近30%。洛克希德·马丁公司已与Sciaky公司成为合作伙伴,将使用后者以3D打印技术生产的襟副翼翼梁,实现3m长的F-35飞机机翼钛合金零部件成形,可节省至少1亿美元的成本。

美军通过3D打印技术来减轻装备保障压力和士兵的负担。2014年1月7日,美军快速装备部队将其第二个移动远征实验室部署到战区,该实验室是一个20英尺(1英尺=0.3048m)的标准集装箱,装备了3D打印机、计算机辅助铣削机、激光切割器、等离子切割器和水刀等。此外,该实验室还包含发电机、空调系统及卫星通信设备,可通过卡车或直升机运送至任何地点,根据需要选择铝、塑料、钢材等不同材料,快速打印出各种装备、物资或零部件,补充作战消耗,修复受损装备,增强美军单兵作战、战区巡逻及小型前线作战基地的持续作战能力。EOIR技术公司利用Dimension 3D打印设备制造了火炮瞄准器的照相机支架为密西西比州国民警卫队的布雷德利战车使用。经验证,利用ABS塑料制造的功能模型非常坚固。

2. 欧洲

欧洲宇航防务集团创新工场和欧洲光学学会使用直接金属激光烧结技术制造的钛零件替代空客A320发动机舱的铸钢铰链支架,在关键载荷位置优化金属结构布置,削减了75%的原材料重量,减少了生产、使用与回收过程中能源消耗及排放物。劳斯莱斯集团(Rolls Royce)宣布正在研发用3D打印技术更快更精准地生产喷气发动机组件。

英军将3D打印技术作为科学技术跟踪计划重点内容之一,以支持陆军的未来发展。2014年,英国"狂风"战机装配3D打印零件试飞成功,包括驾驶舱无线电防护罩、起落架防护装置和进气口支架。2015年,英军公开"未来战舰"的激光和电磁武器拟用3D打印实现。

德国的3D打印设备,尤其是金属3D打印设备,以其高精密特性世界领先,但在3D打印技术发展及应用方面却显得比较冷静。

3. 俄罗斯

2015年,俄军利用3D打印技术制造出一架无人机样机"水鸭",生产仅耗时31h,据信可以在软土、沼泽、水面、雪地等各种复杂表面起降。2017年8月,俄罗斯将首个3D打印的立方体纳卫星送入太空完成发射,据悉这颗卫星将在预定轨道上运行6个月。

1.5.2.2　国内发展概况

3D打印技术是我国唯一能够与国外处于同一水平的先进技术(1~2年的时差),也是国家大力扶持的新技术之一。

2013年8月,习近平主席在武汉东湖高新区进行考察时指出,"3D打印技术很重要,要抓紧产业化";2015年11月,习近平主席在G20峰会上又高度赞扬了3D打印的作用,指出"3D打印技术正在创造巨大需求,具备巨大的改造传统产业的潜力"。2015年8月,李克强总理主持国务院专题讲座,讨论加快发展先进制造与3D打印问题,强调"3D打印技术是制造业具有代表性的颠覆性技术,改变了传统制造的理论和模式,是推动中国制造由大变强、推动经济迈向中高端水平的关键理念和新技术"。目前,国家科技部等有关部门正在对国家重点研发计划3D打印立项,预计用3年的时间,投入约20亿元研发3D打印主流技术和主流装备,并对重点应用领域研发做出示范。因此,可以说,无论是重视程度还是政策资金支持方面,3D打印技术已经处于国家重点扶持行业的战略位置。

我国于2012年10月成立了中国3D打印技术产业联盟,2013年12月11日中国3D打印研究院在南京成立。华中科技大学、西安交通大学、清华大学等高校和科研机构相继研发出多种系列的3D打印机,部分技术已达到世界领先水平。清华大学在现代成形学理论、分层实体制造、FDM工艺等方面有一定的科研优势;华中科技大学在分层实体制造工艺方面有优势,并已推出了HRP系列成形机和成形材料;西安交通大学自主研制了3D打印机喷头,并开发了光固化成形系统及相应成形材料,成形精度达到0.2mm;中国科技大学自行研制了八喷头组合喷射装置,有望在微制造、光电器件领域得到应用。

北京航空航天大学的王华明教授团队研制出了具有重大应用价值的"高性能难加工大型复杂整体关键构建激光直接制造技术",使我国成为目前世界上唯一突破飞机钛合金大型主承力结构件激光快速成形技术,并实现装机应用的国家;2014年1月,该团队在中航激光公司车间里用3D打印技术制造出了四个C919大飞机机头工程样件研制所需的钛合金主风挡窗框。2013年,北京科博会现场展示了北京航空航天大学团队主导的飞机钛合金大型复杂整体构件激光快速成形技术成果,如图1-8所示。西北工业大学的凝固技术国家重点实验室研发了"激光立体成形"技术,为国产大飞机C919制造中央翼缘条,解决了飞机钛合金结构件的制造问题。

图1-8 激光快速成形的飞机钛合金大型复杂整体构件

我国军工领域,已开始广泛关注3D打印技术对武器装备的深层变革和影响。航空工业的应用主要集中在钛合金、铝锂合金、超高强度钢、高温合金等材料方面,这些材料基本都是强度高、化学性质稳定、不易成形加工、传统加工工艺成本高昂的类型。在国家"863计划"和"973计划"的支持下,多个科研院所和大专院校参与研制,成功解决了钛合金和M100钢高温熔融后金属再结晶的材料特性问题,使我国处于该技术的国际领先地位。

2013年11月25日,C919大型客机翼身组合体综合验证项目中机身、外翼翼盒总装大部段在中航西飞成功下线,首次在国产机型上采用激光成形件加工中央翼缘条,采用铝锂合金材料加工机身蒙皮,采用20mm超厚机翼蒙皮数控喷丸成形技术、17m机翼折弯长桁加工技术等。

中国航空工业集团公司西安飞机设计研究所(中航工业一院)在国家某重点型号研制中,将全3D数字化设计技术与最新的3D打印技术相结合,在北京航空航天大学的协助下打印出多个满足强度、刚度和使用功能要求的飞机部件。从设计到打印成形实现了流程化作业,大大缩短了研制生产周期,减少了焊接拼装程序,尤其克服了钛金属焊接腐蚀问题,不仅加工精度满足要求,材料的强度、韧度、抗疲劳性能也完全符合设计要求,大大节省了钛合金材料。成都飞机工业(集团)有限责任公司已采用3D技术打印的产品对机翼涡轮叶片进行修复。

中国电子科技集团有限公司第14研究所使用全3D结构数字样机研制技术,成功实现了雷达产品的数字化设计和3D模型的打印制作,大幅度缩短了雷达研制周期,直接节约成本近百万元。

第 2 章　车辆装备战场抢修 3D 打印的任务需求

车辆装备战场抢修 3D 打印任务是利用 3D 打印技术对传统抢修方法改进和提高,需要紧密结合车辆装备的使命任务和技术特征,明确战场抢修 3D 打印的应用模式和应用方法,建立车辆装备战场抢修 3D 打印任务清单。

2.1　车辆装备战场抢修的常用方法

战场抢修是指在战场上运用应急诊断与修复技术,迅速评估受损装备,根据需要快速修复损伤部位,使装备能够完成某项预定任务或实施自救的活动。战时车辆修理以现地修理为主,后送修理为辅。现地修理是指在车辆使用地点或作战地域,由使用分队、部队级维修机构或部署到作战地域的基地级维修机构实施的修理。后送修理是指将车辆撤出作战地域并送到后方基地级维修机构实施的修理。

根据修复速度从高到低,所需人力物力资源由低到高的顺序,有 7 种车辆装备战场损伤修复方法。

(1)切换。接通装备的功能备用冗余部分,或者将担负非基本功能的完好部分切换到基本功能,如在车辆装备的电路、液压、气压系统中,通过转换开关或改接管道实现。

(2)切除。对完成次要功能而不影响基本功能的损伤部位进行切除,如车辆的液压助力转向机构的液压助力损坏部分可以切除,损坏的燃油滤清器和空气滤清器在必要时切除。

(3)拆换。有备件时直接进行更换,无备件时通过拆卸本装备、同型装备、异型装备非基本功能的零部件进行更换。

(4)替代。为恢复装备基本功能或使其自救应急采用性能相近的总成或零部件替代装备损伤部分,如用小功率发动机替代原有大功率发动机,虽然会使装备功能下降,但能达到抢修目的。

(5)原件修复。利用有效的技术手段在现场对轻度损伤的总成及零部件进行修理,如采用刷镀、喷涂、黏接、电焊等技术修复零部件磨损、破孔、断裂部分。

(6)制配。在装备无法修复、无备件更换、无替代的情况下,对损伤的机械零部件、电子元器件进行再制造,尽量满足零部件功能需求,包括按图制配、按样制配、无样制配三种制配方式。

(7)重构。完成任务所需的基本功能系统损伤后,专业抢修人员利用现有资源重新构成一个基本功能系统,所需人力、物力、时间最多,常用于电路系统的修复。

在战场抢修活动中,各种抢修方法通常组合使用才能顺利完成战场抢修任务。但是车辆战场抢修还有需要改进和完善的地方,主要有以下两点。

1. 备件过量或不足

在现有的车辆装备抢修方式中,最为快速有效的是原件更换,野战修理机构携运行的备件品种越全、数量越多,战时保障能力就越强。由于战场上车辆装备型号众多,即使部队推行装备系列化、标准化、通用化建设能有效减少装备零部件种类,但车辆装备总成及零部件种类仍是成百上千的。野战修理机构需携带一定基数的备件,后方基地也要储备大量备件向前方供应。由于战时备件消耗的不确定性,对于某一类型号的零部件,实际消耗量可能少于或者大于携运行量。备件过量会占用有限的保障资源,备件不足使损伤装备得不到及时的备件供应,影响装备的任务持续能力。向后方基地申请备件供应,还需要一定的供应等待时间。

2. 抢修质量不高

如果战场上缺乏备件,就不能进行更换修理,转而采取切换、切除、拆换、原件修复、制配等应急抢修方式。切换和切除方式简便易行,但对装备后续使用影响较大。拆换是将受损报废装备或其他装备的同型可用零部件,替换到有修理价值的受损装备上,但应用范围有限。针对不同损伤部件的原件修复技术多样,相应地对抢修人员的专业操作水平要求较高。在结构损伤修复技术方面,有无电焊接技术,复合贴片、微波快速维修技术,快速黏结堵漏、补板修复等;表面损伤修复技术有表面磨损快速修复、腐蚀与防护、划伤快速修补技术,铝合金表面陶瓷化修复技术等。现有的制配方式简单,制配件的质量较差,如把宽背包带制配成临时发动机皮带轮,把塑料软管制配成低压油管。这些技术能快速解决车辆装备当前任务的功能需求,但修复区域的表面质量粗糙、应力集中,零部件再次受损概率比较高。

2.2 车辆装备的使命任务和技术特征

2.1.1 车辆装备的功能

车辆装备的功能可由若干个基本功能组合而成,车辆装备功能可分解为若干基本功能,各基本功能之间应尽可能相互独立,并能全面描述车辆装备的功能。基本功能是对车辆装备功能的完整描述。

车辆装备的基本功能可由机动性(M)、牵引功能(T)、运载(C)、防护(D)和通信(I)5个部分组成。

(1)机动性(M):所有车辆装备的最基本功能,涉及车辆装备的动力装置、行走装置、传动装置、操纵装置四大部分,主要评价指标是最高车速,对于越野汽车还需要区分越野能力和普通路面的机动能力。

(2)牵引功能(T):牵引车的最基本功能,也是其他车辆装备的辅助功能,是指车辆能够牵引火炮等其他装备的能力。

(3)运载(C):车辆装备的基本功能,牵引车的辅助功能是指能够运载人员、物资的能力,通常由最大载重量评定或估算。

(4)防护(D)和通信(I):车辆装备的辅助功能,目前还比较弱,不足以作为两个独立的基本功能描述,但考虑未来车辆装备发展将其单独列出。

事实上,上述车辆装备基本功能并不完全是严格意义上的最基本的功能,如"牵引功能"会受到"机动功能"的影响,失去机动性的车辆装备可能会同时失去大部分其他功能;对于牵引车,牵引功能与运载功能也具有一定的关联,但考虑牵引车不仅应具备牵引功能,还应具备一定的运载人员、弹药的能力,因此也将牵引功能与运载功能分开,作为两个独立的基本功能。

2.2.2 车辆装备的技术特征

新型车辆具有以下典型的特点。

(1)车辆发动机、变速器等主要总成部件设计使用寿命和可靠性提高,故障率降低,平均故障间隔里程大幅延长。三代车的平均故障间隔里程达到了5000km,相对于二代车的2000~3000km有较大提升。

(2)车辆普遍采用电控技术、液力变矩变速器、全时驱动分动器、轮胎中央充放气系统、独立/非独立悬架、液压动力转向、防抱死制动系统(Antilock Brake System,ABS)等先进技术。

(3)零部件标准化、集成化、通用化程度提高。

2.3 车辆装备战场抢修 3D 打印的适用性分析

2.3.1 必要性分析

由于 3D 打印技术无须模具、快速成形、便携式即时制造、精准再制造修复的优势,采用 3D 打印技术进行车辆装备战场抢修,能提高车辆装备战时维修的精确保障、机动保障、高质量保障能力。

1. 精确保障要求

3D 打印是一种数字制造方式,只要能够获得所需产品数字模型和材料,就能够进行原型制作,车辆装备各类机械零部件都可以进行 3D 打印制造。利用 3D 打印技术可以将部分实物储备转换为技术储备,在战场上进行"需要即获取,损伤即修复"的精确保障。可大幅减少战时备件携运行量,提高保障效率,有效解决保障过量和保障不足的问题。

2. 机动保障要求

由于 3D 打印机具备便携性和独立制造能力,一方面抢修分队可以携带 3D 打印机在车辆装备损伤现场打印修复;另一方面野战修理机构可以利用 3D 打印系统在作战地域内生产备件,可减少对后方供应链的依赖,提高部队远程机动保障能力。

3. 高质量保障要求

相比于原有的按图制配和原件修复方式,现场 3D 打印的打印件质量更高,接近于原件质量。通过 3D 打印对损伤区域进行再制造修复后,其修复区域的硬度、抗腐蚀性等质量相比于原件能得到提升。

将 3D 打印技术应用于车辆装备战场抢修中,已显示出 3D 打印技术的抢修优势。随着技术的发展和应用的深入,3D 打印抢修技术会带来更大的军事效益。

2.3.2 可行性分析

1. 技术可行性分析

3D 打印技术应用于车辆装备战场抢修在技术上是否可行,取决于 3D 打印技术能否满足战场抢修要求,也就是 3D 打印质量和打印速度能否满足抢修质量与效率要求。

1) 3D 打印质量分析

3D 打印提供了一种在现场进行原件制作的技术手段,目前在金属打印和塑料打印方面应用比较成熟。

(1) 在金属打印方面,主要是采用粉末床熔化技术、定向能量沉积技术、黏结剂喷射技术。金属打印是一个冶金过程,金属粉末在激光热源的作用下短时间内熔化、凝固和冷却,金属内部组织会产生毛孔、残余应力等缺陷,降低产品硬度、韧性。通过采用二极管加热打印层,降低温度梯度和冷却速度,可降低 SLM 金属 3D 打印中 90% 的残余应力;激光作用区内高温梯度产生的热毛细力可以消除 SLM 金属打印产生的孔隙。另外,还可以通过优化金属打印参数和后处理工艺来改善打印件内部组织结构缺陷,提升产品力学性能。在传统生产方式中,主要采用铸造和锻造方式制造金属产品,锻造件各方面的力学性能高于铸造件,但工艺相对复杂,生产成本高。

表 2-1 列出了激光立体成形(Laser Solid Forming,LSF)技术与锻造工艺下 Ti-6Al-4V 钛合金、Incone1718 镍基高温合金及 300M 钢的成形件室温下力学性能数据。试验结果表明,采用 LSF 技术打印的成形件力学性能能够达到锻件标准,可以用来替代铸造或锻造产品,满足产品功能需求。

表 2-1 成形件室温下力学性能

材料	工艺	抗拉强度/MPa	屈服强度/MPa
Ti-6Al-4V 钛合金	LSF	1050~1130	920~1080
	锻造	≥895	≥825
Incone1718 镍基高温合金	LSF	1325~1380	1065~1165
	锻造	≥1240	≥1030
300M 钢	LSF	1895~1965	1784~1849
	锻造	≥1862	≥1517

(2) 在塑料打印方面,主要采用树脂光聚合技术、丝状材料挤出技术、塑料粉末烧结技术。通过熔融沉积成形技术打印的 ABS 塑料的拉伸强度能达到 36.9MPa,低于传统注塑工艺制备的 ABS 塑料 47MPa 的拉伸强度,但通过材料改性,新型材料 ABS-M30 的拉伸强度能达到 78.5MPa,满足产品使用要求。

除应用广泛的 ABS 材料打印外,还能够使用 PLA、PET、PA、TPU、PC、树脂、PEEK、尼龙、碳纤维等工程塑料和复合材料打印,满足不同应用环境下的产品功能需求。PEEK 具有耐高温性、自润滑性、耐腐蚀性、阻燃性等优良的综合性能,在特定应用环境下可以替代铁、铝等金属件。尼龙和碳纤维也是性能优异的复合材料,3D 打印制造尼龙和碳纤维相对于传统制造方式,原材料利用率更高、成本更低。

2）3D打印效率分析

在车辆装备战场抢修工作中,明确了轻度损伤应该在30min内修复,中等损伤在30~60min内修复,严重损伤在60min内修复。利用3D打印技术在现场制造修理或者再制造修复的时间应该在战场环境限定的抢修时间内,所以3D打印速度的快慢直接影响3D打印抢修工作是否可行。

早期的金属打印方式如激光选区熔化技术,打印一个直径1cm的金属螺栓,每层20μm,1cm需要打印500层,每层花费10s,总共5000s,将近1.5h。随着技术的创新发展,打印速度每年都在成倍提高。黏结剂喷射技术是间接的金属打印方式,由于采用粉末自支撑方式,无须基板,设计、打印以及打印后处理的难度相对降低。单次打印的零件数量大幅提升,黏结剂喷射技术的打印速度比激光选区熔化技术快60~100倍,具备高速、批量和低成本的打印特点。

塑料打印由于成形简单,打印速度要快于金属打印,而光固化打印方式比熔融沉积成形更适于快速批量打印。德国研发的"螺旋挤压增材制造"系统1h能打印7kg塑料,美国用最先进的3D打印机,1h能制造出长5.8m、宽与高1.2m、总质量约18kg的武器。

相比于完整制造车辆装备零部件,对零部件的部分损伤区域再制造修复所需时间更少,加上模型获取和处理的时间,修复时间能够控制在60min以内。

3D打印质量和打印速度是负相关的。在现有技术条件下,通过调整打印参数,如激光功率、扫描速度、出丝速度、填充率等,在提升打印速度时会降低打印质量。当修理环境和时间允许时,可以提高零部件的3D打印质量用于备件更换。在战场环境恶劣、修理时间有限时,3D打印技术可以作为应急修理手段,通过降低部分打印件质量应急修复装备损伤,使车辆装备能够在限定时间内完成某项任务或实施自救。

所以,目前3D打印技术的打印质量和速度能够满足车辆装备战场抢修质量和效率要求。仍处于高速发展阶段的3D打印技术,打印质量和速度会不断提升,在车辆装备抢修应用方面会有更大突破。

2. 实装应用可行性分析

车辆装备战场抢修3D打印,需要专门研制战场3D打印系统。除打印质量和速度要求外,还要考虑3D打印系统能否满足野战环境下部队机动保障能力要求,3D打印修理成本是否在可接受范围内。

1）野战环境适应性分析

3D打印机可以在正常的工作环境下工作,但在战场上要面临野战环境适应性和机动性问题。美军在阿富汗战场部署了两个3D打印系统,打印机装备在一个 20 英尺长的标准集装箱内,该系统通过使用 3D 打印机和计算机数字控制设备将铝、塑料和钢材等原材料生产加工成零部件,为前线部队提供武器装备维修备件。该系统可通过卡车或直升机运送至任何地点,在战区内随时随地进行打印,实现快速机动巡回保障。美军还为战场人员研发出了一款质量小的 3D 打印机,该打印机可放入作战人员的背包中在战场上使用。

3D 打印系统主要由模型获取、打印、后处理三个模块组成,如图 2-1 所示。获取打印或原件修复的模型主要有两种方式:可以直接从建好的模型库中直接下载;或者在现场通过逆向工程技术获取。打印模块要完成三项工作:一是通过软件将三维模型分层,设置打印方式、材料、速度、温度等 3D 打印参数,生成打印机能识别的数字控制文件;二是对打印机进行防震处理、打印室内温湿度及气体环境管理、打印材料放置等打印前准备工作;三是打印机开始制造或者再制造工作。后处理模块是对打印件进行表面处理和热处理,提高打印件表面质量和力学性能。

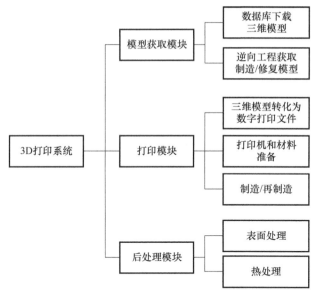

图 2-1 3D 打印系统组成模块

2)3D 打印修理成本分析

3D 打印修理成本主要包括打印系统的固定成本、打印材料消耗成本和人力成本。由于现阶段 3D 打印还处于研究发展阶段,市场化程度不高,打印机和打印材料价格还处于高位。目前,3D 打印的产品价格构成中设备成本占据 70%,材料成本占据 30%。金属打印机价格为 100 万~500 万元,塑料打印机相对便宜,为 1 万~20 万元,金属粉末价格为 200~1000 元/kg。

在传统制造方式中,需购置大型车床等生产机器,再加上厂房建设,固定成本和维护成本远大于单个打印机所需成本。大部分的原材料成本不超过产品成本的3%,如果采用钛合金等昂贵材料制造高端产品,材料单价与3D打印专用金属粉末相近,而传统生产模式下的原材料利用率远低于3D打印,其材料成本将高于3D打印。

相比于传统减材制造方式下的大批量备件供应模式,3D打印技术具备现场快速、小批量制造的优势,能够实现响应式的备件精确保障。虽然单个打印件的制造成本很高,但能节省大量人力成本、运输成本和库存成本。

衡量车辆零部件修复方式的经济合理性,通常要满足:

$$\frac{S_{修}}{S_{新}} \leqslant \frac{L_{修}}{L_{新}} \qquad (2-1)$$

式中:$S_{修}$为损伤件修复所需费用;$S_{新}$为换新件所需费用;$L_{修}$为修复件的使用寿命;$L_{新}$为换新件的使用寿命。

采用3D打印技术对损伤零部件进行再制造修复,相比于完整制造原件所需费用更低,经济性更高。3D打印的备件成本会大于批量制造的原件成本($S_{3D修} > S_{新}$),但是在战场上,军事效益远大于经济效益,如果备件供应不足,将延长车辆装备停工修复时间,降低车辆战备完好性和任务持续能力。即使经济上不划算,也应积极组织3D打印制造零部件工作。

通过野战适应性和打印成本分析,3D打印技术如果能够实装应用到部队维修保障活动中,将带来维修保障方式的新变化。

2.3.3 局限性分析

1. 打印速度限制

战场抢修是在战场上实施快速修理的活动,其时间要求是非常重要的一个要素,抢修时间越短,车辆装备修复越快,再次投入战斗的效率就越高。3D打印应用于战场抢修,最需要解决的就是打印速度问题。目前,3D打印的速度与打印方式相关,但普遍时间较长,是制约其广泛应用于战场抢修的一个重要原因。但是,随着打印设备的不断更新和打印方式的不断研发,速度问题也会渐渐得到解决,如液态抽取打印会极大提高打印速度。

2. 打印尺寸限制

目前,受3D打印设备的影响,打印出的车辆装备部件体积较小。对于一些体积较大的部组件,如油箱、水箱、轮胎等,打印方式比较受限。但随着打印设备和打印方式的不断更新,打印件的大小也会不断突破,逐渐可以满足多种体积大小的零部件、部组件打印需求,如多头并进的"蜘蛛手"打印、移动臂打印等,可以提高打印尺寸。

3. 打印质量限制

战场抢修虽然对质量要求稍在其次,但也必须能够满足应急和临时使用。当前的3D打印技术理论上可以所见即所得,可以打印塑料、金属、复合材料等多种材质。但是多数3D打印,尤其是金属打印,需要进行后处理,否则打印件质量会有所欠缺。随着3D打印与传统制造技术的融合发展,打印和处理一体化会逐渐普及,并极大提高打印件的质量。

4. 打印环境限制

战场抢修一般在恶劣的战场环境下实施,振动、风沙、高热等多种因素,以及野外用电等需求,均会对3D打印造成一定的影响。例如,如果能够边走边打印,则打印供应效率会极大提高。但是,目前的打印设备很难实现抗振,尤其是铺粉方式和光固化方式,稍有振动,即会对水平面造成破坏,进而影响打印质量。

2.4 车辆装备战场抢修3D打印的应用模式和应用方法

3D打印应用于车辆装备战场抢修的模式和方法,与车辆装备战场抢修现状和3D打印技术特点密不可分。

2.4.1 车辆装备战场抢修3D打印的应用模式

抢修模式是指在战场上抢修力量的组织方式,车辆装备的战场抢修力量包括车辆装备使用人员、部队级维修机构组建的伴随保障分队、基地级维修机构派出的支援保障分队,以及在作战地域内组建的野战修理机构。由于3D打印机具备便携性特点和现场制造零部件的能力,有助于在战场伴随、巡回、定点和远程抢修模式中应用。

1. 伴随抢修

伴随保障分队携带3D打印备件和简便的3D打印机,根据战场损伤评估结果确定零部件和修理器具打印需求,进行现场打印修理。

2. 巡回抢修

当前方伴随保障分队无法完成修理任务时,派出支援保障分队携带更先进的3D打印系统,前往现场进行原件打印或者再制造修复。

3. 定点抢修

相对于装备损伤现场,在作战地域内开设的野战修理机构的人力、工具等维修资源更丰富,修理环境更好,能够采用3D打印技术打印质量更高的备件,修复损伤更为严重的零部件。

4. 远程抢修

前方或者定点抢修人员遇到难以解决的维修难题时,可以将装备损坏情况传递给后方维修基地的专家进行远程诊断。专家基于3D打印技术,构造修复车辆装备所需的数字模型,确定抢修方案,然后将数据文件传递给前方,指导3D打印修复工作。

2.4.2 车辆装备战场抢修3D打印的应用方法

利用3D打印技术可以现场快速制造零部件,实现装备精准修复,将其应用到车辆装备战场抢修中,主要有以下三种方法。

1. 备件更换

利用3D打印技术在相对安全的野战修理机构根据备件消耗情况进行生产制造,及时补充备件库存。以下类型的零件适用于3D打印制造:较重要的易损件、占空比大的零件、可暂时用其他材料替代的金属零件、结构可简化的零件、尺寸可调整的零件、已停止生产的零件以及其他类型的零件。

2. 原件修复

原件修复是对磨损、破孔、折断等损伤区域较小的零部件以及总成进行表面或结构性修复,可减少备件更换需求,节约维修成本。采用数字化的3D打印再制造修复方式,通过获取损伤区域模型,能够精准修复损伤区域,极大提高修复质量,满足高技术武器装备的维修需求。

3. 现场制配

在缺乏备件供应的情况下,采用现有维修设备和资源自制元器件、零部件以替换损伤件,使装备能够恢复部分基本功能或完成自救。由于战场环境恶劣、时间受限,利用携带的简便3D打印机在现场打印所需维修器具、零部件,满足应急修复要求。制配时应当对损伤部件进行简化设计,尽量保留主要功能,以节省打印时间。

除车辆装备零部件维修外,还应该注重维修工具、设备的修理。由于部队装备型号多,存在大量专用维修工具,在战场上高强度地使用会发生磨损和丢失。利用3D打印技术对维修工具进行生产修复,避免因维修工具损伤或缺失而影响装备修复效率。

2.5　车辆装备战场抢修3D打印任务清单

在上述基础上,本书梳理出了车辆装备战场抢修3D打印任务清单,如表2-2所列。

第2章 车辆装备战场抢修3D打印的任务需求

表2-2 车辆装备战场抢修3D打印任务清单

序号	项目名称	损坏模式	抢修方法	抢修时限/min	打印方法	打印材料	备注
1	锁固垫圈破损	断裂	更换	15	打印备件更换	金属	
2	密封垫圈破损	断裂	更换	15	打印备件更换	复合材料	
3	调整垫圈破损	断裂	更换	15	打印备件更换	金属	
4	传动皮带断裂	断裂	更换	20	打印备件更换	复合材料	
5	金属壳体损坏	破孔	修补	20	打印器材修补	复合材料	
6	支架断裂	断裂	修复	30	原件打印修复	金属	
7	推拉杆损坏	断裂	更换	40	打印备件更换	金属	
8	皮带轮损坏	破损	更换	60	打印备件更换	金属	
9	低压金属管路破损	断裂	更换	30	打印备件更换	金属	
10	低压金属管路破损	破孔	修补	20	打印器材修补	复合材料	
11	进气歧管损坏	裂纹	修补	30	打印器材修补	复合材料	
12	排气歧管损坏	裂纹	修补	30	打印器材修补	复合材料	
13	油底壳漏洞	破孔	修补	30	打印器材修补	复合材料	
14	燃油箱漏油	破孔	修补	25	打印器材修补	复合材料	
15	油管接头泄漏	漏泄	修补	20	打印器材修补	复合材料	
16	低压燃油管破损	破孔	更换	50	打印备件更换	金属	
17	低压燃油管破损	裂纹	修补	30	打印器材修补	复合材料	
18	高压燃油管破损	破孔	更换	50	打印备件更换	金属	
19	低压燃油管破损	裂纹	修补	30	打印器材修补	复合材料	
20	燃油滤清器泄漏	裂纹	修补	30	打印器材修补	复合材料	
21	水泵水封渗漏	渗漏	更换		打印备件更换	复合材料	
22	散热器渗漏	渗漏	修补	30	打印器材修补	复合材料	
23	管箍断裂	断裂	更换	25	打印备件更换	金属	
24	软管渗漏	渗漏	更换	30	打印备件更换	复合材料	
25	软管破裂	渗漏	更换	30	打印备件更换	复合材料	
26	蓄电池极柱损坏	断裂	修补	35	原件打印修复	金属	

续表

序号	项目名称	损坏模式	抢修方法	抢修时限/min	打印方法	打印材料	备注
27	蓄电池破裂	渗漏	修补	30	打印器材修补	复合材料	
28	离合器液压油管破损	破裂	更换	50	打印备件更换	金属	
29	制动踏板连杆断裂	断裂	更换	50	打印备件更换	金属	
30	液压制动管路破裂	破裂	更换	40	打印备件更换	金属	
31	制动缸皮碗破损	破裂	更换	40	打印备件更换	复合材料	
32	储气筒破损	裂纹	修补	30	打印器材修补	复合材料	
33	动力转向储油罐破损	裂纹	修补	30	打印器材修补	复合材料	

第3章 车辆装备战场抢修3D打印流程

引入3D打印技术后现场打印修复损伤件和打印制造新备件将成为可能,车辆装备战场抢修的流程也将发生变化,尤其是抢修技术流程和备件供应流程。因此,必须根据现有的车辆装备战场抢修要求,结合3D打印技术抢修流程以及备件供应新流程,建立车辆装备战场抢修3D打印流程。

3.1 车辆装备战场抢修的现有流程

3.1.1 战场损伤评估

战场损伤评估(Battlefield Damage Assessment,BDA)是在战场上或紧急情况下对损伤装备的损伤程度及其修复措施进行快速评估,以便对装备进行应急抢修或推迟修理,确保装备当前任务的完成。

1. 战场损伤

战场损伤主要包括战斗损伤和使用损伤。战斗损伤不仅是由枪弹、炮弹、炸弹造成的硬损伤,还包括电磁、激光、核辐射等现代高精尖武器造成的软损伤。战斗损伤仅占战场损伤的25%~40%,更多的是由于使用不当造成的装备损伤,装备的偶然故障和耗损故障较之于平时,故障概率极大提高。造成使用损伤的原因主要有三个方面:一是由于战场环境恶劣,温湿度、风沙、路面不平等不良环境的影响;二是由于装备使用频繁甚至超负荷工作,以及得不到油、备件的正常供应而应急使用;三是由于紧张的作战心理增加了人员操作装备不当的概率。车辆是战场上物资、人员运输、武器承载及作战的机动平台,使用数量多、频率高,相应地,车辆装备损伤次数也多。

2. 战场损伤分析

损伤评估以损伤分析为基础,最终得到一个切实可行的抢修方案。当车辆装备发生故障影响任务执行,首先由装备使用人员对车辆外观和仪表进行初步检查,如果无法修理则向抢修分队报告情况,请求支援修理。抢修小组到达现场后,通过外观和功能检查分析损伤,如图3-1所示。

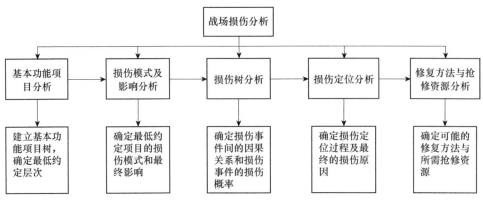

图 3-1 车辆装备战场损伤分析

（1）基本功能项目分析（Basic Function Item Analysis，BFIA），是要确定战场抢修对象，即影响装备完成当前任务的基本功能项目。车辆装备要完成机动、运载、牵引、防护、通信任务，基本功能包括机动功能、运载功能、牵引功能、防护功能和通信功能。例如，影响车辆机动功能的有动力系统、传动系统、行驶系统、制动系统、转向系统、电器系统；动力系统又分为发动机、进排气、润滑、燃油供给、冷却等子系统，车窗、防护栏、反光镜等非基本功能项目不予考虑。

（2）损伤模式及影响分析（Damage Mode and Effect Analysis，DMEA），在战场上车辆装备遭受战斗损伤和使用损伤，有穿透、烧蚀、变形、折断、磨损、电击穿、污染等损伤模式。例如，油箱、油底壳、水箱穿透导致漏油、漏水，空气滤清器被击穿会影响进气质量。

（3）损伤树分析和损伤定位分析（Damage Tree Analysis/Damage Localization Analysis，DTA/DLA），以损伤树为工具，分析装备系统的损伤模式与其对应子系统或各零部件之间的损伤因果关系，最终确定影响车辆装备基本功能的损伤总成或零部件。

（4）修复方法与修复资源分析（Repair Methods Analysis/Repair Resource Analysis，RMA/RRA），根据损伤分析确定车辆装备损伤零部件、损伤模式、损伤程度，在当前战场环境和任务情况下，确定在何处进行损伤修复、修复方法，以及所需的人员、器材、工具等修复资源。

对车辆装备进行战场损伤评估不仅需要有完备的装备损伤理论基础，还需要掌握各种装备损伤修复技术，通常损伤评估人员难以快速做出有效的战场抢修方案。为了辅助抢修人员对战场损伤进行智能化评估，加快评估进程并且提高评估准确性，可以利用人工智能和神经网络等技术，建立装备损伤数据库和损伤分析系统，完成战场损伤评估专家系统的构建和应用。专家系统能够降低抢修人员的专业性要求,提高战时装备信息化维修保障水平。

3.1.2 战场抢修现有流程

车辆装备战场抢修是由装备使用人员、抢修分队、野战修理机构共同参与,按照抢修任务需求和战场抢修技术手册,利用修复资源对损伤装备进行修复或者报废的过程。

IDEF0 模型能将一个过程分解为输入、输出、控制和机制的集合,同时表达组织过程和数据流以及它们之间的联系。车辆装备战场抢修过程用 IDEF0 模型表示,如图 3-2 所示。

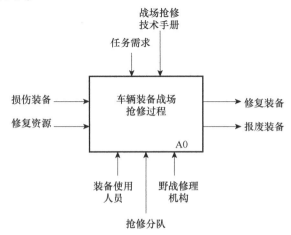

图 3-2 车辆装备战场抢修 IDEF0 模型

车辆装备战场抢修应当以现地修理为主,如果时间和资源允许,应尽可能采取与平时相同的技术标准实施,恢复车辆完成当前任务所需的基本功能。特殊情况下,经抢修分队指挥员同意可以采用应急修理方法,任务结束后,应尽快采用标准修理方法恢复车辆技术性能。具体的车辆装备战场抢修流程,如图 3-3 所示。

(1)车辆装备发生损伤后,装备使用人员检查损伤情况,向抢修分队长报告损伤情况。在分队长指示下,装备使用人员对车辆进行简单应急修理,如果车辆仍不能恢复达到完成基本任务的功能状态,则请求派出抢修组到现场进行抢修,并根据现场实际情况遮蔽车辆或者移动车辆至安全地带。

(2)抢修组人员携带备件和相关抢修设备到达现场后,根据驾驶员描述的车辆装备损伤情况,对损伤装备进行外观、仪表检查,确定损伤零部件、损伤类型及程度,对影响车辆完成任务的基本功能的损伤零部件进行抢修,不影响车辆基本功能的损伤可以推迟修理。

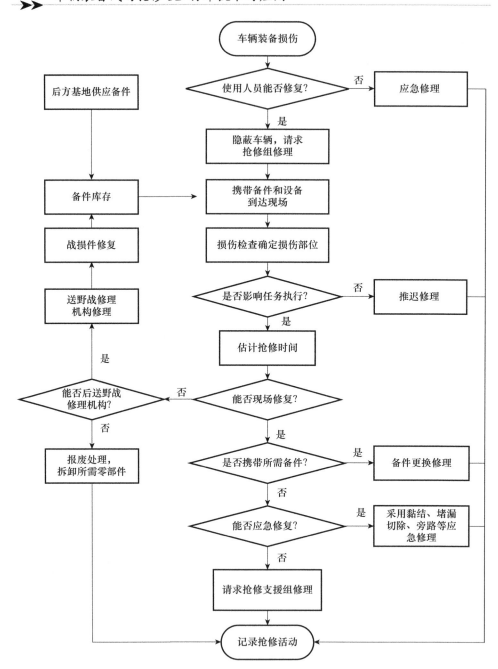

图 3-3 车辆装备战场抢修流程

(3) 评估人员根据战场环境和所携带的抢修设备与器材,估计战损装备抢修时间,判定能否在现场恢复装备完成任务的基本功能。可以在现场修理的,优先进行备件更换修理,如果没有携带相关备件,考虑是否能采取快速黏结、堵漏、焊接、同型或异型零部件拆换、切除、替代等应急方式修理。如果修理活动超出能力范围,则请求支援保障分队派出支援抢修组到现场修理。

(4) 如果战损装备无修理价值或无法后送,则组织人员拆除车辆装备的涉密、完好的零部件,作为备件供其他装备维修使用。如果能后送,则将装备恢复到能自救后送的功能状态,送至野战修理机构修理。

(5) 损伤车辆装备修理后,记录抢修过程,方便后续对装备进行标准修理。收集装备战场使用和维修数据,有利于后方保障单位对战场上的装备损伤进行分析,预测备件消耗量,并及时调整相关保障活动。把数据反馈给装备和抢修技术研制单位,将有利于装备和抢修技术的升级改造。

3.2 车辆装备战场抢修3D打印技术流程

3.2.1 战场抢修技术的分析

车辆装备损伤不能正常使用后,由派出的抢修组评估员对其进行战损评估,确定装备损伤部位、损伤类型和损伤程度。然后评估员根据现有抢修技术手段和抢修资源列出可行抢修方案,对各方案进行权衡分析,得到最优方案,确定是现场修理还是后送修理,是采用3D打印技术现场制配,还是备件更换、同型拆换、黏结堵漏、无电焊接等修理方式。

车辆装备战场抢修方案权衡分析是一个综合评价过程,前提是要有相关的评价指标。由于车辆装备战场抢修活动受军事任务和战场环境影响,主要对抢修方案的抢修时间、抢修资源、抢修质量三个评价指标进行衡量,如图3-4示。

1. 抢修时间

在战场上,由于存在敌方攻击的威胁和装备任务时间的限制,战损车辆装备的抢修时间是有限的,恢复车辆基本功能的抢修时间应该在该环境下所允许的最大可用时间之内。抢修时间主要包含前期准备时间和修复时间两部分。前期准备时间包括抢修人员携带工具备件到达现场的时间、损伤零部件的拆卸时间以及其他必要准备工作时间。不同修理方式的修复时间有很大区别,技术复杂程度越低,其抢修时间越短。

2. 抢修资源

抢修资源主要包括保障人员、设备工具和备件耗材,如果缺乏相应的抢修资源,抢修也就无法进行。抢修人员需要具备丰富的抢修知识和经验,依赖于平时的抢修理论、技能的学习和训练。3D打印制造备件和再制造修复工作的实施,

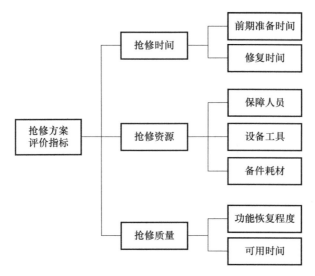

图 3-4 抢修方案评价指标

需要有高素质的软硬件操作人员、配套的 3D 打印设备及相应耗材。原件修复比备件更换的修理成本更低,但要求保障人员技能水平较高。

3. 抢修质量

抢修质量由抢修后的功能恢复程度和可用时间长短判定。车辆装备的功能状态分为能全面执行任务、能使用、能应急使用、能自救撤回四种状态,抢修评估员应根据当前战场环境和任务执行情况,合理确定抢修工作目标。不同的抢修方式,对零部件的力学质量和功能有不同程度的影响。在可允许的情况下,尽量采用标准修理手段恢复装备全部功能状态,以延长装备使用时间,避免损伤零部件和总成再次发生故障。

3.2.2 战场抢修 3D 打印技术流程

在战时维修保障活动中,可以将 3D 打印系统配置在野战修理机构,进行备件制造。如果前方有需要,可携带 3D 打印机到前方地域进行现场修理,避免装备牵引后送。通过抢修技术的权衡分析确定采用 3D 打印技术进行装备抢修,主要有三种修理方式,如图 3-5 所示。

(1) 对所需修理器材进行打印,如车辆装备低压油管破损后,从三维模型数据库中下载合适的模型并修改尺寸,然后进行打印即可。

(2) 对原件进行打印,从数据库中下载所需模型,如打印螺母、螺帽、垫圈等备件。

(3) 对局部损伤的零部件进行原件再制造修复,由于局部损伤的特殊性,需

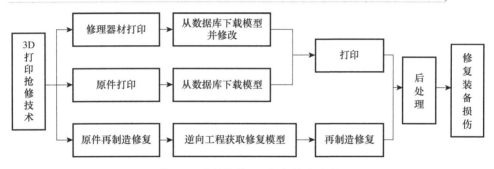

图 3-5 战场抢修 3D 打印技术流程

要利用 3D 扫描仪现场采集损伤模型数据,再通过逆向处理软件完善模型质量,打印机根据 3D 模型数据精准地控制喷头修复位置和修复量,修复精度可达到毫米级。例如,再制造修复断裂的齿轮。

对于 3D 打印件或原件修复的部位需要经过表面砂纸打磨或热处理等后处理手段,提高打印件和修复件的表面质量和力学质量。

3.3 车辆装备 3D 打印备件供应流程

3.3.1 备件供应流程

备件通常是指完成装备维修所需的专用组件、部件和零件等,可以是全新的,也可以是损伤件修复后转入备用的。现有的备件供应方式主要有战时携运行、后方供应、再制造修复战损件三种。部队携运行备件基数是按照战场器材消耗规律研究测算出来的标准,是战场前期备件供应的主要方式,然而携运行的大量物资会影响部队的机动能力。后方供应是根据前方物资消耗情况对备件进行筹措、供应的活动,面临敌方攻击威胁,导致供应时间长,难以满足车辆备件保障的时效性,影响装备战备完好性和任务持续能力。

在未引入 3D 打印技术之前,部队就非常重视军事装备部件的修复再造活动,野战修理机构能修复轻度和部分中度损伤的零部件,难以修复的零件送至后方修理基地。从军事效益来看,军事装备具有保密性,损伤的装备零部件不能随意丢弃处理。采用先进的再制造修复技术可提高部队修复装备损伤的能力,避免装备报废处理,减少备件需求。从经济效益来看,在保证质量和性能的前提下,再制造修复产品的成本只有新品的 50%,能够节约 60% 能源,节省 70% 材料。在达到维修保障要求的前提下,可大幅减少原件供应需求,降低维修保障费用和供应风险。

现有的修复再造技术有焊接、纳米电刷镀、高速电弧喷涂、划伤快速填补等,对车辆装备的杆、轴、轴承、轴瓦、壳体、箱体、衬套等零部件的断裂、磨损、划伤、腐蚀损伤进行修复和强化。由于技术种类多,而且操作复杂,对抢修人员综合技术水平要求高,难以达到相应技术的保障水平。

现有的部队维修备件供应流程如图 3-6 所示。当损伤车辆通过故障检测,需要对故障部件进行修理时,如果抢修组从野战修理机构申领携带了所需备件,则对损伤零部件进行更换修理。然后将收集的损伤部件送到野战修理机构进行修复,能修复的零部件可以转至野战仓库备件库存。如果无法修复就送至后方维修基地,采用先进的维修技术和设备进行修理,能修理好的战损件就转至后方基地库存,如果无修复价值则转为报废处理。

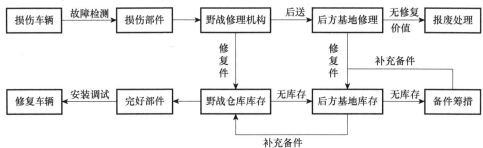

图 3-6 部队维修备件供应流程

如果野战仓库缺少备件库存,就要向后方基地申领备件。后方基地通过备件筹措补充自身库存,并向前方野战仓库供应所需备件。受损装备的备件更换需求依赖于野战修理机构携运行的备件和后方基地及时的备件供应,否则只能进行应急修理。

3.3.2 3D 打印备件供应流程

3D 打印是数据驱动的自动化技术,它可以融合焊接、电刷镀等修复技术,用数字文件控制喷头完成修复工作,抢修人员只需熟悉 3D 打印系统的软硬件操作,便能相对容易地形成抢修能力。

引入 3D 打印技术后,一方面可在野战修理机构根据备件消耗情况进行备件制造,补充库存;另一方面可对损伤的零部件进行再制造修复,提高野战修理机构修复战损件的种类和数量。相比于在装备损伤现场采用便携的打印机进行抢修活动,野战修理机构设备资源更加齐全、环境相对安全,可以配属效率更高、质量更好的 3D 打印机。

引入 3D 打印技术的备件供应流程,如图 3-7 所示。如果野战修理机构的修理方式无法修复战损件,就可以采用3D打印技术实现再造修复。当野战修理机构和后方基地的库存减少时,可以利用3D打印机制造备件补充库存。3D打印技术将提高部队战损件修复能力和备件制造能力,减少备件携运行量和后方供应链压力,有效提高部队战时保障效率。

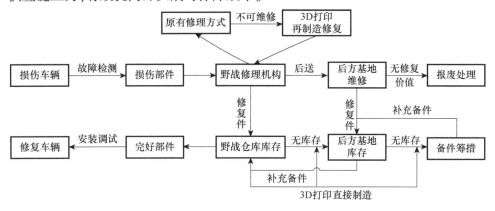

图3-7 引入3D打印技术的备件供应流程

3.4 车辆装备战场抢修3D打印流程

根据现有的车辆装备战场抢修流程要求,结合3D打印技术抢修流程以及备件供应新流程,建立车辆装备战场抢修3D打印流程,如图3-8所示,指导抢修人员在车辆装备战场抢修中如何使用3D打印技术。

(1)引入3D打印技术后,提高了抢修组的现场抢修能力。抢修人员需要通过权衡分析确定最合适的战场抢修技术手段。除原有的黏结、补漏等简单快速的抢修手段外,还可以采用3D打印技术对损伤件进行再制造修复,打印原件或者工程塑料件代替金属件进行更换修理,打印修理器材进行应急修理。由于3D打印是数字制造技术,抢修人员只需具备基本的软、硬件操作即可。如果打印或修复的3D数字模型无法从建立的模型库里直接下载使用,也可以通过维修信息系统请求后方专家协助提供解决方案,并利用现场的3D打印设备进行抢修工作。

(2)如果无法在现场修复损伤装备,将其后送至野战修理机构。野战修理机构位置相对安全、维修资源丰富、维修能力强,可以配置精度、效率更高的3D打印系统,生产种类更齐全、数量更多、质量更高的打印件增加备件库存。也可以对现场难以修复的损伤原件进行再制造修复,向抢修小组提供战场抢修所需备件,减少对后方基地备件供应的依赖。

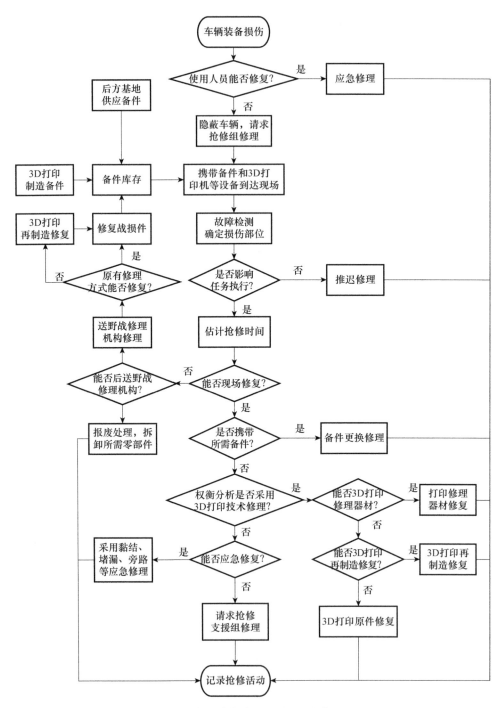

图 3-8 车辆装备战场抢修 3D 打印流程

第4章 车辆装备战场抢修 3D打印关键技术

关键技术是车辆装备战场抢修3D打印的重要支撑,本章从车辆装备战场抢修能力需求出发,提出车辆装备战场抢修3D打印关键技术,主要包括3D打印战场修复技术、3D打印备件供应技术及损伤评估和数据通信技术。

4.1 车辆装备战场抢修能力需求

基于3D打印的车辆装备战场抢修流程主要包括损伤评估和损伤修复两大活动,如图4-1所示。抢修人员修复损伤的核心能力需求是3D打印战场修复能力和3D打印备件供应能力,修复的前提是对车辆装备进行损伤评估,需要智能诊断评估能力的支撑。在整个车辆装备抢修流程中,需要数据通信能力的支持,便于车辆装备使用人员、抢修分队、野战修理机构等保障人员和单位之间对抢修活动进行协调交流。

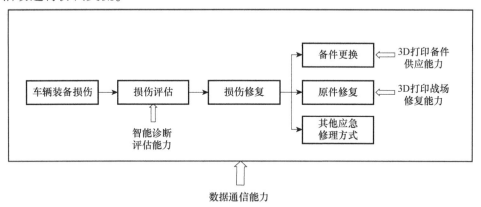

图4-1 面向车辆装备战场抢修3D打印流程的能力需求

(1)3D打印战场修复能力主要由抢修质量和抢修时间两个战术指标衡量。其能力的建设需要3D打印机、三维扫描仪、模型处理系统、打印后处理设备等实体装备或系统的支撑。

(2)3D打印备件供应能力主要由备件供应种类和备件供应数量两个战术

指标衡量。建设 3D 打印备件供应能力,同样需要 3D 打印机、三维扫描仪、模型获取和处理系统、打印后处理设备等实体装备或系统提供支撑,但是其装备性能要求更高。

(3)战场损伤评估能力由损伤检测准确性和抢修决策合理性两个战术指标衡量,需要检测与监控传感器、故障检测仪、抢修决策系统等实体装备提供支撑。数据通信能力由数据传输效率和数据保密性两个战术指标衡量,需要通信设备和数据传输、保密系统为支撑。

4.2 3D 打印战场修复技术

4.2.1 3D 打印技术

1. 零部件 3D 打印

3D 打印技术主要有光聚合、粉末床熔化、定向能量沉积、材料挤出、黏结剂喷射、材料喷射等技术类型,不同打印技术打印的产品类型不同,打印质量和打印速度也有很大差别。例如,光聚合、粉末床熔化材料挤出、材料喷射技术都适用于塑料件打印,但光聚合和材料喷射技术打印速度快,打印件表面质量好但力学强度一般。粉末床熔化和材料挤出能够生产强度更高的工程塑料,但打印速度相对较慢。在战场前方现地抢修时,通常采用适用范围广、操作性好、打印质量和打印速度等各方面性能均衡的打印技术。在后方生产备件时,可以采用多种打印技术满足不同备件的生产需求。

3D 打印应用于车辆装备战场抢修,打印效率是一个非常重要的指标,打印质量可以有一定程度的下降,只要在战场限定的时间内完成抢修即可。为了满足 3D 打印效率和质量具体需求,打印参数优化是必不可少的环节,即在充分了解填充率、打印速度、层厚、激光功率、打印温度等参数对打印质量影响的基础上,确定最适合的打印参数。

2. 零部件再制造修复

目前,应用广泛的是基于定向能量沉积的激光近净成形(Laser Engineered Net Shaping, LENS)技术,成形出毛坯后再经表面加工处理成所需尺寸形状。超高速激光材料沉积(Extreme Hight-Speed Laser Material Deposition,EHLA)技术可用于损伤金属零部件的涂层和修复,替代传统的电镀硬铬和热喷涂技术,提高产品的抗腐蚀和抗磨损性能。电镀硬铬技术使用铬酸溶液,产生的铬酸雾和废液会污染环境,电镀工艺的沉积速度慢会延长修复时间,镀层会产生孔隙和裂缝缺陷,降低修复质量。热喷涂技术要耗费大量能量熔化材料涂覆在部件表面,涂层也会产生孔隙。EHLA 技术将金属粉末熔化沉积,涂层过程不产生污染,材料利用率达 90%。产生的 0.1mm 无孔涂层,能够长时间牢固黏合保护基底材料。

冷喷增材制造技术能够从喷嘴中以超声速将微小金属颗粒喷射到零部件破损部位,与零件表面融合,不会出现焊接或高温热喷涂产生的热影响区,也不需要额外的机加工,能恢复甚至强化零件原有功能特性。

4.2.2 野战适应技术

将 3D 打印技术应用于车辆装备战场抢修,需要有野战适应技术的支持,以消除野外不利环境对零部件 3D 打印过程的影响。

1. 3D 打印技术抗干扰能力

温、湿度环境管理技术可使打印材料性能和打印室不受战场低温或者高湿环境影响,保证材料熔化质量。采用惰性气体制造技术在战场上获取一定纯度的惰性气体,保证金属打印过程粉末不被氧化。采用防震技术保持工作台的水平稳定性,消除野外路面高低不平的不利影响,保证 3D 打印机在机动过程中仍能进行打印工作。

2. 3D 打印设备便携性

在设计生产 3D 打印系统时,采用模块化技术分解 3D 打印系统各个功能模块,采用轻量化制造技术降低设备总体质量,便于 3D 打印系统在战场上机动保障。

3. 供电方面

3D 打印机是由电力驱动的,而在战场上电能主要由蓄电池储备或者发电机供应,为了保证打印质量和效率,需要采用专门的电源管理和分配技术,使 3D 打印机能够获得稳定的电压和电流输入。

4.2.3 打印材料技术

拥有了先进可靠的战场 3D 打印设备,还要有适应战场的 3D 打印材料,打印材料技术属于装备共用技术。

1. 3D 打印材料制备技术

用于 3D 打印的金属材料主要是粉末形式,目前开发的粉末有铁基、镍基、钴基、铜基、钛基等合金,适用于不同零部件需求。3D 打印粉末的粒度、球形度、流动性、夹杂、气体含量等因素会直接影响金属打印质量。激光或电子束熔化的粉末粒度适合区间为 $25\sim45\mu m$。粒度大的粉末用于打印大尺寸产品,所需激光功率较大,打印速率较高,但打印质量和精度会低于细粉末。粉末球形度或流动性不好会降低粉末利用率,粉末中的夹杂物和 O_2 等气体,会在打印件内部形成夹杂和气孔,增加成形缺陷率。

通过电解金属盐溶液、还原金属氧化物、机械粉碎金属及合金等传统金属粉末制造工艺得到的金属粉末,难以满足 3D 打印要求。当前制备 3D 打印金属粉末的方法主要有等离子旋转电极法(Plasma Rotation Electrode Process,PREP)、等离子雾化法(Plasma Atomization,PA)、气雾化法(Gas Atomization,GA)以及等离子球化法(Plasma Spheroidization,PS)。而气雾化法具有生产效率高、成本低、金属及合金适应范围广、粉末质量可控等优势而成为主流制备技术。气雾化法是通过熔化金属或合金原材料,将熔滴落入惰性气体雾化喷嘴系统,雾化成微米级细小熔滴,球化后凝固成粉末。

在 3D 打印塑料材料方面,液态光敏树脂材料用于光固化打印,丝状材料用于熔融沉积成形,粉末状材料用于激光烧结。如何选择合适的打印材料,除了考虑材料本身的物理、化学特性,还要考虑材料的打印性能。表 4-1 从 7 个维度对 6 种打印塑料的 FDM 打印性能进行评判,分值为 1~5。

表 4-1 部分塑料的 FDM 打印性能

材料	易打印性	视觉质量	拉伸强度	断裂伸长率	抗冲击性	层黏性	耐热性
PLA	5	4	4	1	1	4	1
ABS	2	3	3	1	3	2	5
PET	4	3.2	3.2	1.2	3.2	3.2	2
PA6	3.2	3	2	3	4	1	1
TPU	1	2	2	5	5	2	2
PC	2	3	5	1	3	3	5

从表中可以看出,热塑性聚氨酯材料具有优良的断裂伸长率和抗冲击性,但是易打印性较差,可以提高 FDM 打印温度、降低打印速率来满足质量要求。

2. 材料改性增强技术

材料单体的种类有限,性能一般。通过材料改性技术,在材料单体中加入其他材料制成复合材料,可提高硬度、抗拉强度、冲击韧性、导电、磁性、防热、摩擦等性能,满足产品多样化功能需求,如在金属、树脂、工程塑料中填充玻璃纤维、碳纤维、石墨、木粉等其他材料增强改性。

3. 材料代替技术

由于金属打印效率低于塑料打印,而部分工程塑料以及复合材料具有优良的综合性能,在注重抢修时效性的情况下,可以按照产品原模型打印塑料件代替金属件。首先确定车辆装备相关零件的材质、功能和性能,明确在应急情况下塑料替代品应具备的最低性能和要求;然后通过试验判断 3D 打印复合材料的性能是否满足要求,以及能否通过优化 3D 打印参数、工艺、后期处理或者对材料改性强化等措施提高塑料打印件性能。

塑料复合材料如果要替代金属材料,除了具有优异的力学性能,还要具有良好的热稳定性,保证材料在较高的温度下使用较长时间后还能保持优异性能。3D 打印的非金属产品还能通过表面金属化处理,增强使用性能。例如,采用冷喷涂技术在复合材料表面高速喷涂金属粉末,可以提高导电性、导热性、表面硬度、强度等类金属性能,代替金属件使用。

聚醚醚酮(Poly Ether Ether Ketone,PEEK)是一种高分子聚合物,具有优良的综合性能,其材料特性如表 4-2 所列。PEEK 树脂越来越多地应用于汽车零部件制造。对于发动机周围零部件、变速传动部件、转向等零部件,可采用 PEEK 类复合材料代替传统金属,在满足性能要求的同时,降低零部件质量和成本。

表 4-2 PEEK 特性

特性	性能描述
耐高温性	熔点 334℃,长期使用温度达 260℃
自润滑性	低摩擦性,经碳纤维、石墨改性的 PEEK 耐磨性更优
耐腐蚀性	除浓 H_2SO_4 外,不溶于任何溶剂
阻燃性	不加阻燃剂也能熄灭
易加工性	具有较好的高温流动性,可采用注塑成形、粉末激光烧结、挤出成形等制造技术
机械特性	具有良好韧性、刚性、耐疲劳性
绝缘性能	在较宽温度范围及各种频率的交流电场内保持良好的绝缘性能

除 PEEK 外,碳纤维、尼龙材料同样具有良好的综合性能,可代替铁、铝、铜等金属材料。尼龙(Polyamide,PA)经过改性增强后,有增强尼龙、高抗冲尼龙、导电尼龙、阻燃尼龙等类型,可以通过选择性激光烧结(SLS)、多喷头熔融(MJF)、超高速烧结(High Speed Sintering,HSS)等 3D 打印方式制造轴承、齿轮、泵叶、输油管、刹车管水箱、进气口盖、制动器冷却管等车辆零部件。

4. 3D 打印材料性能数据库

车辆不同的零部件,其材质也有很大差异。建立 3D 打印材料数据库,就是要对 3D 打印材料的打印性能和使用性能进行全面的总结,在材料选取时提供数据参考。材料性能相关数据由材料研发生产方进行研究总结,包括适用于不同功能需求的材料类型,材料的物理、化学特性质量,适宜材料的打印参数,以及材料的失效模式和使用寿命等。

5. 战场废料转化技术

如果3D打印生产备件或者修复原件的方式成熟并且应用广泛,将产生大量的打印材料需求,而部队携运行的物资是有限的,补给有时也有时间延误。另外,在战场上每天都会产生大量废料,如弹壳、水瓶、纸板箱、聚苯乙烯包装盒、医疗废物等。为提高海外基地的自我保障能力,美国陆军实验室已开始研究战场废料转化技术,将战场上的废金属、废塑料以及沙漠沙等材料进行加工处理,为3D打印提供可用材料。

4.2.4 模型获取和处理技术

3D打印是数据驱动的自动化制造技术,根据产品的三维模型数据(STL格式),经过切片分层软件处理成GCODE代码,驱动打印机完成制造。在战场上,抢修人员获取模型数据最简单直接的方式是从建立好的三维模型数据库下载,然后根据抢修具体情况,修改模型尺寸适配抢修工作。

对于小型零部件损伤,可以采用3D打印制造完整的零部件或者所需修理器具。对于体积大的或者局部损伤的零部件,如油箱破孔、传动齿轮折断等,对损伤原件进行3D打印再制造修复,与打印完整备件相比,再修复效率更高、成本更低。采用3D打印再制造修复方式:首先通过逆向工程(Reverse Engineering,RE)技术获取损伤区域修复模型,也就是从产品实物得到所需模型数据;然后对模型进行处理获得GCODE代码文件,并统一模型和实物坐标;最后采用再制造修复技术按照修复路径对损伤零部件进行修复。

采用逆向工程技术获取修复区域三维模型的步骤如图4-2所示,该技术相对复杂。如果部队级的伴随保障人员或者基地级派出的支援保障人员具有逆向工程处理能力,就可以在现场展开修复工作;如果不具备,可以通过远程维修系统,将现场零部件损伤模型数据传递至后方专家寻求技术支持,获得所需修复模型和具体修复方案。

1. 逆向数据采集技术

数据采集是逆向工程的第一步,丰富的数据量是构建与实物相匹配的三维模型的前提。目前,其主要有接触式测量和非接触式测量两种方式,如表4-3所列。

第4章 车辆装备战场抢修3D打印关键技术

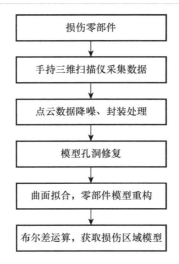

图 4-2 逆向工程处理

表 4-3 逆向数据采集技术

测量方式	设备	原理	优点	缺点
接触式测量	三维坐标测量机	探针在物体表面上施加的力产生形变信号	测量精度高	(1)测量效率低；(2)依赖专业操作人员；(3)难以测量内部复杂型腔表面
非接触式测量	三维扫描仪	声、光、电磁作用于物体表面产生输出信号	(1)设备便携性好；(2)采集效率高；(3)自动化程度高	测量精度略低

相对于三维坐标测量机,采用三维扫描仪采集数据具备数据采集效率高、适应范围广、自动化程度高以及设备便携性好的优势。在测量前,首先要清理损伤零部件表面的污垢杂质。如果采用光学仪器测量,除了在零部件表面喷涂可清洗的显像剂外,还要排除战场环境光线的干扰。可以通过采用正交偏振技术,在镜头的滤光镜片前方加装偏振镜片来减少被测表面反光影响,提高数据采集精度。由于采集到的数据量大,呈云团状,称为点云数据,格式为 .asc。

2. 零部件模型重构技术

零部件模型重构是为了获取损伤零部件三维模型对采集到的点云数据进行处理的过程。即使在数据采集阶段就采取措施避免战场复杂环境和人工操作带来的不利影响,点云数据中仍然会存在噪声点、冗余信息点、缺失信息点等情况。行业内采用主流的逆向工程软件 Geomagic Studio 对原始点云数据进行处理:第一步采用软件滤波功能对点云数据进行降噪,去除与物体无关的噪声点和冗余信息点,但要注意保持边界信息的完整性;第二步对点云数据封装处理,得到三角面片模型文件,未采集到的信息点以及降噪和封装处理后损失的部分细微数据,会在模型上产生孔洞;第三步采用曲率、切线、平面填充,修补模型孔洞;第四步进行曲面拟合,生成连续的 NURBS 曲线和曲面,获得高质量的数字模型。

3. 再制造修复模型提取技术

将损伤零部件模型与原始模型放在同一个坐标系下配准,采用布尔差运算对两个三角网格模型求差,获取零部件的缺损模型。原始模型可以通过建立的三维模型数据库获取,也可以对完整的零部件通过逆向工程获取。

4. 测量修复一体式技术

将缺损模型传送给增材再制造修复系统,通过坐标统一算法处理,使缺损模型的三维坐标快速变换到再制造修复系统坐标,控制增材再制造修复路径。

4.2.5 打印后处理技术

3D 打印的零件从设备中取出后,通常需要经过表面处理和热处理提升零件质量才能装配使用。产品模型在设计时就要考虑加工余量,抵消机械加工处理带来的尺寸影响。塑料打印过程比金属简单,产生的支撑结构和内部缺陷也较少,因此处理相对容易。

1. 表面处理技术

刚打印完的金属件需要将支撑结构和底座去除,粗糙度较高,此时零件表面存在较大的波峰波谷,使零件对应力集中非常敏感。金属零件的表面有粗糙度标准,粗糙度过高会影响零件的耐磨损性、抗疲劳强度、耐腐蚀性、接触刚度等性能。

常用的 3D 打印件表面处理工艺有水射流清洁、电化学抛光、机械加工等,后处理时需要与打印材料、打印技术类型和零件几何形状相匹配。在战场上对应急打印的零件,简单进行表面打磨即可。

2. 热处理技术

金属在 3D 打印过程中,主要产生孔隙和残余应力两大缺陷,影响成形件质量。在战场上采取热等静压处理或者传统的热处理工艺,如淬火、回火、退火、正火等方式,能消除金属打印件的大部分缺陷,提高金属零件的抗疲劳性能和硬度。3D 打印的塑料件也能在适宜的温度下进行热处理强化组织性能。

4.3　3D 打印备件供应技术

除 3D 打印制造能力的技术需求外,更重要的是备件 3D 打印需求技术,包括车辆零部件增材制造性分析技术、三维模型数据库技术、备件需求预测技术和质量监控技术。

4.3.1 增材制造性分析技术

车辆零部件的增材制造性分析是指零部件是否适合采用3D打印制造,主要是对车辆零部件对应的打印件质量、打印时间、打印成本进行衡量,如图4-3所示。相关数据应由车辆备件相关生产厂家研究分析得到,然后提供给部队使用。

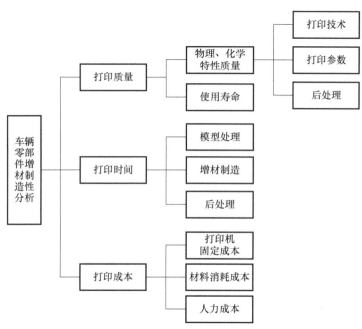

图4-3 车辆零部件增材制造性分析

打印质量包括打印件的硬度、拉伸强度、韧性、导热性、防腐蚀性等物理、化学特性质量,决定了产品能否满足相关功能需求,通常采用仿真模拟和实装测试来评价打印件质量。如果打印件各项质量指标满足行业标准,就可以完全代替原件使用,如果不满足,则需考虑限制性使用。打印件质量主要受打印技术类型、打印材料、打印参数、后处理方式影响。

打印时间包括模型处理、增材制造、后处理所需要的时间。打印时间主要集中在打印机的增材制造过程,不同的打印件所需的增材制造时间有很大差别。模型切片软件能够根据模型层数、分层面积、打印速度等打印参数计算所需制造时间以及材料消耗量。明确不同种类备件的打印时间,在战时就能够有效分配战场可用时间进行备件打印。

打印成本主要包括打印机固定成本、材料消耗成本和人力成本,明确打印成本有利于维修费用和资源的分配管理。

4.3.2 三维模型数据库技术

车辆零部件进行增材制造性分析后,应该建立车辆零部件三维模型数据库,使战场抢修人员能够快速获得车辆零部件 3D 打印模型数据和相关文件资料。

为实现产品三维模型信息的共享和交换,机械行业以 ISO 13584 标准规范了零部件数据库构建方法和技术。三维模型数据库主要包括用户管理模块、模型分类模块、模型信息管理模块和模型使用模块,如图 4-4 所示。

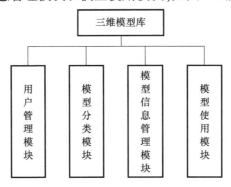

图 4-4　车辆零部件三维模型数据库

用户管理模块是对普通用户和高级用户进行功能管理,普通用户主要是部队级修理人员,能够查看、下载备件三维模型。高级用户是指上级维修主管单位,能对普通用户的三维模型使用信息记录进行收集整理,了解基层单位的模型需求,负责模型库的管理工作。上传增添新的三维模型,对已有的三维模型信息进行修改更新。

模型分类模块是对能够进行增材制造的车辆零部件进行分类管理,便于用户查询所需模型。模型按照标准件和厂商专用件分类,既符合部队装备标准化建设的长远要求,也能满足按型号保障的当前需求。标准件是具有相应国家或行业标准,通用性强的零部件,包括紧固件、传动件、密封件、轴承、弹簧等。图 4-5 表示车辆三类轴承标准件根据不同类型和尺寸的分类,每个标准件都有其特定的产品编号。厂商专用件是厂商生产某一型号产品,为满足特殊用途而专门设计并编号的零部件,三维模型数据由各厂商提供。

模型信息管理模块用来显示备件三维模型信息,便于修理人员查看使用。模型库包括 3D 模型展示、备件尺寸参数、打印技术、打印材料、打印参数、打印

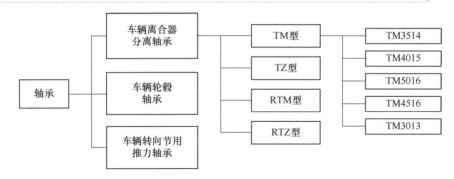

图 4-5 车辆轴承标准件分类

时间、后处理方式、质量指标、使用寿命等信息。

模型使用模块能够让用户通过 SolidWorks 等三维设计软件打开模型进行修改,或者直接下载到本地后进行使用。三维模型文件格式为 STL,便于 3D 打印切片软件识别并进行分层处理。

4.3.3 备件需求预测技术

目前,备件需求预测研究主要集中在平时备件需求预测方面,平时备件需求预测通过分析备件故障率、寿命分布等数据,结合备件的历史消耗数据,采用 Logistic 回归、人工神经网络、灰色模型、最大熵等方法建立备件可靠性模型,最后采用数理方法、智能方法及仿真方法对模型进行求解,实现备件需求预测。

由于战时备件消耗不确定性,在备件预测模型的基础上,还要实时掌握战场上备件消耗情况,动态预测备件需求。部队根据备件预测的种类和数量,携、运行大量备件供战斗初期保障使用,再结合战场备件消耗情况动态预测备件需求,申请后方筹措和供应备件。

即使备件预测模型能考虑各方面影响因素,但系统误差无法避免,预测的装备备件需求量与现实备件需求量总会存在一定差距。3D 打印技术由于具备现场备件快速制造能力,能有效解决备件需求和供应不及时的矛盾。

4.3.4 质量监控技术

3D 打印设备作为精密的零部件制造仪器,在战场环境下极易受到干扰破坏,使打印过程中断或打印精度发生改变,导致打印出的零部件不符合技术要求而报废,降低抢修的效率。因此,需要一种适应于战场环境中的专用质量监控系统,实时监测打印粉末质量和工艺参数波动对打印件质量的影响,及时发现打印效果的偏差,通过自动调节或人工干预的手段及时进行调节,改善打印效果。

3D 打印技术制造零部件不同于传统方式,在复杂多变的战场环境下,3D 打印的本质是焊接,气孔、夹杂、未熔合、裂纹等焊接缺陷几乎不可避免,为了保证打印出的零部件符合实体要求,必须要对零部件进行无损检测。因此,开发出的无损检测设备要适应战场环境,做到智能化、集成化、小型化、专用化,便于快速机动和使用。确保打印出的零部件可以装配抢修车辆,使车辆经过3D打印抢修后能够可靠地使用。

4.4 损伤评估和数据通信技术

建设战场损伤评估能力所需的检测与监控传感器、故障检测仪和抢修决策系统,需要智能诊断评估技术的支撑,包括监控与检测技术、交互式电子技术手册、故障诊断专家系统技术、远程诊断与维修技术和战场抢修决策支持系统技术。建设数据通信能力所需的通信设备和数据传输、保密系统,需要信息共享技术的支撑,包括维修保障信息系统技术和信息安全保密技术。

4.4.1 智能诊断评估技术

1. 监控与检测技术

目前,部队装备的主要车辆具有良好的测试性,在平时就要建立车辆装备状态监控和性能检测的制度及标准。装备监控分为在线监控和离线监控两种,通过监控电压、电流、温度、振动、油液密度等信号,检测装备的健康状态。装备检测分为原位检测和离位检测两种,主要利用激光全息、微波、超声波、红外线、磁场等手段。

2. 交互式电子技术手册

我军使用的新老装备型号众多,支撑了部队战斗力的建设和发展,但装备综合保障能力建设却面临巨大挑战。交互式电子技术手册(Interactive Electrical Technical Manual,IETM)作为一类信息系统,将装备纸质技术文件进行数字化储存管理,包括装备的各总成系统功能、相关零部件的性能和故障模式、装备使用和保障规范等内容。在平时,有利于保障人员学习装备基本知识、装备使用以及相关保障技术,能够有效提升修理人员技术能力水平。在维修保障过程中,IETM指导修理人员进行具体操作,并对装备使用情况和维修活动进行记录。3D打印技术引入维修保障领域后,也可以将3D打印零部件或再制造修复的相关内容纳入电子技术手册中。

3. 故障诊断专家系统技术

车辆装备故障诊断专家系统是用于诊断车辆装备损伤评估的计算机应用程序,辅助抢修人员快速准确地完成战场损伤评估工作。该系统首先将车辆装备维修相关的知识存入计算机建立知识库,类似于IETM;然后采用人工智能、模糊推理、聚类分析等控制算法,对检测和监控到的车辆装备状态数据进行分析、推理,判断出车辆故障类型、损伤程度;最后,给出修复损伤所需的抢修方法和抢修资源。

4. 远程诊断与维修技术

当前方的战场抢修人员无法对装备损伤进行处理时,可以采用远程诊断与维修技术,通过计算机网络将现场装备损伤的图像、性能参数等信息传送给后方专家,在后方完成故障诊断并确定抢修方案,再通过网络远程指导前方抢修人员完成装备抢修工作。例如,采用3D打印再制造修复损伤零部件时,逆向工程处理较为复杂,就可以将前方采集的损伤数据传送给后方专家处理,再把零部件修复模型传回前方,最后采用现场的再制造设备进行损伤修复。

5. 战场抢修决策支持系统技术

由于战时装备损伤率较高,同一时间内有多个装备发生故障,进行战场抢修决策需要解决抢修人员、备件等有限资源和高强度抢修任务之间的矛盾。抢修人员通过故障诊断确定了装备损伤的零部件、损伤类型、损伤程度以及修复方法后,对装备及零部件的重要程度、修复时间、修复所需资源、修复质量等因素进行权衡分析和决策,确定装备修复顺序、修复地点以及采用何种修复方法和技术。如果由战场抢修人员凭借抢修经验进行决策,受个人专业知识水平有限、战场抢修任务量大、抢修资源信息不明等因素影响,抢修人员难以对整个战场抢修工作进行考虑做出科学决策。

战场抢修决策支持系统将战场抢修流程标准化,一端处理装备故障诊断信息,另一端实时感知战场上可用的抢修资源信息和部队抢修能力,通过内部决策算法做出科学决策。战场抢修决策支持系统能够有效降低决策实施难度,提高决策的准确性和时效性。

4.4.2 信息共享技术

1. 维修保障信息系统技术

维修保障信息化建设的核心是构建一体化维修保障信息系统。要构建一体化维修保障信息系统,必须理清各个装备保障机构之间的业务、人员和物资之间的关系,实现信息资源共享和互联、互通,通过信息化建设提高部队快速反应的精确保障能力。

战场抢修活动中的信息流主要是指车辆损伤信息、抢修方案和维修资源等信息在装备使用人员、伴随保障分队、野战修理机构和后方维修基地之间的交流,如图4-6所示。该信息流的核心是伴随保障分队,既可以联通前方装备使用人员,又可以与野战修理机构和后方维修基地联系,在车辆装备战损现场完成损伤评估和修复任务。

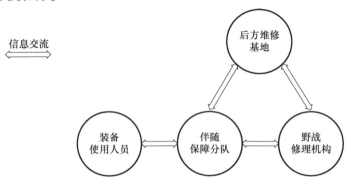

图 4-6　战场抢修信息流

维修保障信息系统应该确保各保障单位间的信息流高效畅通,实时感知并协调处理各项保障业务活动,提高战场抢修工作效率。信息系统依赖于信息传输及处理技术,包括有线/无线网络技术和多元信息压缩/传输技术。

2. 信息安全保密技术

信息化技术带来便利的同时也要注意防范信息安全。3D 打印是数字化制造技术,备件需求信息、产品模型信息和过程控制信息都是通过电子数据进行传输的。而数字化信息会面临敌方窃取或篡改的风险,使 3D 打印生产过程受到影响。在军事生产和保障活动中应用 3D 打印技术,尤其要注重军事保密问题。3D 打印机作为一个数据接收端口,敌人可通过入侵 3D 打印机窃取重要军用装备信息以及其他军事信息。类似于部队文印系统,3D 打印机的相关模型数据库、处理软件、数据传输路径都应进行数据加密技术处理。

第5章 车辆装备战场抢修3D打印综合技术体系构建

车辆装备战场抢修3D打印综合技术体系构建需要以先进实用、平战兼顾、军民融合的原则,本章提出了综合技术体系生成方法,建立了综合技术体系描述模型,构建了车辆装备战场抢修3D打印综合技术体系。

5.1 技术体系构建原则

1. 先进实用的原则

构建体系时应从车辆装备战场抢修的全系统、多装备的角度综合考虑,根据各部队承担抢修任务的特点、车辆抢修任务需求等不同变量综合构建技术体系;不仅要考虑优化提高我军车辆装备战场抢修技术的整体水平,还要为提升车辆装备战场抢修整体效率提供技术支持。

2. 平战兼顾的原则

平时车辆装备维修追求的目标是可靠和经济,而战时车辆装备抢修追求的目标是快速完成任务。提高战时抢修技术水平,要靠平时扎实的战备训练和经验的积累。战时抢修不仅要满足战场上的各类要求,还要兼顾满足平时维修保障和非战争军事行动维修保障的要求。

3. 军民融合的原则

3D打印技术在民用领域率先发展,在地方车辆的应用上更为普及。我军部分车辆装备属于军选民用车辆,相对其他武器装备来说,更可以多借鉴民用车辆技术。在吸纳民用车辆应用3D打印技术成果的基础上,应考虑军用车辆装备战场抢修的特殊性选择和验证其中的技术成果。

5.2 技术体系要素

技术体系由技术和各技术之间的关系构成,其体系要素为技术组成要素和技术体系结构要素,技术体系要素是技术体系构建和描述的基础,并为技术体系后续的评估优化提供支撑。

5.2.1 技术组成要素

技术组成要素主要是描述技术的各项要素,包括技术名称、技术原理、技术标准、技术成熟度、技术对装备需求和能力需求的支撑等要素。技术标准是指技术在使用过程中必须遵守的规范和应达到的标准,如国际标准(ISO/ASTM)、国家标准(GB)、国家军用标准(GJB)、工程标准和行业标准。3D打印技术作为一项新兴发展的技术,对增材制造的工艺、材料、质量检测等多个方面进行标准化,有利于研究成果的积累和推广应用。技术成熟度评估技术从基础研究到工程应用整个过程的完成程度,分为9个等级。

5.2.2 技术体系结构要素

技术体系结构要素是对技术之间关系的描述,包括技术层次和技术关联度两个要素。技术层次是对技术体系中技术的归类,主要分为技术门类、技术领域、技术方向、要素技术四层,体现了不同层次技术之间的包含和被包含关系。如图5-1所示,层次越高越抽象,下一层技术是对上一层技术的支撑,属于包含和被包含关系。第一层技术门类(T1,T2,…,Tn)根据能力需求直接提出;第二层技术领域(T11,T12,…,Tnn)是由能力需求分解得到的相关技术群;第三层技术方向(T111,T112,…,Tnnn)是技术领域研究的重点方向;第四层要素技术(T1111,T1112,…,T$nnnn$)是技术体系的底层,是技术研究的起点。

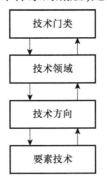

图 5-1 技术层次关系

技术关联度主要用于描述同一层次水平同一组技术之间的关联程度,从关联程度大小排序,技术之间的关系可分为替代关系、协作关系和依赖关系。

1. 替代关系

替代关系,用逻辑运算符"∥"表示,T111∥T112是指两项技术功能相近,满足相同的能力需求或装备需求,在实际应用时只需选择应用其中一项即可,主要在低层次技术水平下出现,如多喷头熔化技术和高速烧结技术,同为粉末床熔化技术。但是,在3D打印技术发展初期,由于不明确哪种技术率先获得突破,在战场抢修活动中会表现出更大的技术先进性,两种具有替代关系的技术在技术体系中通常会同时存在和发展。

2. 协作关系

协作关系,用逻辑运算符"&&"表示,T11&&T12 是指两种技术虽然工作原理不同,但满足于同一能力需求或者装备需求,是同一组技术之间最为常见的关系。例如,3D打印技术用于提高3D打印设备的零部件生产能力,而野战适应技术用于提高3D打印设备野战环境下的适应能力。

3. 依赖关系

依赖关系,用"→"表示,T11→T12 是指一种技术(T11)依赖于另一种技术(T12)的实现,但 T12 不一定依赖于 T11。具有依赖关系的两项技术同时具有协作关系,但技术关联程度更高,技术在研发时会受到所依赖技术的影响。例如,在模型获取和处理技术中,零部件模型重构技术依赖于逆向数据采集技术。

5.3 综合技术体系生成

基于3D打印的车辆装备战场抢修综合技术体系,可以通过以下三个步骤生成。

步骤1:基于3D打印的车辆装备战场抢修流程分解,提出四大能力需求,包括战场损伤评估能力需求、3D打印战场修复能力需求、3D打印备件供应能力需求、数据通信能力需求;牵引出四大类技术,包括智能诊断评估技术(T1)、3D打印战场修复技术(T2)、3D打印备件供应技术(T3)、信息共享技术(T4),其中信息共享技术(T4)属于跨平台的共用技术。

步骤2:将第一层次的四大类技术通过战术指标和技术指标分解,得出低层次技术。例如,3D打印战场修复技术(T2)往下一层次细分为5个技术群:3D打印技术(T21)、野战适应技术(T22)、打印材料技术(T23)、模型获取和处理技术(T24)、打印后处理技术(T25),其中3D打印技术(T21)可分为7个不同的3D打印技术方向,每个技术方向还可以往下分为不同的要素技术。

步骤3:合并装备共用技术,如3D打印备件供应能力和3D打印战场修复能力都需要的3D打印技术、打印材料技术、打印后处理技术。把各项技术按照树形结构组织展示,满足同一能力需求或者装备需求的技术在同一组。

生成的基于3D打印的车辆装备战场抢修综合技术体系如图5-2所示。

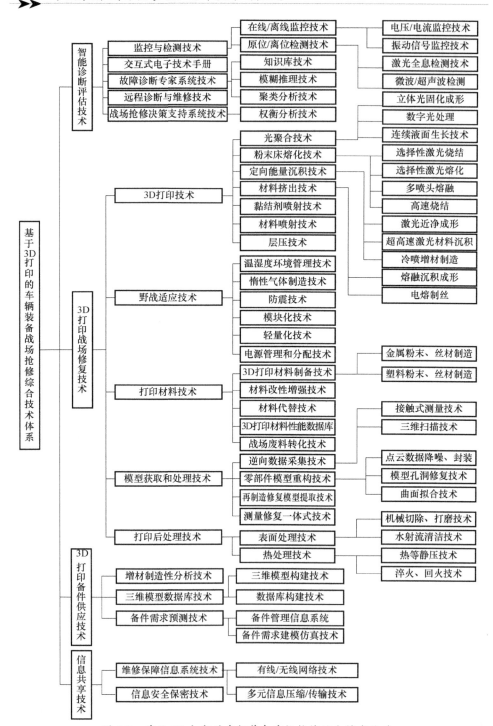

图 5-2 基于 3D 打印的车辆装备战场抢修综合技术体系

5.4 综合技术体系描述

5.4.1 技术视图模型

树形结构技术列表包含技术体系所需的各项技术,层次结构表示技术之间的层次关系。但某项技术的详细信息、同一组技术之间的关系在树形结构中都无法描述出来,因此需要更多的表现形式从不同视角描述技术体系,使不同的利益方(如部队、研究机构、装备生产方等)能够全方位了解技术体系。

技术视图(Technical View,TV)是以体系要素和相关数据为基础,用图形、表格或文本等方式,系统、清晰、完整地描述技术体系内各项技术和技术之间关系的模型。技术体系视图的设计同样要符合技术体系的应用性、整体性、层次性、环境制约性、动态性特点。

表5-1所列的5个技术视图能够体现技术体系的生成过程,描述技术的基本属性、未来的发展变化和各技术之间的关系。

表5-1 技术视图及表现内容

视图名称	涉及要素	视图功能
能力到装备映射视图(TV-1)	能力名称、战术指标、装备名称、系统名称	通过战术指标把抽象的能力需求具体到各项实体装备或系统需求
装备到技术映射视图(TV-2)	装备名称、系统名称、技术指标、技术名称	通过技术指标得出装备或系统所需的各项技术
技术属性视图(TV-3)	技术名称、技术原理、技术用途、技术标准、技术层次、相关技术	描述单项技术的基本属性
技术关系视图(TV-4)	技术名称、关系符号	描述同一组技术之间的替代关系、协作关系、依赖关系
技术发展路线图(TV-5)	技术指标、成熟度水平	描述技术未来的发展变化

5.4.2 技术视图实例描述

1. 能力到装备映射视图(TV-1)

TV-1描述抽象的能力需求通过战术指标具体到实体装备或系统的需求,表

5-2 描述了基于 3D 打印的车辆装备战场抢修能力需求到装备需求的映射视图。

为了达到战场智能诊断评估能力的损伤检测准确性和抢修决策合理性战术指标,需要检测与监控传感器、故障检测仪和抢修决策系统。为了达到 3D 打印战场修复能力的抢修质量和抢修效率战术指标,需要便携的 3D 打印机、三维扫描仪、模型处理系统和打印后处理设备。虽然 3D 打印备件供应能力和 3D 打印战场修复能力对装备的需求是一样的,但是为了达到备件供应种类和备件供应数量战术指标,其装备性能要求更高。为了达到数据通信能力的数据传输效率和数据保密性战术指标,需要有性能可靠的通信设备。

表 5-2 能力到装备映射视图

能力需求	智能诊断评估能力		3D 打印战场修复能力		3D 打印备件供应能力		数据通信能力	
战术指标	损伤检测准确性	抢修决策合理性	抢修质量	抢修效率	备件供应种类	备件供应数量	数据传输效率	数据保密性
检测与监控传感器	√							
故障检测仪	√							
抢修决策系统		√						
3D 打印机			√		√			
三维扫描仪			√		√			
模型处理系统			√		√			
打印后处理设备			√		√			
通信设备							√	

2. 装备到技术映射视图(TV-2)

TV-2 描述的是装备通过技术指标牵引出所需的各项技术。以支撑 3D 打印战场修复能力的相关装备为例,给出装备到技术的映射视图,如表 5-3 所列。

表 5-3 装备到技术映射视图

装备需求	3D 打印机		三维扫描仪	模型处理系统		打印后处理设备	
技术指标	打印件质量	打印速度	采集数据量	模型匹配度	模型精度	表面质量	力学强度质量
3D 打印技术	√						
野战适应技术		√					
打印材料技术	√						

第5章 车辆装备战场抢修3D打印综合技术体系构建

续表

装备需求	3D打印机		三维扫描仪	模型处理系统		打印后处理设备	
技术指标	打印件质量	打印速度	采集数据量	模型匹配度	模型精度	表面质量	力学强度质量
光学测量技术			√				
模型处理技术					√		
打印后处理技术							√

为了达到3D打印机的打印件质量和打印速度技术指标,需要以3D打印技术和打印材料技术为核心,并配套野战适应技术。为了达到三维扫描仪的采集数据量技术指标,需要光学测量技术;为了达到模型处理系统的模型匹配度和模型精度技术指标,需要一系列的模型处理技术;为了达到打印后处理设备的表面质量和力学强度质量技术指标,需要有相关的打印后处理技术。

3. 技术属性视图(TV-3)

由于树形结构技术列表只显示了技术名称,需要技术属性视图对技术原理、技术标准、技术层次、相关技术等属性进行描述。以3D打印技术为例给出技术属性视图,如表5-4所列。

表5-4 3D打印技术属性视图

属性	属性内容
技术名称	3D打印技术
技术原理	以数字模型文件为基础,运用粉末状金属或塑料等可黏性材料,通过逐层打印累积构造成物体的技术
技术标准	ASTM F42
技术用途	用于车辆装备零部件3D打印或者再制造修复
技术编号	T21
相关技术	光聚合技术(T211) 粉末床熔化技术(T212) 定向能量沉积技术(T213) 材料挤出技术(T214) 黏结剂喷射技术(T215) 材料喷射技术(T216)

4. 技术关系视图(TV-4)

树形结构技术列表能够鲜明地表示不同技术层次之间的包含和被包含关系,而同一组技术之间的替代关系、协作关系、依赖关系通过另外的技术关系视图表示。

表 5-5 所列为 3D 打印战场修复技术(T2)关系矩阵,涉及的技术有 3D 打印技术(T21)、野战适应技术(T22)、打印材料技术(T23)、模型获取和处理技术(T24)、打印后处理技术(T25)。

从关系矩阵可以看出,同一组技术之间最基本的是协作关系,关联度大的具有依赖关系,如打印材料技术(T23)依赖于 3D 打印技术(T21),但是 T21 并不依赖于 T23。由于 T21、T22、T23、T24、T25 属于第二层次的技术,技术之间没有出现替代关系。

表 5-5　3D 打印战场修复技术(T2)关系矩阵

技术	T21	T22	T23	T24	T25
T21	—	&&	&&	&&	→
T22	&&	—	&&	&&	&&
T23	→	&&	—	&&	→
T24	→	&&	&&	—	→
T25	&&	&&	&&	&&	—

5. 技术发展路线图(TV-5)

TV-5 描述技术成熟度和技术指标随时间的发展变化。图 5-3 是用于车辆装备战场抢修活动的 3D 打印技术发展路线,描述了 3D 打印的技术成熟度、野战适应性、打印件质量、塑料打印速度、金属打印速度 5 项技术指标,以 5 年为一个单位的发展变化。

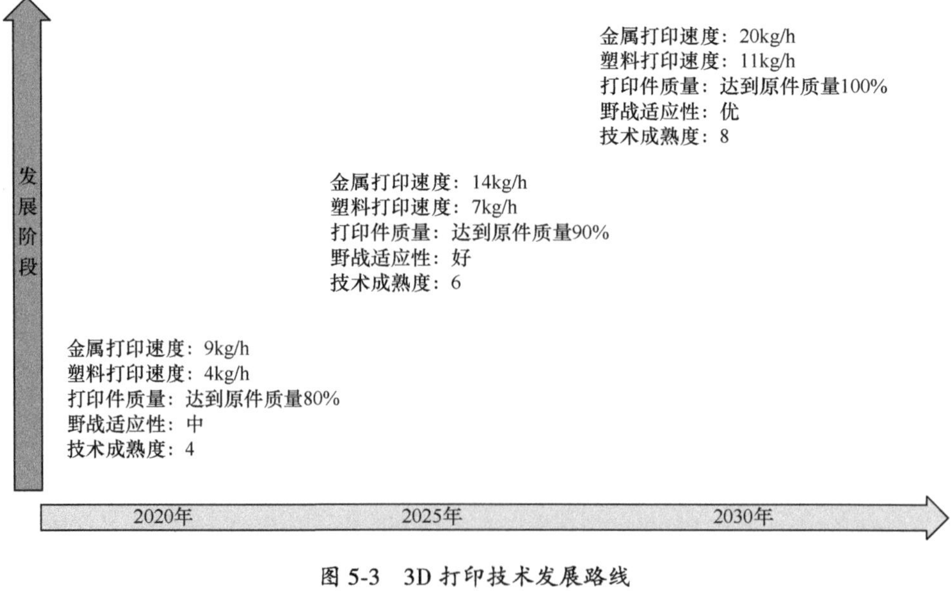

发展阶段

金属打印速度:9kg/h
塑料打印速度:4kg/h
打印件质量:达到原件质量80%
野战适应性:中
技术成熟度:4

金属打印速度:14kg/h
塑料打印速度:7kg/h
打印件质量:达到原件质量90%
野战适应性:好
技术成熟度:6

金属打印速度:20kg/h
塑料打印速度:11kg/h
打印件质量:达到原件质量100%
野战适应性:优
技术成熟度:8

2020年　　2025年　　2030年

图 5-3　3D 打印技术发展路线

第6章 车辆装备战场抢修3D打印方案决策技术

随着车辆装备技术含量的增加和复杂程度的提升,其保障系统规模也越来越庞大;抢修技术的发展异常迅速,抢修方案也随之层出不穷。尤其是3D打印等新技术逐渐运用到战场抢修领域,需要在众多的战场抢修方案中快速选择出最佳战场抢修方案,提高维修效率,减少保障压力。

战场抢修决策需要综合考虑抢修时间、抢修资源、抢修效果等因素,为了减少决策过程中的主观因素,提高决策质量和效率,需要采用合理的车辆装备战场抢修3D打印方案决策流程以及科学的决策方法,判断受损部件是否采取3D打印抢修方案来进行战场抢修,从而缩短决策时间,优化抢修方案。值得说明的是,3D打印只是众多抢修方案中的一种,战场抢修时需要在多种抢修方案之间决策优劣,不仅局限在3D打印一种方案上。

6.1 车辆装备战场抢修方案

6.1.1 战场抢修基本理论

6.1.1.1 战场损伤评估

战场损伤评估(Battlefield Damage Assessment,BDA)是指在时间紧迫的战场情况下,快速评估车辆装备的损伤程度,提出损伤修复建议,为维修人员的抢修提供指导,保证能及时修复战损车辆,使其得以完成当前的作战任务。

在军用车辆损伤后,维修人员与使用人员应当迅速确定车辆装备的损伤部位并评估损伤情况,以便确定是否需要现场修复以及如何修复。对于不影响当前任务的损伤装备,不予以抢修继续使用;对于影响当前任务的损伤装备,按照损伤程度,采取应急使用、现场抢修、后送修理和报废四种处理方式。

战场损伤评估的一般程序如图6-1所示。

6.1.1.2 战场损伤修复

评估完车辆装备损伤后,使用现场的抢修资源,采用有效的抢修措施,快速恢复战损车辆装备的功能状态,使其继续完成当前任务或者退出战场完成自救。

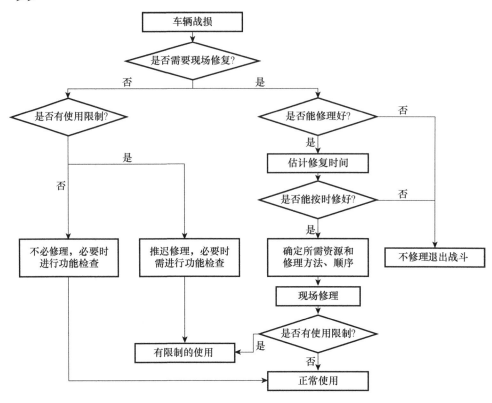

图 6-1 战场损伤评估的一般程序

战场损伤修复不同于平时修理,由于抢修时间有限,抢修环境又较为复杂多变,战损装备修复后的功能完备程度一般比平时维修低,装备的功能状态仅需恢复到能够完成当前作战任务即可,并不需要恢复全部功能。因此,在战场抢修中一般采用应急修理方法和措施修复车辆装备。

战场抢修优先采用的方法是换件修理,但是当没有备件或条件不允许时,可以按照维修工作由易到难、资源消耗由少到多、抢修时间由短到长的顺序,选择换件修理、切换、切除、重构、拆拼、替代、原件修复、制配等方式予以抢修。

(1)换件修理。使用备用的部件替换有功能故障的、损坏的或磨损的部件。但是,车辆零部件众多、数量庞大,很难保证携带充足匹配的备件。

(2)切换。车辆装备的电路、液路或气路等管路发生战损时,如果有备用件,可通过切除并重新接通到备用的管路上;如果没有备用件,可拆卸非基本项目的零部件来修复具有基本功能的零部件。

(3)切除。在不影响车辆装备的使用安全并保证其基本功能的情况下,可剪除或者阻断车辆装备战损的油路、气路或电路。

第6章　车辆装备战场抢修3D打印方案决策技术

(4)重构。车辆装备战损后,在现场或者时间允许范围内,获取物资器材和人力资源重新构造战损的系统或者项目使其具备基本功能,如杆类零件折断后的焊修,表面裂纹的黏结、焊修,管类零件的修复。

(5)拆拼。将其他型号的车辆装备或者不同型号的车辆装备上的相同零部件拆卸下来,替换待修理车辆装备的受损零部件,恢复故障车辆装备的基本功能。

(6)替代。为了修复战损车辆装备使其重新投入战场或恢复部分功能,从而撤离战场,利用性能有所差异但功能近似的零部件、仪表仪器、物资工具等替代或修复损伤零部件。

(7)原件修复。战场上借助可用的资源和有效的手段,修复战损车辆的零部件或恢复部分功能,使车辆装备能快速重新投入战场或撤离战场。原件修复一般可采用黏结、刷镀、喷涂和堵漏技术等。

(8)制配。为了恢复车辆装备的基本功能或使其撤离战场进行自救,在现场制作代用的零部件或元器件来替代损伤的零部件或元器件。

战场抢修技术是指战场上车辆装备发生损伤,经过对车辆装备损伤情况评估,使其得以快速恢复所需功能的技术手段和工艺方法。

按实施的地域,战场抢修技术可分为原位抢修技术、伴随抢修技术、定点抢修技术和远程支援抢修技术。战场抢修技术根据所采用的技术不同,可以分为堵漏、焊接、盖补、热喷涂、胶补、电镀、套接和机械加工等。

6.1.2　战场抢修流程

1. 抢修分队的抢修过程

车辆装备出现故障或即将出现故障时,操作人员应当中止车辆装备工作,观察、检测和评估车辆。操作人员若能独立完成修复工作,可以在指挥员批准后着手修复;若无法完成修复工作,经过评估后认为不需要后送维修,野战维修中心的维修资源或维修人员给予支持便能实施修复,则向野战维修中心申请并说明情况,由操作人员和抢修分队共同修复战损车辆装备,具体流程如图6-2所示。

2. 野战维修中心的抢修过程

战损车辆装备送达野战维修中心后,此时若维修机构有空闲维修人员,则进入下一步的维修程序;相反,战损车辆在维修机构继续等待,直到有空闲维修人员。野战维修中心的抢修过程主要有以下几个步骤:①战损车辆装备的故障分析和评估,该步骤主要确认车辆装备的损伤部位、损伤程度和损伤类型,得出能否修、如何修和谁来修的结论。②维修方案决策,决策内容包括战损车辆装备修复到哪种状态、采用何种修复技术、确定维修工具备件和维修人员等。③组织维

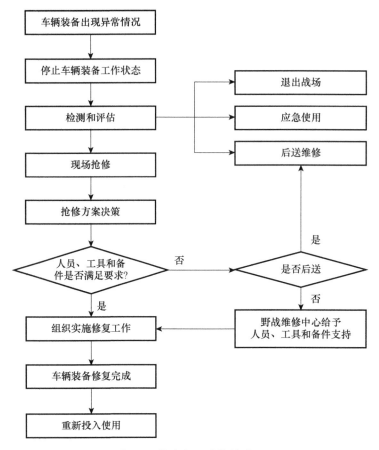

图 6-2 抢修分队的抢修流程

修工作,该步骤是整个抢修流程的核心,也是抢修方案的具体实施,包括隔离故障部位、更换零部件、检验及测试功能修复后状态、装配等。④将无法完成修复的战损车辆装备整机或者具有修复价值的受损零部件后送到下一级维修机构,具体流程如图 6-3 所示。

3. 后方基地级维修机构的维修过程

基地级维修结构主要是对后送的有维修价值的损伤零部件和战损的车辆装备进行维修,所以将会面临更多的故障种类以及更大的技术难度。

4. 实施抢修时的原则

在车辆装备战场抢修中,需要遵循的原则如下:

(1)若所受损伤对车辆装备的主要功能影响不大,则不需要对其修理,可继续应急使用。

(2)若受损车辆装备在不修理的情况下可继续完成指定的作战任务或完成

第6章 车辆装备战场抢修3D打印方案决策技术

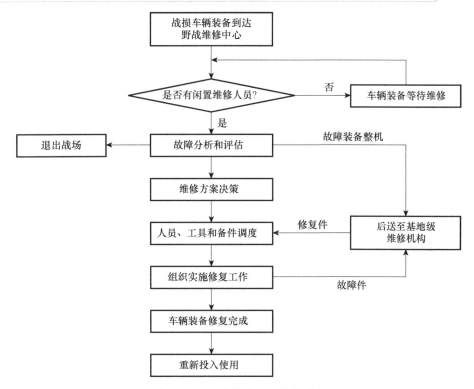

图6-3 野战维修中心的抢修流程

撤退,此时该车辆装备的抢修应当推迟。

(3)若抢修资源不足或抢修时限内无法完成抢修任务,此时不实施抢修。

(4)若现场有足够的抢修资源,在抢修允许时间内可完成战损车辆装备的抢修,则可对其抢修。

(5)若抢修条件和抢修时间允许,对受损车辆装备实施标准修理,但是在战场抢修时一般不需按标准修复受损车辆装备。

(6)抢修前应当先确定抢修方案。抢修方案一般包含确定受损零部件、抢修技术、抢修时间、抢修过程中所需的设备工具和备件耗材,以及抢修人员的要求。

(7)根据车辆装备抢修后的功能状态和执行任务的具体情况,需要明确说明车辆装备使用过程中应当注意的事项。

6.1.3 车辆装备战场抢修方案分析

6.1.3.1 确定方案的影响因素

车辆装备战场抢修的特点是修复方法的多样性和灵活性,为了在尽可能短的时间内使战损车辆装备满足作战要求必须确定合理的抢修方案,确定抢修方案时通常考虑以下主要影响因素。

1. 作战任务需求

不同的作战任务对车辆装备使用功能有不同的要求,同时也对战场抢修有不同的要求。

作战类型不同,将会使车辆装备战场抢修的重点有较大程度的区别。例如,进攻作战时要求全面恢复车辆装备的功能,穿梭作战时要求优先恢复机动能力。战斗样式的不同,也会对车辆装备战场抢修产生不同的影响。例如,阵地防御战时作战将持续较长时间,火力对抗强度较大,此时应提高战场抢修的修复标准;抢攻阶段应尽快修复任务相关功能,使车辆装备重新投入战场。

2. 战场的抢修条件

抢修时不仅要考虑战场抢修时的环境条件,也要考虑抢修能力,抢修能力主要指抢修力量和抢修资源等,这些都是决定战损车辆装备能否及时战场抢修的条件。

3. 车辆装备的功能状态

车辆装备的功能状态指的是车辆装备战损后的损伤程度和修复程度。车辆装备的损伤程度决定战损车辆装备能否抢修、在什么维修级别抢修,影响车辆装备战场抢修方案的确定;战损车辆装备的修复程度,同样影响车辆装备战场抢修方案的确定。

4. 抢修时间限制

抢修时间限制是影响车辆装备抢修的重要因素。在允许的抢修时间内若无法完成战损车辆装备的抢修,应当选择其他抢修策略,如应急使用、降低抢修标准、推迟抢修或者后送至野战维修中心。

6.1.3.2 车辆装备战场抢修方案的内容

战场抢修方案是实施车辆装备战场抢修的根本依据。抢修方案是通过对产品的功能、各种故障模式、严酷度级别及其对产品功能的影响进行分析,提出可以采取的抢修措施。抢修措施主要包括抢修什么零部件、用什么抢修技术、消耗多长时间、需要多少人员、需要什么材料和工具、有什么使用限制以及实施步骤等。

并不是所有的零部件故障都会影响车辆装备完成指定的任务,在确定车辆装备战场抢修方案前,需要先确定基本功能的重要部件。车辆基本功能的重要部件,可以通过分析车辆执行任务时的基本功能完成。车辆装备战场抢修主要是抢修基本功能的重要部件,抢修方案如表6-1所列。

第6章 车辆装备战场抢修3D打印方案决策技术

表6-1 车辆装备战场抢修方案

代码	零件名称或标志	功能	损伤模式	任务阶段与工作方式	抢修技术类型	人员要求	材料和工具	抢修时间	使用限制	实施步骤	备注

第一栏(代码):在车辆装备战场抢修方案表格的第一栏,填写零件的代码是为了便于检索零件。

第二栏(零件名称或标志):在第二栏填写零部件的详细名称、设计图纸的详细编号或者原理图中的通用符号。

第三栏(功能):填写零件所需具备的基本功能,包含零部件自身功能以及零部件与接口设备之间的关系。

第四栏(损伤模式):典型的故障模式,如运行提前或自行运行、在规定的应工作时刻不工作、工作间断、在规定的不应工作时刻工作、工作中输出消失或故障、输出或工作能力下降、在系统特性及工作要求或限制条件方面的其他故障状态。

第五栏(任务阶段与工作方式):简要说明车辆装备发生故障的任务阶段,明确其工作方式。

第六栏(抢修技术类型):根据故障模式、严酷度影响及故障影响分析结果,研究修复损伤的对策,提出抢修技术的建议。

第七栏(人员要求):抢修方案不同,所需的人员数量也不相同,一般为1~3人。

第八栏(材料和工具):确定所需的设备工具、备件耗材以及计算机资源。

第九栏(抢修时间):抢修作业的时间包括准备时间、制作或获取备件时间和修复时间。

第十栏(使用限制):填写抢修后车辆装备在使用上的注意事项,如需要监控某个零部件或系统总成的功能状态,或者对零部件的功能性能造成的负面影响。

第十一栏(实施步骤):包括准备工作、制作和获取备件以及修复工作等的具体步骤。

第十二栏(备注):主要记录注释及说明,如零部件改进设计方面的建议、零部件异常状态的详细说明等。

6.1.4 战场抢修方案决策流程

车辆装备的战场抢修方案通常不止一种,指挥员必须从多个抢修方案中决策,确定最适用的方案,以使战场抢修能够取得最好的效果。采用合理的车辆装备战场抢修方案决策流程以及科学的决策方法,避免维修保障人员凭借主观经验判断抢修方案,不仅可以保证抢修任务的完成,而且可以实现抢修方案的最优化。

战场抢修方案决策的一般步骤如图6-4所示。

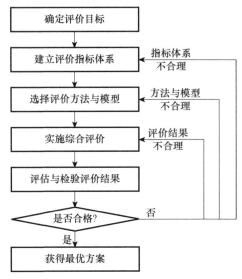

图6-4 战场抢修方案决策的一般步骤

步骤1:确定评价目标。

在不同的战场条件下,需要针对不同的战场条件确定评价目标。

步骤2:建立评价指标体系。

在遵循评价指标体系建立原则的基础上,针对作战需求结合车辆装备战场抢修方案的特点,建立车辆装备战场抢修方案综合评估指标体系。

步骤3:选择评价方法与模型。

选择评价模型、赋权方法、指标值量化方法和指标值标准化方法。

步骤4:实施综合评价。

实施综合评价包括搜集评价指标数据、指标数据标准化、剔除异常数据、必要的数据转换或推算、求解评价模型的评价值等。

步骤5:评估与检验评价结果。

判别建立的评价指标体系、评价方法与模型、计算的权重值和最终评价结果等方面是否合理。如果检验合理,则可由步骤 4 获得最优方案;如果检验不合理,则需要重新选取方法综合评价。

车辆装备战场抢修方案决策流程如图 6-5 所示,该流程涉及的方法及其原理在后文中具体阐述。

6.2 车辆装备战场抢修方案评价指标体系

6.2.1 评价指标体系构建原则

评价指标体系是车辆装备战场抢修方案决策的基础,指标体系对最终的决策结果有重要影响。因此,在遵循评估指标体系一般构建原则的基础上,需要针对作战需求,结合抢修技术和车辆装备战场损伤的特点,建立车辆装备战场抢修的综合评价指标体系。

1. 科学性原则

指标体系应科学客观表明系统的特征,能够充分反映作战任务需求下的车辆装备战场抢修方案,建立的评价指标体系要合理清晰。

2. 系统性原则

指标体系应系统地反映车辆装备战场抢修方案各方面的特征和综合情况,客观真实地描述主要因素,使评价目标与指标体系之间形成有机整体,保证评价指标体系的系统性。

3. 一致性原则

评价目标与指标体系之间需要保持一致,评价指标需充分反映和体现评价目标。指标体系要与车辆装备战场抢修方案决策的目标一致,避免两者之间的相互矛盾。

4. 非相容性原则

指标体系中的指标应具备独立性,指标之间不能相互包含或有交集,保证指标体系的非相容性。

5. 普遍性原则

指标体系应尽量选取适用于所有装备抢修方案的评价指标,而不是仅适用于个别装备。从指标的内容到指标的量化方式需系统考虑,使指标具有充分的代表性。

6. 简捷性原则

指标体系应在保证系统性的前提下尽量简化,在保证主要影响因素时,应减少评价指标数量,减少指标数据采集和处理的工作量。

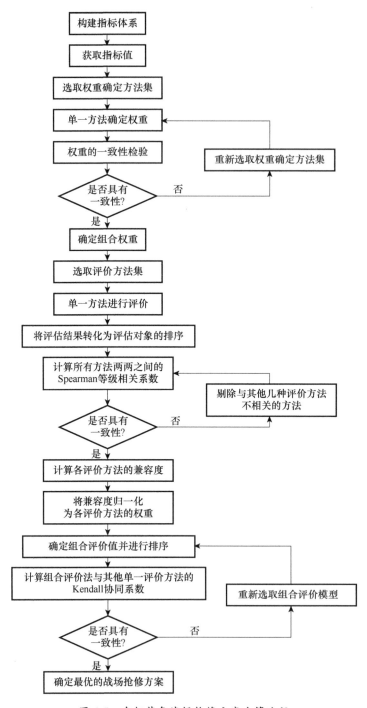

图 6-5 车辆装备战场抢修方案决策流程

7. 可操作性原则

构建指标体系时要充分考虑指标数据获取的难易程度,尽量利用车辆装备战场抢修方案现有统计资料,或者保证统计数据时操作性较好。

6.2.2 评价指标体系的构建

车辆装备战场抢修的决策评估模型是判断车辆装备的某个部件或某个工具是否可以应用某种抢修技术的权衡模型,本质上是研究车辆装备应急抢修的各种影响因素,如根据损伤模式和损伤机理确定的部件抢修需求,部件抢修的时间限制、质量要求,部件本身的损伤程度、重要程度和个性化程度。因此,在评价指标体系构建原则的基础上,车辆装备战场抢修的综合评价指标体系主要包括抢修时间、抢修资源、抢修后的功能状态和抢修后的负面影响,其结构如图 6-6 所示。

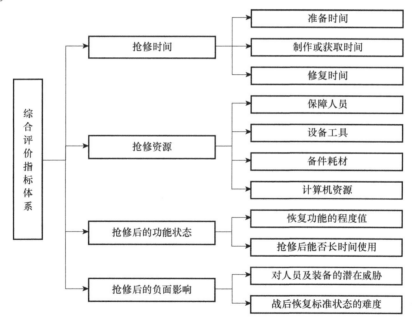

图 6-6 抢修方案综合评价指标体系结构

1. 抢修时间

抢修时间是车辆装备抢修方案决策的重要因素。假如抢修方案的抢修时间长于作战持续时间,将会导致车辆装备无法在战斗结束前重新投入战斗,这种战场抢修也将失去意义。相反,如果战损车辆装备的抢修能及时完成,车辆装备在战场上重新恢复作战能力,说明该抢修方案科学合理。一般情况下,如果在 24h 内无法修复战损车辆装备,该车辆装备就无法重新投入战场执行战斗任务。不同的修理级别,战场抢修也有不同的时限。使用分队修复车辆装备的时限为40min,伴随修理分队修复车辆装备的时限为2h,支援修理分队修复车辆装备的时限为8h,野战修理所修复车辆装备的时限为24h。上述抢修时限只是粗略的划分,抢修时限在战场上需要结合实际情况分析和确定。

抢修时间包括准备时间、制作或获取时间和修复时间。准备时间主要是准备抢修工作而花费的时间,准备工作主要有拆卸或切除待修复部位、清洗待修复部位的结合面及附近的碎片、测量受损部位的尺寸等。制作或获取时间主要是制作或获取用于修复受损部位的备件所花费的时间。修复时间主要是通过简易修补、切换、替代等活动,是车辆装备恢复任务功能或能自救所花费的时间。不同抢修方案中的准备时间、制作或获取时间和修复时间并不一致,均由经验预计或者实际操作计算。

2. 抢修资源

抢修资源是战场抢修的物质基础,主要包括保障人员、设备工具、备件耗材和计算机资源等。抢修资源越适用,则可认为抢修方案越合理。

保障人员主要是指承担车辆装备维修保障工作的人员。保障人员主要包括某种抢修方式下参与操作设备的人员和拆卸装配零部件的人员。采用的抢修技术不同,维修车辆装备的零部件不同,所需保障人员的数量也不尽相同。保障人员数量越少,该抢修方案越容易实现,说明该方案越好。

设备工具和备件耗材是实施战损车辆装备战场抢修的必备条件,直接影响抢修方法和修复标准等。因此,在确定车辆装备抢修方案时,必须充分考虑设备工具和备件耗材。设备工具和备件耗材主要由野战适应性度量,设备工具和备件耗材在战场环境下的野战适应性越好,说明该抢修方案越好。

计算机资源是指为使用和维修计算机系统,规划和提供所需的计算机硬件和软件、使用时的文档和保障工具、维修时的检测仪器等。计算机资源的可靠性、可维护性、安全性和人机交互性越好,则说明抢修时越容易得到保障。因此,抢修时计算机资源越少越好,所需计算机资源越容易得到保障越好。

3. 抢修后的功能状态

抢修后的功能状态,可以用恢复功能的程度值 $P_{恢复程度}$ 与抢修后能否长时间使用来衡量。理论上,战损车辆装备抢修后要求 $P_{恢复程度}$ 越大越好,抢修后能使用时间越长越好,但实际抢修过程中两者往往不能兼得。

恢复功能的程度值通过仿真软件分析、实车验证或者由经验丰富的专家打分,评价采用该种抢修技术修复该零部件所能恢复功能的程度,评分判据如表6-2所列。

第6章 车辆装备战场抢修3D打印方案决策技术

表 6-2 战损装备恢复功能的程度评分判据

分值/分	恢复程度的等级
5	完好
4	可战斗
3	可次战斗
2	可机动
1	可自救

抢修后能否长时间使用对执行任务有一定的影响,能长时间使用则仍可继续完成当前的任务,若不能长时间使用,则应尽早后撤自救。抢修后能否长时间使用可由经验丰富的专家或修理员打分,评分判据如表 6-3 所列。

表 6-3 抢修后能否长时间使用的程度评分判据

分值/分	时间使用的等级
5	时间很长
4	时间长
3	时间较长
2	时间较短
1	时间短

4. 抢修后的负面影响

战场抢修虽然可以快速恢复受损车辆装备的部分功能,但对使用人员及车辆装备可能存在潜在威胁,如战场抢修可能缩短部件及车辆装备的寿命,也可能增大车辆装备恢复到标准状态的难度。

战场上环境条件恶劣,抢修时间和资源有限,难以采用平时维修的修理标准修复受损的车辆装备,而采用抢修技术修复的车辆装备存在再次故障的隐患,对车辆装备及其操作人员具有潜在威胁。其发生威胁的可能性和威胁的严重程度用威胁值 R 度量,计算公式为

$$R = \sum_{i=0}^{n} P_i D_i$$

式中: n 为采用该抢修方案后有 n 项威胁; P_i 为抢修后使用过程中发生第 i 项威胁的可能性; D_i 为第 i 项威胁发生时的严重程度。

发生威胁的可能性等级和威胁的严重程度均由专家依靠以往经验确定。发生威胁的可能性和威胁严重程度的评分判据如表 6-4 和表 6-5 所列。

表 6-4 发生威胁的可能性评分判据

分值/分	发生威胁的可能性等级
1	极小可能
2	不大可能
3	很可能
4	极有可能
5	接近肯定

表 6-5 威胁严重程度的评分判据

分值/分	严重程度
5	灾难性
4	严重性
3	比较严重
2	轻度
1	轻微

战后恢复标准状态的难度是指受损车辆装备经过战场抢修后,当车辆装备任务完成或具备条件时,再按照规定的标准修理方法修复车辆装备全部功能的难易程度。例如,金属管路或金属壳体损坏有多种抢修技术,可以采用 FDM 技术打印修补片修补,也可以采用激光烧结技术或激光熔融技术打印零件替换,但经过不同技术抢修的金属管路或金属壳体,在战斗结束后再按照标准修理方法恢复到标准状态的难易程度是不同的。战后恢复标准状态难易程度的评分判据如表 6-6 所列。

表 6-6 战后恢复标准状态难易程度的评分判据

分值/分	难易程度的等级
1	不需恢复
2	容易
3	比较容易
4	比较困难
5	困难

6.2.3 指标体系的组合赋权方法

指标体系确定必须给指标赋予权重,以区别指标在指标体系中的作用地位以及重要程度。采用基于层次分析法(Analytic Hierarchy Process,AHP)-熵权的组合赋权方法确定各指标的权重,即在利用 AHP 法确定主观权重及熵权法确定客观权重的基础上,采用基于组合权重矢量与原主、客观权重矢量之间的偏差总和尽可能小的优化思想,避免各自最终权重的简单综合,这样既客观反映了数据本身的作用,又符合决策者的主观需求。

6.2.3.1 AHP 确定指标权重

利用层次分析法对指标体系赋权时,指标的权重可以通过判断比较指标之间的相对重要性得到。层次分析法的主要步骤如下。

步骤 1:构造判断矩阵。建立判断矩阵,如表 6-7 所列。

表 6-7　层次分析法判断矩阵

A	B_1	B_2	…	B_m
B_1	b_{11}	b_{12}	…	b_{1m}
B_2	b_{21}	b_{22}	…	b_{2m}
…	…	…	…	…
B_m	b_{m1}	b_{m2}	…	b_{mm}

在构建判断矩阵时,采取 10/10~18/2 标度对不同指标两两比较。判断矩阵标度及含义如表 6-8 所列。

表 6-8　判断矩阵标度及含义

标度含义	10/10~18/2 标度	说明
指标 i 与指标 j 同样重要	10/10	若元素 i 和元素 j 的重要性相比 b_{ij} 为左边某一数值,则元素 j 和元素 i 重要性之比 $b_{ji}=1/b_{ij}$
指标 i 比指标 j 稍微重要	12/8	
指标 i 比指标 j 明显重要	14/6	
指标 i 比指标 j 强烈重要	16/4	
指标 i 比指标 j 极端重要	18/2	
介于上述相邻两级之间重要程度比较	11/9　13/7 15/5　17/3	

步骤 2:层次单排序及一致性检验。

在层次单排序及一致性检验时,采用方根法。方根法的求解过程如下。

(1) 将每行标度值累乘,并对其求取 m 次方根:

$$\overline{W} = \sqrt[m]{\prod_{j=1}^{m} b_{ij}} \qquad (6\text{-}1)$$

(2) 对矢量 $\overline{W} = (\overline{W}_1, \overline{W}_2, \cdots, \overline{W}_m)$ 正规划:

$$W_i = \frac{\overline{W}}{\sum_{i=1}^{m} \overline{W}_i} \qquad (6\text{-}2)$$

则 $W = (W_1, W_2, \cdots, W_m)^T$ 为所求的对应最大特征值的特征矢量。

(3) 计算 W 所对应的最大特征值 $\lambda_{\max}$:

$$\lambda_{\max} = \sum_{i=1}^{m} \frac{(BW)_i}{mW_i} \qquad (6\text{-}3)$$

(4) 计算一致性指标 CI:

$$CI = \frac{\lambda_{\max} - m}{m - 1} \qquad (6\text{-}4)$$

(5) 计算随机一致性比率 CR:

$$CR = \frac{CI}{RI} \qquad (6\text{-}5)$$

若 CR<0.10,则认为判断矩阵具有满意的一致性,否则需调整判断矩阵。其中,对于 10/10~18/2 阶判断矩阵的 RI 值如表 6-9 所列。

表 6-9 平均随机一次性指标

N	1	2	3	4	5	6	7	8	9
RI	0	0	0.26	0.41	0.52	0.58	0.64	0.68	0.70

步骤 3:层次总排序。

层次总排序计算过程如表 6-10 所列。

表 6-10 层次总排序计算过程

层次 C	层次 B				层次总排序
	B_1	B_2	$\cdots$	B_m	
	b_1	b_2	$\cdots$	b_m	
C_1	c_{11}	c_{12}	$\cdots$	c_{1m}	$\sum_{j=1}^{m} b_j c_{1j}$
C_2	c_{21}	c_{22}	$\cdots$	c_{2m}	$\sum_{j=1}^{m} b_j c_{2j}$

续表

层次 C	层次 B				层次总排序
	B_1	B_2	$\cdots$	B_m	
	b_1	b_2	$\cdots$	b_m	
$\vdots$	$\vdots$	$\vdots$	$\vdots$	$\vdots$	$\vdots$
C_n	c_{n1}	c_{n2}	$\cdots$	c_{nm}	$\sum_{j=1}^{m} b_j c_{nj}$

步骤4:层次总排序的一致性检验。

为了保证总排序有较高的一致性程度,仍需要对其一致性检验。随机一致性比率为

$$CR = \frac{\sum_{j=1}^{m} b_j CI_j}{\sum_{j=1}^{m} b_j RI_j} \tag{6-6}$$

若 CR<0.10,则此层次总排序一致性较好。若 CR≥0.10,则此时需要重新调整判断矩阵。

6.2.3.2 熵权法确定指标权重

用熵权法对指标体系赋权时,是根据指标值之间的差异程度来确定各指标的权重。差异越大,则表示该指标的权重越大;反之越小。若有 m 个抢修方案、n 个评价指标,则用 x_{ij} 表示第 i 个抢修方案第 j 个指标的指标值,计算过程如下。

步骤1:获取抢修方案的指标值。

步骤2:指标标准化。

由于各指标量纲不同,难以比较各指标值,需要统一不同类型的量纲。相应的标准化公式如下。

对于极大型指标:

$$x_{ij} = (x'_{ij} - \min x'_{ij}) / (\max x'_{ij} - \min x'_{ij}) \tag{6-7}$$

对于极小型指标:

$$x_{ij} = (\max x'_{ij} - x'_{ij}) / (\max x'_{ij} - \min x'_{ij}) \tag{6-8}$$

步骤3:求取评价指标中第 i 个抢修方案所占的比重:

$$p_{ij} = x_{ij} \bigg/ \sum_{i=1}^{m} x_{ij} \quad (i = 1, 2, \cdots, m; j = 1, 2, \cdots, n) \tag{6-9}$$

步骤4:求取评价指标的熵值 e_j:

$$e_j = -k \sum_{i=1}^{m} p_{ij} \ln p_{ij} \quad (j = 1, 2, \cdots, n; k = 1/\ln m) \tag{6-10}$$

步骤 5：求取评价指标的差异系数 g_j：
$$g_j = 1 - e_j (j = 1, 2, \cdots, n) \tag{6-11}$$
步骤 6：求取评价指标的权重 w_j：
$$w_j = g_j \Big/ \sum_{j=1}^{m} g_j \tag{6-12}$$

6.2.3.3 组合赋权

1. 权重的一致性检验

用不同赋权方法对同一评价指标体系赋权，所得权重值可能较为接近，也可能差别很大。因此，在组合赋权之前，需要对各赋权方法进行一致性检验。

在组合赋权时，当赋权方法 $k=2$，可用 Spearman 等级相关系数计算两者之间的一致性程度，也可以采用距离函数进行计算：

$$d(\boldsymbol{W}^{(1)} \boldsymbol{W}^{(2)}) = \left[\frac{1}{2} \sum_{j=1}^{n} (w_j^{(1)} - w_j^{(2)})^2 \right]^{\frac{1}{2}} \tag{6-13}$$

式中：$\boldsymbol{W}^{(1)}$ 和 $\boldsymbol{W}^{(2)}$ 分别为主客观的权重赋权法所确定的权重矢量，即层次分析法及熵权法所确定的权重矢量。$w_j^{(1)}$ 和 $w_j^{(2)}$ 分别为 $\boldsymbol{W}^{(1)}$ 和 $\boldsymbol{W}^{(2)}$ 的所对应的第 j 项指标的权重值。

当 $0 \leqslant d(\boldsymbol{W}^{(1)} \boldsymbol{W}^{(2)}) \leqslant 1$ 时，$d(\boldsymbol{W}^{(1)} \boldsymbol{W}^{(2)})$ 越小，两种赋权结果一致性程度越高。

当 $k \geqslant 2$ 时，可以用 Kendall 协和系数检验法对各赋权方法之间的一致性程度进行计算。

2. 计算组合权重

在组合赋权时，当赋权方法 $k=2$，可根据下式求得组合权重 $\boldsymbol{W}$：

$$\boldsymbol{W} = (a\boldsymbol{W}^{(1)} + b\boldsymbol{W}^{(2)}) / (a+b) \tag{6-14}$$

如果有经验丰富的专家指导，在经过合理分析后可确定 a 和 b。但通常情况下，难以证明其合理性。

为了既尊重决策者的主观偏好，也服从指标数据的客观性，保证主观与客观之间具有一致性，提出以下模型求取 a 和 b，该模型的原理是：组合权重矢量与原主、客观权重矢量之间的偏差总和尽可能小，即

$$\begin{cases} \min \boldsymbol{F} = [(\boldsymbol{W} - \boldsymbol{W}^{(1)})^{\mathrm{T}} (\boldsymbol{W} - \boldsymbol{W}^{(1)}) + (\boldsymbol{W} - \boldsymbol{W}^{(2)})^{\mathrm{T}} (\boldsymbol{W} - \boldsymbol{W}^{(2)})] \\ \boldsymbol{W} = a\boldsymbol{W}^{(1)} + b\boldsymbol{W}^{(2)}, a+b=1, a \geqslant 0, b \geqslant 0 \end{cases} \tag{6-15}$$

对于上述模型，可构造拉格朗日函数或者借助 MATLAB 软件求得 a 和 b。构造拉格朗日函数对模型求解：

$$L(a, b, \lambda) = [(\boldsymbol{W} - \boldsymbol{W}^{(1)})^{\mathrm{T}} (\boldsymbol{W} - \boldsymbol{W}^{(1)}) + (\boldsymbol{W} - \boldsymbol{W}^{(2)})^{\mathrm{T}} (\boldsymbol{W} - \boldsymbol{W}^{(2)})] + \lambda(a+b-1) \tag{6-16}$$

模型构造完成后,便可分别对 a、b 和 λ 求一阶偏导,便可求得 a 和 b。再根据式 $W = aW^{(1)} + bW^{(2)}$,可得组合权重矢量 W:

$$\begin{cases} \dfrac{\partial L}{\partial a} = (4a-2)\sum_{j=1}^{n}\left[(w_j^{(1)})^2\right] + (4b-2)\sum_{j=1}^{n}(w_j^{(1)}w_j^{(2)}) + \lambda \\ \dfrac{\partial L}{\partial b} = (4b-2)\sum_{j=1}^{n}\left[(w_j^{(2)})^2\right] + (4a-2)\sum_{j=1}^{n}(w_j^{(1)}w_j^{(2)}) + \lambda \\ \dfrac{\partial L}{\partial \lambda} = a+b-1 \end{cases} \quad (6\text{-}17)$$

类似地,当 $k \geq 3$ 时,可由下式求得组合权重,其中 a_i 为第 i 种赋权方法的权重,并且同样可构造拉格朗日函数或者借助 MATLAB 软件求得 a_i:

$$\begin{cases} \min F = \sum_{i=1}^{k}(W-W^{(i)})^{\mathrm{T}}(W-W^{(i)}) \\ W = \sum_{i=1}^{k} a_i W^{(i)},\ a_i \geq 0,\ \sum_{i=1}^{k} a_i = 1 \end{cases} \quad (6\text{-}18)$$

6.3 车辆装备战场抢修方案组合评价

对车辆装备战场抢修方案的组合评价,是在用单一评价方法评价的基础上,再利用组合评价模型完成评价,选取最优的车辆装备战场抢修方案,但为了保证组合评价的合理性和有效性,需要事前检验和事后检验。

6.3.1 单一评价方法评价

6.3.1.1 指标合成评价方法

评价车辆装备战场抢修方案时,综合评价指标的权重和指标值,得到抢修方案的评价值。最常用的方法是线性加权平均法。

m 个抢修方案构成的方案集为 A,$A = \{A_1, A_2, \cdots, A_m\}$,$C_j$ 表示第 j 个评价指标,评价指标集为 C,$C = \{C_1, C_2, \cdots, C_n\}$,$x_{ij}$ 表示第 i 个抢修方案 A_i 在评价指标 C_j 下的指标值,$x_{ij} > 0$。

前文分析所得的组合权重作为评价指标的权矢量 $w = \{w_1, w_2, \cdots, w_n\}$,则每个抢修方案的评价值为

$$c_i = \sum_{j=1}^{n} w_j x_{ij} \quad (6\text{-}19)$$

这种方法要求所有评价指标是可以量化的。若评价指标的量纲不同,需要将各指标标准化。

极大型指标:

$$x_{ij} = (x'_{ij} - \min x'_{ij}) / (\max x'_{ij} - \min x'_{ij}) \tag{6-20}$$

极小型指标：

$$x_{ij} = (\max x'_{ij} - x'_{ij}) / (\max x'_{ij} - \min x'_{ij}) \tag{6-21}$$

6.3.1.2 逼近于理想解的排序法

逼近于理想解的排序法(Technique for Order Preference by Similarity to an Ideal Solution,TOPSIS)评价车辆装备战场抢修方案,是通过确定理想方案以及负理想方案,计算抢修方案与理想方案之间的相对贴近度,依据相对贴近度对抢修方案优劣排序。

TOPSIS 法的具体步骤如下。

步骤1:将抢修方案的评价值标准化:

$$y_{ij} = x_{ij} \Big/ \sqrt{\sum_{i=1}^{m} x_{ij}^2} \tag{6-22}$$

步骤2:对标准化的指标值加权:

$$z_{ij} = w_j y_{ij} \, (i=1,2,\cdots,m; j=1,2,\cdots,n) \tag{6-23}$$

步骤3:确定理想方案 x^* 和负理想方案 x^-:

$$x^* = (x_1^*, x_2^*, \cdots, x_n^*) \tag{6-24}$$

$$x^- = (x_1^-, x_2^-, \cdots, x_n^-) \tag{6-25}$$

效益型: $x_j^* = \max_i z_{ij}, x_j^- = \min_i z_{ij}$。

成本型: $x_j^* = \min_i z_{ij}, x_j^- = \max_i z_{ij}$。

步骤4:计算抢修方案和理想解方案、负理想方案之间的欧式距离 s_i^*、s_i^-:

$$s_i^* = \|z_i - x^*\| = \sqrt{\sum_{j=1}^{n} (z_{ij} - x_j^*)^2} \tag{6-26}$$

$$s_i^- = \|z_i - x^-\| = \sqrt{\sum_{j=1}^{n} (z_{ij} - x_j^-)^2} \tag{6-27}$$

步骤5:计算抢修方案与理想方案的相对贴近度,并以相对贴近度作为抢修方案的评价值:

$$c_i = s_i^- / (s_i^* + s_i^-) \tag{6-28}$$

根据 c_i 大小对抢修方案排序,如果 c_i 越大,则抢修方案 A_i 越优,排名越靠前。

6.3.1.3 综合指数法

综合指数法评价车辆装备战场抢修方案时,把各项评价指标的变动程度视为个体指数,将组合权重作为指标的权数,再加权综合,求得抢修方案的综合指数,从而对抢修方案优劣排序。

综合指数法的步骤如下。

步骤1:指标的指数化。

指标的指数化是为了将不同的评价指标同向化,并且消除量纲对评价结果的影响。不同性质的评价指标的指数化公式分别如下。

高优指标:

$$k_{ij} = x_{ij}/m_j \tag{6-29}$$

中优指标:

$$k_{ij} = m_j/(m_j + |x_{ij} - m_j|) \tag{6-30}$$

低优指标:

$$k_{ij} = m_j/x_{ij} \tag{6-31}$$

式中:m_j 为第 j 个指标的平均值,$m_j = \sum_{i=1}^{m} x_{ij}/m$,$m$ 为抢修方案的个数。

步骤2:计算综合指数。

抢修方案的综合指数由指数化的指标值加权求得,计算公式如下:

$$c_i = \sum_{j=1}^{n} k_{ij} w_j \tag{6-32}$$

根据综合指数 c_i 对抢修方案优劣排序,c_i 值越大,说明抢修方案越好,反之则越差。

6.3.1.4 密切值法

密切值法是将评价指标中的"最优点"和"最劣点"分别组合成"最优方案"及"最劣方案",通过计算抢修方案与"最优方案"及"最劣方案"的距离,根据得到的密切值对评价方案优劣排序。

密切值法的步骤如下。

步骤1:将指标值同向化。

对于正向指标,将其评价值取正值;对于负向指标,将其评价值取负值,得到同向指标 b_{ij}。

步骤2:将同向指标矩阵标准化:

$$r_{ij} = b_{ij} \bigg/ \sqrt{\sum_{i=1}^{m} b_{ij}^2} \quad (i = 1,2,\cdots,m, j = 1,2,\cdots,n) \tag{6-33}$$

步骤3:确定"最优方案"和"最劣方案"。

最优方案:

$$A^+ = (r_1^+, r_2^+, \cdots, r_n^+) \tag{6-34}$$

最劣方案:

$$A^- = (r_1^-, r_2^-, \cdots, r_n^-) \tag{6-35}$$

式中：$r_j^+ = \max_i r_{ij}$，$r_j^+ = \max_i r_{ij}$。

步骤 4：计算抢修方案到"最优点"与"最劣点"之间的距离。

用常规密切值法直接求取评价方案到"最优方案"与"最劣方案"的距离：

$$d_i^+ = \sqrt{\sum_{j=1}^n (r_{ij} - r_j^+)^2} \quad (6-36)$$

$$d_i^- = \sqrt{\sum_{j=1}^n (r_{ij} - r_j^-)^2} \quad (6-37)$$

由于不同的评价指标，其重要性并不相同，指标值到最优指标值的距离对抢修方案评价的影响也不相同。因此，引入加权的思想，对标准化的指数值 r_{ij} 到 r_j^+ 与 r_j^- 的距离分别加权后累加，求得加权后的距离：

$$d_i^+ = \sqrt{\sum_{j=1}^n w_j (r_{ij} - r_j^+)^2} \quad (6-38)$$

$$d_i^- = \sqrt{\sum_{j=1}^n w_j (r_{ij} - r_j^-)^2} \quad (6-39)$$

步骤 5：计算评价方案的"密切值"，根据密切值的大小对评价方案排序：

$$c_i = \frac{d_i^+}{d^+} - \frac{d_i^-}{d^-} \quad (6-40)$$

式中：$d^- = \max_i d_i^+$，$d^- = \max_i d_i^+$，即 d^+ 表示 m 个抢修方案到"最优方案"的距离的最小值、d^- 表示 m 个抢修方案到"最劣方案"的距离的最大值。

如果密切值 c_i 越小，说明该方案与"最优方案"越密切，与"最劣方案"越疏远，即该方案越好。当 $c_i = 0$ 时，该方案为最优方案。

6.3.2 组合评价的事前检验

对 m 个抢修方案，运用不同评价方法得到评价结果应该相差不大，但由于评价方法的原理不同，得到的评价结果往往可能相差很大，甚至有时得到的结论是完全相反的，如果此时仍继续采用组合评价方法分析，结果将毫无意义。所以，有必要开展事前检验，判断是否有必要进行下一步的组合评价。

目前，常用的事前检验方法有 Spearman 等级相关系数法、Kendall 协同系数检验法、组内相关系数法等。

为了便于剔除与其他评价方法不一致的单一评价方法，选用 Spearman 等级相关系数法，该方法可对单一评价方法两两之间完成事前检验。

步骤 1：建立假设检验。

原假设 H_0：第 s 种和第 t 种单一评价方法之间不相关。

备选假设 H_1：第 s 种和第 t 种单一评价方法之间相关。

步骤 2：计算 Spearman 等级相关系数 r_{st}。

Spearman 等级相关系数的表达式即检验统计量为

$$r_{st} = 1 - \frac{6}{m(m^2-1)}\sum_{i=1}^{m} d_i^2 \qquad (6\text{-}41)$$

式中：d_i 为第 s 种和第 t 种单一评价方法对第 i 个抢修方案的评价排名的等级差，m 为抢修方案的个数。

步骤 3：检验假设，做出结论。

若显著性水平为 α，可通过表 6-11 查找相应的临界值 C_α。

表 6-11　Spearman 等级相关系数临界值 C_α

显著性水平（单位检验）								
m	0.05	0.01	m	0.05	0.01	m	0.05	0.01
4	1		10	0.564	0.746	22	0.359	0.508
5	0.9	1	12	0.506	0.712	24	0.343	0.485
6	0.829	0.943	14	0.456	0.645	26	0.329	0.465
7	0.714	0.893	16	0.425	0.601	28	0.317	0.448
8	0.643	0.833	18	0.399	0.564	30	0.306	0.432
9	0.6	0.783	20	0.377	0.534			

若 $r_{st} \geq C_\alpha$，则有理由拒绝原假设 H_0，此时表示第 s 种和第 t 种单一评价方法之间具有较好的相关性。假如有 h 种单一评价方法，它们两两之间均通过一致性检验，则说明将这 h 种单一评价方法组合是合理的。

若 $r_{st} < C_\alpha$，则接受原假设 H_0，也就是说，第 s 种和第 t 种单一评价方法之间不相关，此时不能进行下一步的组合评价，而要先将与其他评价方法不一致的评价方法剔除，或者重新选择经检验具有一致性的评价方法后再实施组合评价。

6.3.3　基于兼容度极大化的组合评价模型

评价车辆装备战场抢修方案时，运用组合评价相较于单一评价方法，得到的评价结果更为精确，也更有说服力。

为了使组合评价含有奖优罚劣的思想，采用兼容度赋权为每一种单一评价方法赋权，即在组合中强化兼容度高的方法，弱化兼容度低的方法。最后对评价值加权组合，这样可有效地利用各评价方法所得结果的信息，使组合评价所得结果更为精确。抢修方案组合评价的具体步骤如下：

步骤1:建立决策矩阵。

用 h 种单一评价方法对 m 个战场抢修方案进行评价,得到每种评价方法的评价结果。

步骤2:求等级相关系数。

第 s、t 两种单一评价方法之间的相关性,可由两者之间的等级相关系数计算:

$$r_{st} = 1 - \frac{6}{m(m^2 - 1)} \sum_{i=1}^{m} (a_{is} - a_{it})^2 \qquad (6\text{-}42)$$

式中:$s \neq t$,s、$t = 1,2,\cdots,h$;$i = 1,2,\cdots,m$;a_{is},a_{it} 分别为第 s 种和第 t 种单一评价方法对第 i 个抢修方案的排名。

步骤3:求评价方法的兼容度。

单一评价方法的兼容度可以由该评价方法与其他评价方法之间的等级相关系数加权求得。据此,某个单一评价方法的兼容度,计算公式为

$$r_s = \sum_{t=1}^{h-1} w_t r_{st} = \sum_{t=1}^{h-1} w_t \left[1 - \frac{6}{m(m^2 - 1)} \sum_{i=1}^{m} (a_{is} - a_{it}) \right] \qquad (6\text{-}43)$$

一般情况下,$w_t = 1/h - 1$。

显然,某个单一评价方法的兼容度越大,表示该方法具有越强的代表性。

步骤4:兼容度归一化。

将各评价方法的兼容度归一化:

$$R_s = \frac{r_s}{\sum_{s=1}^{h} r_s} (s = 1,2,\cdots,h) \qquad (6\text{-}44)$$

步骤5:评价方法评价值的标准化。

效益型评价值:

$$y_{is} = (c_{is} - \min_s c_{is})/(\max_s c_{is} - \min_s c_{is}) \qquad (6\text{-}45)$$

成本型评价值:

$$y_{is} = (\min_s c_{is} - c_{is})/(\max_s c_{is} - \min_s c_{is}) \qquad (6\text{-}46)$$

式中:c_{is} 为第 i 个方案在第 s 种评价方法中的评价值。

步骤6:战场抢修方案评价及排序。

把用归一化得到的原 h 个单一评价方法的兼容度作为组合评价的权重,代入下式,得到组合评价对抢修方案的评价值 $Y_i (i = 1,2,\cdots,m)$:

$$Y_i = \sum_{s=1}^{h} R_s y_{is} (i = 1,2,\cdots,m) \qquad (6\text{-}47)$$

将所得组合评价值 $Y_i (i = 1,2,\cdots,m)$ 排序,得到抢修方案的排名。

6.3.4 组合评价的事后检验

组合评价结果的合理性难以确定,这是因为组合方法有可能并不适用,使得组合评价的结果出现偏差。因此,为了检验组合评价的合理性,有必要对组合评价进行事后检验,即确认组合评价方法的结果与 h 种单一评价方法的结果之间的密切程度。

目前,常用的事后检验方法是 Spearman 法。但是经过对事后检验的几种方法进行分析后,Kendall 协同系数检验法更适用于事后检验,这是由于 Kendall 法检验的是组合评价法和所有单一评价方法相互之间的一致性。如果一致性高,则说明该组合评价所得结果是合理有效的;否则,就证明该组合评价结果并不是合理有效的,组合评价结果跟单一评价方法所得结果之间的密切程度不高,此时应该更换组合方法重新进行组合评价。因此,组合评价结果的事后检验选用 Kendall 法。

步骤 1:建立假设检验。

该方法的原假设 H_0:组合评价结果与 h 种单一评价方法的评价结果之间不具有一致性。

备选假设 H_1:组合评价结果与 h 种单一评价方法的评价结果之间具有一致性。

步骤 2:计算 Kendall 协同系数 K。

Kendall 协同系数 K 定义为

$$K = \frac{12S}{(h+1)^2(m^3-m)} \tag{6-48}$$

其中:

$$S = \sum_{i=1}^{m} R_i^2 - \Big(\sum_{i=1}^{m} R_i\Big)^2 \Big/ m \tag{6-49}$$

为了方便计算,有 Kendall 协同系数简易公式:

$$K = \frac{12\sum_{i=1}^{m} R_i^2}{(h+1)^2 m(m^2-1)} - \frac{3(m+1)}{m-1} \tag{6-50}$$

式中:$R_i = \sum_{k=1}^{h+1} y_{ik}$,$y_{ik}$ 为第 k 种评价方法对第 i 个抢修方案的评价排名。

步骤 3:检验假设,做出结论。

χ^2 服从自由度为 $m-1$ 的卡方分布,检验统计量为

$$\chi^2 = (h+1)(m-1)K \tag{6-51}$$

χ^2 分布分位数(部分)如表 6-12 所列。

表 6-12 χ^2 分布分位数(部分)

$m-1$	0.95	0.99	$m-1$	0.95	0.99	$m-1$	0.95	0.99	$m-1$	0.95	0.99
1	3.84	6.63	6	12.59	16.81	12	21.03	23.34	22	33.92	36.78
2	5.99	9.21	7	14.07	18.48	14	22.68	26.12	24	36.42	39.36
3	7.81	11.34	8	15.51	20.09	16	26.30	28.85	26	38.89	41.92
4	9.49	13.28	9	16.92	19.02	18	28.87	31.53	28	41.34	44.46
5	11.07	15.09	10	18.31	20.48	20	31.41	34.17	30	43.77	46.98

当 $\chi^2 \geqslant \chi_\alpha^2(m-1)$ 时,则有理由拒绝原假设,这说明组合评价结果与 h 种单一评价方法结果的一致程度较高,组合的结果是合理的。

而当 $\chi^2 < \chi_\alpha^2(m-1)$ 时,则接受原假设,组合评价结果与 k 种评价方法的结果不一致。如果仍要组合评价,则应该重新选择合适的组合模型。

6.4 车辆装备战场抢修方案决策应用案例

6.4.1 基本情况

选取某车辆装备低压金属管路,应用前文提出的战场抢修方案决策流程及方法决策战场抢修方案。

低压金属管路的抢修有使用软管修理、使用金属管修理、使用竹子修理、使用热缩管修理、修补管路以及使用 3D 打印技术修理 6 个方案,分别用 A_1、A_2、A_3、A_4、A_5 和 A_6 表示。

A_6 方案采用 3D 打印修复方法。首先测算破损管路的长度和直径;然后在 3D 大数据库中找出相应的数据模型,根据破损长度和直径调整要打印的数据,从而获取 3D 模型,如图 6-7 所示。

将 3D 模型转化为 3D 打印常用的 STL 格式,导入分层切片软件 Cura 中,按照参数组合方案设置参数并进行切片处理,生成打印机可以识别的 Gcode 文件。

将 Gcode 文件导入 FDM 打印机,利用 FDM 的 3D 打印技术,采用 PLA 材料,迅速打印出所需要的修补管路,如图 6-8 所示。采用快速接头或黏结剂将打印件连接在破损金属管路中间,完成修复。

第6章 车辆装备战场抢修3D打印方案决策技术

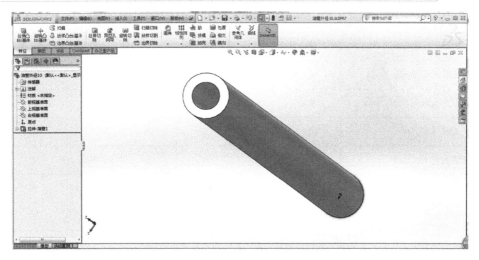

图 6-7 低压油管的三维模型

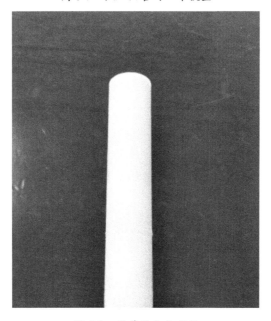

图 6-8 油管的打印成品

用上述 6 个抢修方案分别进行抢修试验,每个试验重复 5 次。在车辆装备战场抢修方案(表 6-1)中详细记录各栏相对应的实际情况或数据。整理抢修方案记录表,各方案的指标值如表 6-13 所列。其中,恢复功能的程度、抢修后能否长时间使用、对人员及装备的潜在威胁、战后恢复标准状态的难度四个指标数据需通过专家打分得到,其他指标的数据可直接从抢修方案表中获取。

表 6-13　车辆装备战场抢修方案指标值

指标	A_1	A_2	A_3	A_4	A_5	A_6
准备时间 C_1/min	4	5	5	4	3	4
制作或获取时间 C_2/min	3	5	15	3	5	18
修复时间 C_3/min	10	15	12	18	10	12
保障人员 C_4(人数)	1	1	1	1	1	1
设备工具 C_5(数量)	2	2	4	2	2	3
备件耗材 C_6(分值)	3	4	5	3	3	2
计算机资源 C_7(数量)	1	1	1	1	1	2
恢复功能的程度 C_8(分值)	4	5	4	3	2	3
抢修后能否长时间使用 C_9(分值)	4	5	3	2	2	3
对人员及装备的潜在威胁 C_{10}(分值)	3	2	4	4	6	3
战后恢复标准状态的难度 C_{11}(分值)	2	2	2	2	2	2

表 6-13 中恢复功能的程度 C_8 和抢修后能否长时间使用 C_9 为高优指标,其他指标均为低优指标。

6.4.2　决策过程

1. 选取单一赋权方法并进行赋权

当得到抢修方案的评价指标体系以及指标值之后,就要对抢修方案进行下一步的评价。为了对评价指标组合赋权,用 AHP 法确定主观权重,用熵权法确定客观权重。

1) AHP 方法确定指标权重

步骤 1:构造 AHP 判断矩阵。

对 $A_i \sim B_i$、$B_1 \sim C_i$、$B_2 \sim C_i$、$B_3 \sim C_i$ 和 $B_4 \sim C_i$ 分别构造判断矩阵。按照前文提出的 10/10~18/2 标度(表 6-8),由经验丰富的专家确定的判断矩阵,如表 6-14~表 6-18 所列。

第6章 车辆装备战场抢修3D打印方案决策技术

表 6-14 $A_i \sim B_i$ 判断矩阵表

抢修方案 A_i	抢修时间 B_1	抢修资源 B_2	抢修后的功能状态 B_3	抢修后的负面影响 B_4
抢修时间 B_1	10/10	12/8	13/7	14/6
抢修资源 B_2	8/12	10/10	11/9	12/8
抢修后的功能状态 B_3	7/13	9/11	10/10	11/9
抢修后的负面影响 B_4	6/14	8/12	9/11	10/10

表 6-15 $B_1 \sim C_i$ 判断矩阵表

抢修时间 B_1	准备时间 C_1	制作或获取时间 C_2	修复时间 C_3
准备时间 C_1	10/10	11/9	9/11
制作或获取时间 C_2	9/11	10/10	8/12
修复时间 C_3	11/9	12/8	10/10

表 6-16 $B_2 \sim C_i$ 判断矩阵表

抢修资源 B_2	保障人员 C_4	设备工具 C_5	备件耗材 C_6	计算机资源 C_7
保障人员 C_4	10/10	9/11	8/12	11/9
设备工具 C_5	11/9	10/10	7/13	12/8
备件耗材 C_6	12/8	13/7	10/10	14/6
计算机资源 C_7	9/11	8/12	6/14	10/10

表 6-17 $B_3 \sim C_i$ 判断矩阵

抢修后的功能状态 B_3	恢复功能的程度 C_8	抢修后能否长时间使用 C_9
恢复功能的程度 C_8	10/10	8/12
抢修后能否长时间使用 C_9	12/8	10/10

表 6-18 $B_4 \sim C_i$ 判断矩阵

抢修后的负面影响 B_4	对人员及装备的潜在威胁 C_{10}	战后恢复标准状态的难度 C_{11}
对人员及装备的潜在威胁 C_{10}	10/10	16/4

续表

抢修后的负面影响 B_4	对人员及装备的潜在威胁 C_{10}	战后恢复标准状态的难度 C_{11}
战后恢复标准状态的难度 C_{11}	4/16	10/10

步骤2：层次单排序及一致性检验。

采用方根法，由式(6-1)~式(6-5)和表6-15~表6-18可得以下结果。

$A_i \sim B_i: \boldsymbol{W} = (0.38, 0.25, 0.20, 0.17)$，$CR = 0.007$。

$B_1 \sim C_i: \boldsymbol{W} = (0.33, 0.27, 0.40)$，$CR = 0.019$。

$B_2 \sim C_i: \boldsymbol{W} = (0.21, 0.24, 0.38, 0.17)$，$CR = 0.024$。

$B_3 \sim C_i: \boldsymbol{W} = (0.40, 0.60)$，$CR = 0$。

$B_4 \sim C_i: \boldsymbol{W} = (0.8, 0.2)$，$CR = 0$。

由以上数据可知，$A_i \sim B_i$、$B_1 \sim C_i$、$B_2 \sim C_i$、$B_3 \sim C_i$ 和 $B_4 \sim C_i$ 的随机一致性比率 CR 都小于 0.10，即各判断矩阵均通过一致性检验。

步骤3：层次总排序。

多层结构组合权重计算如表6-19所列。

表6-19 多层结构组合权重计算

层次 C	层次 B				层次总排序权值
	B_1	B_2	B_3	B_4	
	0.38	0.25	0.20	0.17	
C_1	0.33	0	0	0	0.125
C_2	0.27	0	0	0	0.103
C_3	0.40	0	0	0	0.152
C_4	0	0.21	0	0	0.052
C_5	0	0.24	0	0	0.060
C_6	0	0.38	0	0	0.095
C_7	0	0.17	0	0	0.043
C_8	0	0	0.40	0	0.080
C_9	0	0	0.60	0	0.120
C_{10}	0	0	0	0.80	0.136
C_{11}	0	0	0	0.20	0.034

步骤4：层次总排序的一致性检验。

由式(6-6)可计算得随机一致性比率：

$$\mathrm{CR} = \frac{\sum_{j=1}^{m} b_j \mathrm{CI}_j}{\sum_{j=1}^{m} b_j \mathrm{RI}_j} = 0.022$$

由于CR<0.10，可通过一致性检验，认为该层次总排序是合理的。所以，用AHP确定指标的主观权重为

$\boldsymbol{W} = (w_1, w_2, \cdots, w_n) = (0.125, 0.103, 0.152, 0.052, 0.060, 0.095, 0.043, 0.080, 0.120, 0.136, 0.034)$

2) 熵权法确定指标权重

步骤1：指标标准化。

C_8和C_9为极大型指标，其余各指标为极小型指标，根据指标类型使用相应的标准化公式，即式(6-7)和式(6-8)，将指标值标准化，结果如表6-20所列。

表6-20 标准化的指标值 x_{ij}

x_{ij}	C_1	C_2	C_3	C_4	C_5	C_6	C_7	C_8	C_9	C_{10}	C_{11}
A_1	0.500	1.000	1.000	0.001	1.000	0.667	1.000	0.667	0.750	0.750	0.001
A_2	0.001	0.867	0.375	0.001	1.000	0.333	1.000	1.000	1.000	1.000	0.001
A_3	0.001	0.200	0.750	0.001	0.001	0.001	1.000	0.667	0.500	0.500	0.001
A_4	0.500	1.000	0.001	0.001	1.000	0.667	1.000	0.333	0.250	0.500	0.001
A_5	1.000	0.867	1.000	0.001	1.000	0.667	1.000	0.001	0.001	0.001	0.001
A_6	0.500	0.001	0.750	0.001	0.500	1.000	0.001	0.333	0.500	0.750	0.001

步骤2：根据式(6-9)，计算x_{ij}的比值p_{ij}，结果如表6-21所列。

表6-21 x_{ij}的比重 p_{ij}

p_{ij}	C_1	C_2	C_3	C_4	C_5	C_6	C_7	C_8	C_9	C_{10}	C_{11}
A_1	0.200	0.254	0.258	0.167	0.222	0.200	0.040	0.200	0.222	0.250	0.167
A_2	0.000	0.220	0.097	0.167	0.222	0.100	0.020	0.200	0.333	0.333	0.167
A_3	0.000	0.051	0.193	0.167	0.000	0.000	0.020	0.200	0.222	0.167	0.167
A_4	0.200	0.254	0.000	0.167	0.222	0.200	0.020	0.200	0.111	0.083	0.167
A_5	0.400	0.220	0.258	0.167	0.222	0.200	0.040	0.200	0.000	0.000	0.167

续表

p_{ij}	C_1	C_2	C_3	C_4	C_5	C_6	C_7	C_8	C_9	C_{10}	C_{11}
A_6	0.200	0.000	0.193	0.167	0.111	0.300	0.060	0.000	0.111	0.167	0.167

步骤 3：分别计算第 j 个指标的熵值 e_j，由式(6-10)可得

$$e_1 = -k\sum_{i=1}^{m} p_{i1}\ln p_{i1} = 0.7467$$

同理，可求得 $e_2, e_3, \cdots, e_{11}$：

$(e_1, e_2, \cdots, e_{11}) = (0.7467, 0.8461, 0.8720, 0.9998, 0.8832, 0.8701, 0.8989,$
$0.8511, 0.8479, 0.8796, 0.9998)$

步骤 4：分别计算第 j 个指标的差异系数 g_j，由式(6-11)可得

$$g_1 = 1 - e_1 = 0.2533$$

同理，可求得 $g_2, g_3, \cdots, g_{11}$：

$(g_1, g_2, \cdots, g_{11}) = (0.2533, 0.1539, 0.1280, 0.0002, 0.1168, 0.1299,$
$0.1011, 0.1489, 0.1521, 0.1204, 0.0002)$。

步骤 5：计算第 j 个指标的权重 w_j，由式(6-12)可得

$$w_1 = g_1 \Big/ \sum_{j=1}^{m} g_j = 0.1942$$

同理，可求得 $w_2, w_3, \cdots, w_{11}$：

$\boldsymbol{W} = (w_1, w_2, \cdots, w_{11}) = (0.1942, 0.1179, 0.0981, 0.0002, 0.0895, 0.0996,$
$0.0775, 0.1141, 0.1166, 0.0923, 0.0002)$

2. 权重的一致性检验

由于确定评价指标权重的方法为 AHP 法和熵权法两种，在对这两种方法进行一致性检验时，可以采用 Spearman 等级相关系数，由式(6-13)可得

$$r_{st} = 1 - \frac{6}{m(m^2-1)}\sum_{i=1}^{m} d_i^2 = 1 - \frac{6}{11 \times (11^2-1)} \times 77.5 = 0.648$$

查阅 Spearman 秩相关系数检验的临界值表(表6-11)可知，在置信度为 0.95，$n=11$ 时，$C_\alpha = 0.532$，而 $r_{st} \geq C_\alpha$，所以有 95% 的置信度认为两种赋权方法相关，可进行下一步的组合赋权。

3. 确定组合权重

计算两种赋权方法的相对重要性。首先根据式(6-17)可求得 $a=0.5$，$b=0.5$，两种赋权方法对组合赋权有相同的影响；然后根据式(6-14)以及 AHP 法和熵权法所确定的权重，可得组合权重矢量：

$\boldsymbol{W} = (0.160, 0.110, 0.125, 0.026, 0.075, 0.097, 0.060, 0.097, 0.118,$

0.114,0.017)

4. 选取单一评价方法并进行评价

获得组合权重后,用单一评价方法分别评价每个抢修方案,采用指标合成评价方法、逼近于理想解的排序法、综合指数法和密切值法,评价过程如下。

1)指标合成评价方法

根据指标合成评价方法的原理,由式(6-19)可得抢修方案 1 的评价值 c_1 为

$$c_1 = \sum_{j=1}^{n} w_j x_{1j} = 0.754$$

同理,可得其余抢修方案的评价值 $c_2, c_3, \cdots, c_6$:

$\boldsymbol{C} = (c_1, c_2, \cdots, c_6) = (0.754, 0.640, 0.357, 0.509, 0.580, 0.485)$

2)逼近于理想解的排序法

步骤 1:将指标值标准化,结果如表 6-22 所列。

表 6-22　标准化的指标值 y_{ij}

y_{ij}	C_1	C_2	C_3	C_4	C_5	C_6	C_7	C_8	C_9	C_{10}	C_{11}
A_1	0.387	0.121	0.311	0.408	0.312	0.354	0.333	0.450	0.500	0.316	0.408
A_2	0.483	0.201	0.466	0.408	0.312	0.471	0.333	0.563	0.625	0.211	0.408
A_3	0.483	0.604	0.373	0.408	0.625	0.589	0.333	0.450	0.375	0.422	0.408
A_4	0.387	0.121	0.559	0.408	0.312	0.354	0.333	0.338	0.250	0.422	0.408
A_5	0.290	0.201	0.311	0.408	0.312	0.354	0.333	0.225	0.125	0.632	0.408
A_6	0.387	0.725	0.373	0.408	0.469	0.236	0.667	0.338	0.375	0.316	0.408

步骤 2:对标准化的指标值进行加权,结果如表 6-23 所列。

表 6-23　对 y_{ij} 加权后的 z_{ij}

z_{ij}	C_1	C_2	C_3	C_4	C_5	C_6	C_7	C_8	C_9	C_{10}	C_{11}
A_1	0.062	0.013	0.039	0.011	0.023	0.034	0.020	0.044	0.059	0.036	0.007
A_2	0.077	0.022	0.058	0.011	0.023	0.046	0.020	0.055	0.074	0.024	0.007
A_3	0.077	0.067	0.047	0.011	0.047	0.057	0.020	0.044	0.044	0.048	0.007
A_4	0.062	0.013	0.070	0.011	0.023	0.034	0.020	0.033	0.030	0.048	0.007
A_5	0.046	0.022	0.039	0.011	0.023	0.034	0.020	0.022	0.015	0.072	0.007
A_6	0.062	0.080	0.047	0.011	0.035	0.023	0.040	0.033	0.044	0.036	0.007

步骤 3:构造理想解 x^* 和负理想解 x^-,即得到理想方案和负理想方案。

C_8 和 C_9 为效益型指标,其余各指标为成本型指标。由式(6-24)、式(6-25)可得:

$x^* = (0.046, 0.013, 0.039, 0.011, 0.023, 0.023, 0.020, 0.055, 0.074, 0.024, 0.007)$

$x^- = (0.077, 0.080, 0.070, 0.011, 0.047, 0.057, 0.040, 0.022, 0.015, 0.072, 0.007)$

步骤 4:计算抢修方案与理想方案及负理想方案之间的欧式距离 s_i^*、s_i^-,由式(6-26)、式(6-27)可得:

$s^- = (s_1^-, s_2^-, \cdots, s_6^-) = (0.104, 0.107, 0.049, 0.084, 0.106, 0.066)$

$s^* = (s_1^*, s_2^*, \cdots, s_6^*) = (0.029, 0.044, 0.085, 0.066, 0.084, 0.082)$

步骤 5:计算抢修方案与理想方案的相对贴近度,相对贴近度为抢修方案的评价值,由式(6-28)可得:

$\boldsymbol{C} = (c_1, c_2, \cdots, c_6) = (0.781, 0.709, 0.367, 0.560, 0.558, 0.446)$

3)综合指数法

步骤 1:指标的指数化。

C_8 和 C_9 为效益型指标,其余各指标为成本型指标。由式(6-29)~式(6-31)将各指标值指数化,结果如表 6-24 所列。

表 6-24 指标值指数化

k_{ij}	C_1	C_2	C_3	C_4	C_5	C_6	C_7	C_8	C_9	C_{10}	C_{11}
A_1	1.042	2.722	1.283	1.000	1.250	1.111	1.167	1.143	1.333	1.222	1.000
A_2	0.833	1.633	0.856	1.000	1.250	0.833	1.167	1.429	1.667	1.833	1.000
A_3	0.833	0.544	1.069	1.000	0.625	0.667	1.167	1.143	1.000	0.917	1.000
A_4	1.042	2.722	0.713	1.000	1.250	1.111	1.167	0.857	0.667	0.917	1.000
A_5	1.389	1.633	1.283	1.000	1.250	1.111	1.167	0.571	0.333	0.611	1.000
A_6	1.042	0.454	1.069	1.000	0.833	1.667	0.583	0.857	1.000	1.222	1.000

步骤 2:计算综合指数 c_i,由式(6-32)可得:

$$c_1 = \sum_{j=1}^{n} k_{1j} w_j = 2.376$$

同理,可得 $c_2, c_3, \cdots, c_6$,将综合指数作为各方案的评价值。

$\boldsymbol{C} = (c_1, c_2, \cdots, c_6) = (1.351, 1.253, 0.886, 1.138, 1.042, 0.994)$

4) 密切值法

步骤1：将原始指标数据同向化并标准化。

C_8 和 C_9 为正向指标，其指标值取正值；其他评价指标为负向指标，其指标值取负值，由式(6-33)将已同向化的各指标值进行标准化，结果如表6-25所列。

表6-25 指标值标准化（密切值法）

r_{ij}	C_1	C_2	C_3	C_4	C_5	C_6	C_7	C_8	C_9	C_{10}	C_{11}
A_1	-0.387	-0.121	-0.311	-0.408	-0.312	-0.354	-0.333	0.431	0.475	-0.316	-0.408
A_2	-0.483	-0.201	-0.466	-0.408	-0.312	-0.471	-0.333	0.539	0.593	-0.211	-0.408
A_3	-0.483	-0.604	-0.373	-0.408	-0.625	-0.589	-0.333	0.431	0.356	-0.422	-0.408
A_4	-0.387	-0.121	-0.559	-0.408	-0.312	-0.354	-0.333	0.323	0.237	-0.422	-0.408
A_5	-0.290	-0.201	-0.311	-0.408	-0.312	-0.354	-0.333	0.216	0.119	-0.632	-0.408
A_6	-0.387	-0.725	-0.373	-0.408	-0.469	-0.236	-0.667	0.431	0.475	-0.316	-0.408

步骤2：确定"最优点"和"最劣点"，由式(6-34)、式(6-35)可得：

最优点：$A^+ = (-0.290, -0.121, -0.311, -0.408, -0.312, -0.236, -0.333, 0.539, 0.593, -0.211, -0.408)$

最劣点：$A^- = (-0.483, -0.725, -0.559, -0.408, -0.625, -0.589, -0.667, 0.216, 0.119, -0.632, -0.408)$

步骤3：计算抢修方案到"最优点"与"最劣点"之间的距离，由式(6-38)、式(6-39)可得：

$D^+ = (d_1^+, d_2^+, \cdots, d_6^+) = (1.000, 1.479, 3.057, 2.256, 2.927, 2.818)$

$D^- = (d_1^-, d_2^-, \cdots, d_6^-) = (0.981, 1.000, 0.528, 0.816, 0.781, 0.699)$

步骤4：计算抢修方案的"密切值"，由式(6-40)可得：

$C = (c_1, c_2, \cdots, c_6) = (0.019, 0.479, 2.530, 1.440, 2.146, 2.119)$

综上所述，四种评价方法评价结果如表6-26所列。

表6-26 单一评价方法评价结果

方案	指标合成评价方法	排名	逼近于理想解的排序法	排名	综合指数法	排名	密切值法	排名
A_1	0.754	1	0.781	1	1.351	1	0.019	1
A_2	0.640	2	0.709	2	1.253	2	0.479	2
A_3	0.357	6	0.367	6	0.886	6	2.530	6

续表

方案	指标合成评价方法	排名	逼近于理想解的排序法	排名	综合指数法	排名	密切值法	排名
A_4	0.509	4	0.560	3	1.138	3	1.440	3
A_5	0.580	3	0.558	4	1.042	4	2.146	5
A_6	0.485	5	0.446	5	0.994	5	2.119	4

由以上四种评价方法的评价结果可知,不同的评价方法对抢修方案的排名是有差异的。对抢修方案组合评价前,有必要先对各单一评价方法所得结果进行事前检验。

5. 组合评价事前检验

根据四种评价方法对抢修方案的评价排序值,由式(6-41)可分别计算四种评价方法两两之间的等级相关系数,结果如表 6-27 所列。

表 6-27 单一评价方法等级相关系数

r_{st}	指标合成评价方法	逼近于理想解的排序法	综合指数法	密切值法
指标合成评价方法	1.000	0.943	0.943	0.829
逼近于理想解的排序法		1	1.000	0.943
综合指数法			1.000	0.943
密切值法				1.000

查阅 Spearman 等级相关系数检验的临界值表可知,如果给定的置信度为 0.95,$m=6$ 时,Spearman 等级相关系数的临界值为 0.829,也就是说,当 Spearman 等级相关系数 $r_{st} \geqslant 0.829$ 时,有 95% 的置信度拒绝原假设。

由表 6-22 可知,上述四种方法两两之间的 Spearman 等级相关系数 $r_{st} \geqslant 0.829$,有 95% 的置信度认为这四种方法相关,所以可进行下一步的组合评价。

6. 组合评价

为了对各种评价方法进行奖优罚劣,即在组合中强化兼容度高的方法,弱化兼容度低的方法,采用兼容度赋权的思想对各种评价方法组合赋权。

步骤 1:求评价方法的兼容度。

由上文所得四种评价方法两两之间的等级相关系数(表 6-27),再根据式(6-43)可得各评价方法的兼容度:

$$r_1 = w_2 r_{12} + w_3 r_{13} + w_4 r_{14} = 0.905$$

同理，可求得 $r_2 = 0.962, r_3 = 0.962, r_4 = 0.905$。

步骤2：兼容度归一化，根据式(6-44)可得：

$$R_1 = \frac{r_1}{\sum_{s=1}^{h} r_s} = \frac{0.905}{0.905 + 0.962 + 0.962 + 0.905} = 0.242$$

同理，可求得 $R_2 = 0.258, R_3 = 0.258, R_3 = 0.242$。

步骤3：评价方法的评价值标准化。

指标合成评价方法、逼近于理想解的排序法和综合指数法这三种评价方法所得的评价值均为效益型评价值，而密切值法所得的评价值为成本型评价值，需要将四种方法所得的评价值标准化，根据式(6-45)、式(6-46)可得表6-28。

表6-28 单一评价方法评价值标准化

方案	指标合成评价方法	逼近于理想解的排序法	综合指数法	密切值法
A_1	1.000	1.000	1.000	1.000
A_2	0.711	0.825	0.791	0.817
A_3	0.000	0.000	0.000	0.000
A_4	0.383	0.467	0.542	0.434
A_5	0.562	0.461	0.337	0.153
A_6	0.323	0.191	0.233	0.164

步骤4：战场抢修方案组合评价及排序。

根据式(6-47)，计算抢修方案的组合评价值 $Y_i(i=1,2,\cdots,m)$，排序结果如表6-29所列。

表6-29 方案组合评价及排序

方案	组合评价法评价值	排名
A_1	1.000	1
A_2	0.787	2
A_3	0.000	6
A_4	0.458	3
A_5	0.379	4
A_6	0.227	5

7. 组合评价事后检验

为了检验组合评价的合理性,采用 Kendall 协同系数检验法。

步骤 1:建立假设检验。

原假设 H_0:组合评价结果与 4 种评价方法所得的评价结果不一致。

备选假设 H_1:组合评价结果与 4 种评价方法所得的评价结果一致。

步骤 2:计算 Kendall 协同系数 K,根据式(6-48)、式(6-49)可得:

$$S = \sum_{i=1}^{m}(R_i)^2 - \left(\sum_{i=1}^{m} R_i\right)^2 \Big/ m = 419.5$$

$$K = \frac{12S}{(h+1)^2(m^3-m)} = 0.959$$

步骤 3:检验假设,做出结论。

根据式(6-51)可得:

$$\chi^2 = (h+1)(m-1)K = 23.971$$

查阅 χ^2 分布分位数表 6-12 可知,给定的置信度为 0.95,在 $m=6$ 时,$\chi^2_\alpha(m-1)$ 为 0.829,也就是说当 $\chi^2 \geq 0.829$ 时,有 95% 的置信度拒绝原假设。由于 $\chi^2 = 21.971 > \chi^2_\alpha(m-1) = 11.07$,所以拒绝原假设,即认为组合评价结果与四种单一评价方法的结果之间有较高的相关性,也就是说,对四种评价方法组合是合理的。

8. 方案决策

由组合评价事后检验结果可知,组合评价的结果是合理的。该型号车辆装备低压金属管路的 6 种战场抢修方案,按照优劣顺序依次为 A_1(使用软管修理)、A_2(使用金属管修理)、A_4(使用热缩管修理)、A_5(修补管路)、A_6(3D 打印技术修理)、A_3(使用竹子修理),在对低压金属管路进行战场抢修时优先选取方案 A_1(使用软管修理)的抢修方案。

6.4.3 结果分析

在上述车辆装备低压金属管路的战场抢修方案决策应用案例中,从组合评价的结果来看,评价排名前两位的方案分别是方案 A_1(使用软管修理)和方案 A_2(使用金属管修理);从方案自身指标数据来看,方案 A_1 和方案 A_2 明显的优势是抢修时间较短、抢修后的功能状态较好,排名最后的是方案 A_3(使用竹子修理),相比其他方案来说,其抢修时间最长。组合赋权方法对抢修方案的评价排名前两位与 4 种单一评价方法的结果是一致的,分别是方案 A_1(使用软管修理)和方案 A_2(使用金属管修理),排名最后的也是方案 A_3(使用竹子修理),评价结果的排名顺序与逼近于理想解的排序法和综合指数法这两种方法得到的排名顺序完全一致。方案 A_6(3D 打印技术修理)虽然备件消耗较少,降低了后勤供应的压力,但由于制作时间太长,在时限要求非常苛刻的战场环境下不是最佳方案。

随着 3D 打印技术的不断发展,打印方式和速度都有显著提升,只要制作时间降低,其抢修优势就能逐渐显露出来,甚至可能改变现有的备件供应模式,从而衍生新的战场抢修流程。

第7章 车辆装备3D打印控制优化技术

FDM技术作为3D打印技术的一种代表性工艺技术,具有小批量制造、成本低、速度快、复杂制造能力强、材料利用率高、适应性好等诸多优点。FDM成形设备体积较小,使用维护简单,不使用激光器,加工过程无污染,也无需保护气体等,比较适应战场环境。但在实际应用中还存在一些性能上的短板,如打印效率尚不能完全满足战场抢修的时效性要求,成形件的表面质量、精度、强度等性能尚不能完全满足装备战场抢修的使用要求,这些问题可以通过优化FDM工艺技术参数得以解决。FDM技术参数优化方法为FDM在战场抢修中的应用提供了技术支撑。

7.1 车辆装备3D打印FDM技术

FDM工艺的成形系统涉及数据编程、材料制备、工艺参数设置及后处理等很多环节,每一个环节都可能对最终的成形造成影响。成形件的精度、机械强度和加工效率是制约FDM工艺发展及其更广泛应用的重要因素,也是制约其应用于车辆装备战场抢修的重要原因。

7.1.1 FDM技术概述

7.1.1.1 FDM技术的工作原理

FDM技术使用的材料一般为热塑性材料,主要包括PLA、ABS、PC、尼龙等。FDM工艺成形原理如图7-1所示,设备的主要组成为X、Y、Z三个方向的轴,可移动的高温喷头和可加热的工作台。喷头与工作台的移动是通过计算机控制,由不同的步进电机和皮带传动来实现。

FDM工艺成形时:首先丝状的热塑性材料通过送线机构进入喷头中,由固体变成熔融形态;然后在步进电机的控制下,热塑性材料从喷头中挤压出来,快速凝固在工作台上。每打印完一层,打印台下降或者喷头上升继续打印下一层,前一层已经凝固的部分作为下一层的基础。对于悬空或者变形较大的部分一般会有支撑,支撑部分在打印结束后剥离。

7.1.1.2 FDM 技术的工艺过程

与其他 3D 打印技术的工艺类似，FDM 技术的工艺过程包括三维模型的设计与转化、分层切片处理、实体造型、零件后处理四个步骤，基本过程如图 7-2 所示。

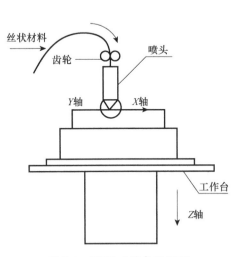

图 7-1 FDM 工艺成形原理

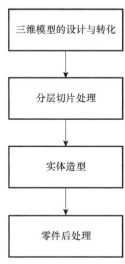

图 7-2 FDM 技术的成形过程

（1）三维模型的设计与转化。设计成形零件的三维模型可以通过 SolidWorks、AutoCAD、3Dmax 等三维造型软件完成，也可以通过 3D 扫描设备逆向扫描获取三维数字化模型，还可以直接使用其他人已做好的 3D 模型。由于 FDM 的成形系统大多采用 STL 数据模型来定义成形零件，这种模型使用许多空间小三角形面片来逼近三维实体的表面，建立三维模型后需要按照成形系统需求将 CAD 模型转化，上述三维造型软件都可以实现模型的转化。

（2）分层切片处理。3D 打印机并不能直接识别三维模型，在 FDM 成形加工前需要对三维模型分层切片处理。分层切片是获取模型在每一层 XOY 平面的几何信息，所有层的几何信息叠加起来就得到整个模型。经过分层切片处理，三维模型几何信息就转化成 3D 打印机可以识别的二进制代码。目前，常用的切片软件有荷兰 Ultimaker 公司的 Cura 软件等。

（3）实体造型。切片处理获取的数据文件导入 FDM 设备，设置合理的工艺参数，逐层打印获得模型实体。实体的成形包括两方面的内容：一部分是成形加工零件的实体；另一部分是加工支撑，支撑可以在加工完成后剥离。

（4）零件后处理。打印成形获得的零件一般不能直接使用，有时不能满足工艺要求，通常需要打磨毛刺、去除支撑、剥离底座等后处理，后处理完毕后才能使用。

7.1.1.3 FDM 技术的应用

由于 FDM 技术完美迎合了现代先进制造业快速发展、产品研发周期急剧缩短的需求,伴随新型高强度成形材料的迅速发展,使 FDM 技术的发展十分迅速,可以说,FDM 是 3D 打印技术中应用范围最为广泛的一种。

1. 零件的设计研发与试验

FDM 工艺在零件的原型设计、功能测试试验等场合有巨大的应用前景。FDM 成形的加工速度快、精度高,更关键的是可以通过系统即时修正和验证,及时获取反馈信息,大大缩短研发时间。

2. 单件、小批量零件和复杂零件的生产

FDM 技术直接成形的塑料零件具有较好的精度和强度要求,基本可以满足大部分场合的使用要求,对于小批量的生产可以大大节约成本。

3. 在医学方面的应用

FDM 技术的成形暂时还不能用于人体器官和骨骼、义肢等手术植入体内,更多应用是与三维诊断技术相结合,在术前模拟人体器官,便于大型复杂手术的医疗诊断和手术策划等。

4. 艺术品加工制作

与制造业中的原型设计类似,FDM 技术无疑为现代陶瓷、首饰、雕塑等艺术家带来了福音,从想象到现实变得更加简单,FDM 打印技术也实现了三维模型的"所见即所得",大大缩短了产品推向市场的周期。

7.1.1.4 影响 FDM 成形质量的因素分析

将 FDM 技术应用于车辆装备的战场抢修,需要统筹考虑 FDM 成形过程的效率与成形件的精度和机械强度等性能。在 FDM 成形过程中,工艺参数、外界环境等各种因素对成形过程都会有不同程度的影响,也可能会使 FDM 成形件出现各种质量缺陷。一般而言,常见的质量问题有以下几种:台阶效应即阶梯状表面缺陷,支撑引起的毛刺或凹坑等表面质量问题,尺寸误差或精度误差。

下面着重分析影响成形件质量的几个关键因素,为 FDM 技术应用于车辆装备的战场抢修提供理论指导。

1. 材料性能引起的形位误差

FDM 技术的成形材料主要是热塑性材料,在成形过程中材料要发生固体-熔体-固体的相变,相变过程中的相变潜热会影响材料的形状和尺寸精度。材料在相变的过程中,在融化为熔融态的过程中体积将发生膨胀,在冷却固化过程中体积又会收缩。连续的膨胀和收缩会使成形件存在内应力和残余应力,对成形件的表面形状产生影响,造成形位误差,影响表面形状。为尽可能降低材料性能引起的形位误差,可以选用性能更优的材料,在成形前进行合理的尺寸补偿。

2. 打印层厚引起误差

在 FDM 打印成形前三维模型需要分层切片处理,切片层通常有一定的厚度,因此切片过程就会破坏模型的连续性,相邻切片层之间的几何信息也会部分丢失,表面会呈现阶梯状。一般而言,对于熔融沉积成形技术而言,打印分层厚度的设置值一般为 0.15~0.3mm,层厚越大成形件的阶梯效应越明显,如图 7-3 所示。层厚也会直接影响成形件的物理性能和成形质量,层厚越小成形件的拉伸强度越大,物理强度越好。层厚还会影响成形的效率,考虑到战场抢修的时效性要求,必须设置合理的层厚,使成形时间和成形件的物理性能都能满足抢修的要求。

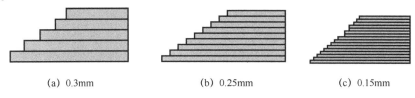

(a) 0.3mm (b) 0.25mm (c) 0.15mm

图 7-3 不同层厚对打印误差的影响

3. 挤出速度与填充速度的交互影响

在 FDM 成形过程中,填充速度和挤出速度分别指的是模型内部填充成形的速度与丝材的挤出速度,两个速度对成形过程都有影响,但同时两个工艺参数之间也存在交互影响作用,两者必须相互协调匹配才能保证较高的打印质量。否则,如果填充速度相对挤出速度太快,会使制件内部填充率降低,打印过程可能会出现断丝的现象;如果填充速度过慢,丝材可能会在喷头堆积,造成喷头堵塞等,成形效果也不理想。打印速度可以提升成形效率,但同时也会降低打印质量,因此也需要选择最佳的打印速度来满足打印质量与效率的权衡。

4. 填充率对成形件强度的影响

填充率指的是模型内部填充的比率。填充率较高可以提升模型的力学性能和成形质量,但会降低打印效率并增加耗材。通常来说,对于不要求强度的零件,填充率只需在 20%~60% 即可基本满足需求;对于需要承受一定载荷的零件,填充率需满足在 60% 以上。合理的填充率会使成形效率与成形质量都能够满足战场抢修的要求。

7.1.2 面向车辆装备战场抢修的 FDM 技术应用

7.1.2.1 车辆装备战场抢修的特点与存在的问题

与其他武器装备相比,车辆装备在现代战争中的特殊作用决定了其抢修和保障上也存在其特点。

(1) 车辆装备的结构复杂、系统集成度高、技术密集,战场抢修的难度增大。

(2) 车辆装备更易受到战场损伤,使抢修任务更加繁重。

(3) 战场节奏快,抢修时间紧,要保证在规定时间完成抢修,对抢修技术人员要求更高。

(4) 由于车辆装备特殊的战场定位,战场前后方模糊,随着先进侦查装备迅速发展,使车辆装备的防护任务更加繁重。

另外,车辆装备战场抢修自身也存在很多问题亟待解决。首先,车辆装备现有的抢修力量还远不能满足联合作战、多点保障的需要;其次,现有抢修设备的通用性和专业性不强,导致抢修的效率低下;最后,抢修的保障还不够合理,会出现保障不足或者保障过量的现象,资源储备限制了抢修能力的提高。

以上问题大大限制了车辆装备战场抢修的质量和效率,FDM 技术等新工艺、新方法在车辆装备的战场抢修中的应用必定能提升抢修质量,为车辆装备战场抢修提供新的技术补充与解决思路。

7.1.2.2 车辆装备战场抢修对 FDM 技术的要求

战场环境复杂多变,车辆装备的损伤也存在不确定性,因此车辆装备战场抢修对 FDM 技术也提出了应用要求。首先,FDM 技术的打印效率要满足战场抢修的时效性要求,能够在规定时间内完成抢修任务;其次,成形件的表面质量、精度、强度等综合性能要满足装备战场抢修的要求,保证车辆装备战场任务的完成。调整 FDM 工艺参数可以实现对成形质量和成形效率的准确调控,在不同情况下需要优先考虑不同的指标。

(1) 在损伤装备急需重返战场或抢修时间十分紧迫的情况下,要优先考虑打印效率。FDM 设备的打印参数设置要以时间优先为目标,可以适当降低成形件的精度和强度要求,通过降级制备零件,使装备迅速恢复基本功能。

(2) 如果抢修时间充裕或者精度要求较高的关键零件受损,可以综合考虑成形时间、成形件精度与强度,通过设置合理的参数实现综合性能的最优。

针对不同的损伤情况,合理选择不同的打印模式,这符合战场抢修的内涵和维修目的,对于战争中战斗力的恢复和保持具有重要的意义。

7.1.2.3 FDM 技术在战场抢修中的应用

针对战场抢修的特点与存在的问题,FDM 技术在车辆装备战场抢修中也应该根据不同的维修条件灵活应用。根据现有的传统抢修方法,提出以下几种 FDM 技术在车辆装备战场抢修中的应用模式。

(1) FDM 设备打印原型件现场换件修理。战场环境下易损件的储备给后勤保障造成了巨大压力,FDM 设备可以实现部分备件的现场即时打印,直接应用到战场抢修,将大大降低保障压力。

(2) FDM技术与现场重构相结合。现场重构是常用的抢修方法,利用FDM设备修复损伤部件或选择性打印其损伤部位进行重构,以达到抢修目的。

(3) 利用FDM技术简化制配。利用FDM设备简化破损零部件制配,在保留其基本功能的前提下,通过简化结构设计降低打印时间,以满足战场抢修的时效性要求。

(4) 后送修理。对于结构复杂或者打印时间比较长的损伤部件,可以通过战场后方的FDM打印系统实现战场抢修。

7.2 车辆装备3D打印FDM技术参数优化

FDM成形件的成形效率、精度、强度及其他考察指标性能受多个参数的影响,且不同的工艺参数之间也存在交互影响,很难利用传统的数理统计方法得到明确的数学模型。为了确定车辆装备战场抢修的FDM技术工艺参数,采用模糊推理方法建立FDM成形效率、成形强度和精度的模型,对试验数据的回归分析得到响应数学模型,通过最优化求解得到FDM技术的最佳参数组合。

7.2.1 基于Design-Expert的试验设计

试验设计是研究过程的重要内容,应用比较广泛的试验设计方法有正交试验设计、均匀试验设计、全面试验设计等。在这几种方法中,正交试验设计应用最多,它能够以较小的试验样本获得比较全面的试验信息。

Design-Expert软件是一款由美国State-Ease公司开发的专门用于试验设计的软件,因其简单高效的优点广泛应用于各种试验设计中。该软件采用Bo-Behnken、Central Composite等方法,能够在试验设计中同时考虑数十个影响因素,利用Design-Expert软件设计正交试验可以大大减少工作量,该软件可以拟合试验数据,得到与拟合曲线最合适的数学模型,通过不同因素的二维等值线图形预测试验结果,也可以利用三维立体关系图进行试验最佳条件的求解。

1. 工艺参数选取

FDM成形主要从加工精度、成形效率和成形质量三个方面来衡量。加工精度和成形效率可以通过加工时间和尺寸变形量比较准确地反映,但对于成形质量的考察指标需要合理选择。FDM的成形过程是一个层层堆积的过程,成形件在垂直方向的强度是最有争议的。因此,选择成形件Z方向的抗拉极限强度作为成形质量的考察指标。最终,选取的考察指标设为尺寸变形量(Warp Deformation,WD)、加工时间(Build Time,BT)、抗拉极限强度(Tensile Strength,TS)。

影响FDM成形的工艺参数主要有切片厚度、喷头直径、环境温度、挤出速度、填充速度、填充率、线宽补偿量等。挤出速度(A)、填充速度(B)、分层厚度(C)、填充率(D)是起主要作用的工艺参数。较高的挤出速度和填充速度可以降低打印时间,提高打印效率,但打印速度过高会影响打印质量;较低的层厚可以改善模型垂直方向的精细度,但会降低打印效率;填充率设置较高可以提升模型的力学性能和成形质量,但会降低打印效率并增加耗材。

试验选用哈尔滨工业大学研制的SS-2 Plus MINI型FDM设备,测试件尺寸选取为80mm×20mm×10mm的长方体块,长方体块方便后续成形试验的检测及评价,采用SolidWorks软件绘制3D模型图。成形耗材选用外径1.75mm的PLA线材,试验温度215℃,环境温度25℃,FDM打印机喷嘴直径为0.4mm。

2. 正交试验设计

拟采用Design-Expert 8.0.6软件进行正交试验方案设计,获取几个考察指标的试验样本,通过回归分析建立成形的综合性能与各个工艺参数的二次方修正模型。

在设备的可调控范围内,分层厚度、挤出速度、填充速度及填充率分别设定三个水平级。在Design-Expert 8.0.6软件中,采用软件提供的四因素三水平部分正交试验方案进行FDM成形试验,试验影响因素及水平如表7-1所列。

表7-1 试验影响因素及水平

水平	试验因素			
	分层厚度/mm	挤出速度/(mm/s)	填充速度/(mm/s)	填充率/%
1	0.15	80	70	60
2	0.2	100	90	80
3	0.25	120	110	100

Design-expert软件提供了Box-Behnken试验设计(Box-Behnken Design,BBD)和中心复合试验设计(Central Composite Design,CCD)两种,采用更为简单可靠的BBD试验设计方法。BBD方法的优势是在同样的因素水平下,可以通过更少的试验次数获得比较全面的试验效果。经过试验设计后的参数组合方案如图7-4所示。

3. 试验结果的获取

在每种参数组合的试验条件下进行三次打印成形。通过试验记录和测试每组试验的加工时间(BT)、尺寸误差(Dimensional Error, DE)和抗拉极限强度(TS),得到打印件如图7-5所示。

加工时间可以由打印设备记录,与分层软件的估计时间相比较,可以得到最

第7章 车辆装备3D打印控制优化技术

选项	参数组合	运行序号	参数1 A/mm	参数2 B/(mm·s⁻¹)	参数3 C/(mm·s⁻¹)	参数4 D/%	系统反馈综合性能值
	7	1	0.20	100.00	70.00	100.00	
	28	2	0.20	100.00	90.00	80.00	
	19	3	0.15	100.00	110.00	80.00	
	24	4	0.20	120.00	90.00	100.00	
	9	5	0.15	100.00	90.00	60.00	
	3	6	0.15	120.00	90.00	80.00	
	16	7	0.20	120.00	110.00	80.00	
	11	8	0.15	100.00	90.00	100.00	
	27	9	0.20	100.00	90.00	80.00	
	8	10	0.20	100.00	110.00	100.00	
	5	11	0.20	100.00	70.00	60.00	
	21	12	0.20	80.00	90.00	60.00	
	20	13	0.25	100.00	110.00	80.00	
	10	14	0.25	100.00	90.00	60.00	
	17	15	0.15	100.00	70.00	80.00	
	18	16	0.25	100.00	70.00	80.00	
	12	17	0.25	100.00	90.00	100.00	
	6	18	0.20	100.00	110.00	60.00	
	13	19	0.20	80.00	70.00	80.00	
	23	20	0.20	80.00	90.00	80.00	
	14	21	0.20	120.00	70.00	80.00	
	26	22	0.20	100.00	90.00	80.00	
	29	23	0.20	100.00	90.00	80.00	
	22	24	0.20	120.00	90.00	60.00	
	15	25	0.20	80.00	110.00	80.00	
	4	26	0.25	120.00	90.00	80.00	

图 7-4 BBD 试验参数组合方案

后的打印时间,单位精确到分钟,记录每次的打印时间并取平均值结果,见表7-2的第二列。

采用图7-6所示的拉伸试验机测量试件抗拉伸强度。根据PLA的拉伸强度

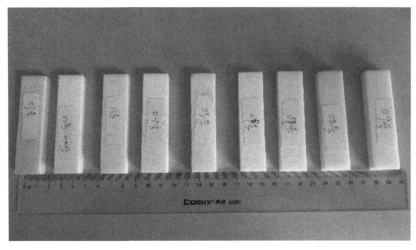

图 7-5 试验件实物

与试件的横截面积,调整试验机配置合理的载荷强度。将试件装夹在上夹头内,然后将下夹头移动到合适的夹持位置,夹紧试件下端;开动实验机缓慢而均匀地加载,实验机速度为 2mm/min,仔细观察测力指针转动和绘图装置绘出曲线的情况,平均最大拉力除以试件的横截面积即可得到每个试件的拉伸强度,记录测试值,并对每个参数组合的三个值取平均值,最终测试值见表 7-2 第四列。

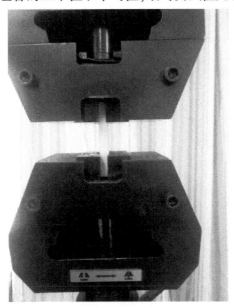

图 7-6 拉伸试验机

用游标卡尺测量试件的宽度,与理论尺寸相比较得到尺寸误差,计算三次尺寸误差的平均值,并记录在表7-2的第三列中。

表7-2 试验件考察指标测量值

序号	成形件考察指标		
	BT/min	DE/μm	TS/MPa
1	76	4.43	68.5
2	45	4.98	64.6
3	52	4.03	64.8
4	76	5.79	68.0
5	50	3.32	64.2
6	56	4.63	64.9
7	42	6.03	63.9
8	99	3.64	69.8
9	45	5.02	64.9
10	76	5.54	67.6
11	43	4.62	62.3
12	40	3.75	63.5
13	36	6.98	65.0
14	35	6.23	60.2
15	63	2.31	65.6
16	42	6.39	64.8
17	62	6.73	67.5
18	38	5.49	61.6
19	49	3.52	65.4
20	76	3.67	68.0
21	49	5.67	64.6
22	45	5.06	64.6
23	45	5.15	64.8
24	40	5.92	60.7
25	42	4.31	65.2

续表

序号	成形件考察指标		
	BT/min	DE/μm	TS/MPa
26	38	7.42	64.1
27	38	5.89	65.2
28	56	2.02	66.9
29	45	5.21	65.3

通过上述试验,可以获得成形件各考察指标的原始样本数据,但试验的最终目标是获得最佳的综合性能,还需要把三个考察指标转化为一个综合指标,下面通过模糊推理完成这部分工作。

7.2.2 基于模糊推理的多指标综合

本试验需要将三个指标综合为一个指标,但是并没有准确的权重比例、阶次、参数来参考,使用传统的数学方法很难完成。模糊推理方法是解决此类问题的有效方法,根据实际经验和常识来确定模糊推理规则,然后使用这些模糊规则对整个系统进行有效的控制。

7.2.2.1 模糊控制的基本原理

模糊控制系统并不依赖于数学模型,基本的模糊推理准则是以人的操作经验为基础的。通过机器语言的辅助,将这些人类语言转化为可以执行的简单模糊集合,然后实现对整个系统的控制。

模糊控制系统的原理如图 7-7 所示,从整体上看,整个系统包括模糊控制器和控制对象两部分。

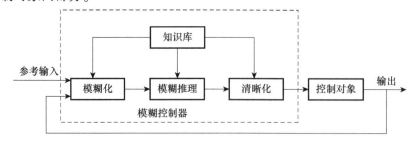

图 7-7 模糊控制系统的原理

模糊控制器包括模糊化、知识库、模糊推理和清晰化 4 个组成部分。简而言之,模糊化是把输入量转化为系统论域范围内的模糊集合的运算过程,即将原来比较精确的数据模糊化为系统要求集合的形式;知识库主要包括系统内部的各种隶属度函数与变量转化因子,还有人为设置的模糊准则数据库;模糊推理过程就是根据系统内部的运算过程,这个过程是模拟人的逻辑推理过程;清晰化与模糊化相对,指的是将原本的模糊集合转化成清晰的数值形式,这是模糊控制器的最终环节,经过清晰化的数据将直接作用于控制对象。

7.2.2.2 基于模糊推理的多指标综合

1. 模糊化处理

调用 MATLAB 中的 Fuzzy 函数,设置输入值为加工时间、尺寸误差和抗拉极限强度三个考察指标,输出值为试件的综合性能(Combination Proprety,CP)。对于三个考察指标,小、中、大三个水平级分别代表输入值的三个模糊子集,用字母 S、M、L 表示,其隶属度函数的类型设置为高斯函数,函数曲线如图 7-8 所示;在综合性能取值论域[0,100]内取 9 个模糊子集,分别为极差(EP)、很差(VP)、差(P)、较差(RP)、中等(M)、较好(RG)、好(G)、很好(VG)、极好(EG),设置其隶属函数为三角函数,函数曲线如图 7-8 所示。

经过模糊化处理,输入的考察指标转化成在论域范围内的模糊值,可以被系统识别,模糊控制系统的第一步完成。

2. 模糊推理

模糊规则的编辑过程就是模拟人的模糊概念推理能力,模糊规则是以人的经验为基础的。车辆装备战场抢修的 FDM 技术参数优化,模糊规则的确立要符合战场环境下的基本常识和原则。由于考察指标是维修过程中具有代表性的三个基本指标,为了适应战场环境,三个考察指标的重要性和优先级由高到低依次为加工时间(BT)、抗拉极限强度(TS)、尺寸误差(DE)。

考虑战场抢修的特殊定位抢修中首先要考虑时间因素,如果时间不能满足要求,即使成形件的精度误差和抗拉伸极限再高也不能符合抢修要求。因此,规则编辑的第一条原则为如果加工时间隶属模糊子集 L,则综合性能水平最高不能超过 P。

传统的战场抢修方法包括切除、重构、拆换、替代等,为满足战场抢修任务,对零件的强度和精度可以适当降低标准。在强度和精度两个考察指标中,强度的重要性大于精度。因此,规则编辑的第二条原则为如果强度隶属模糊子集 S,则综合性能水平最好不能超过 G。对精度要求相对可以较低,这里不作约束。

模糊规则的建立是模糊推理的最重要环节,合理的模糊规则使推理的结果更加准确。根据以上 FDM 技术特点与战场抢修结合的特点,建立表 7-3 所列的 27 条模糊准则。该准则涵盖了三个因素所有的组合情况,将所有输入量按规则经过逻辑运算即可得到推理结果。

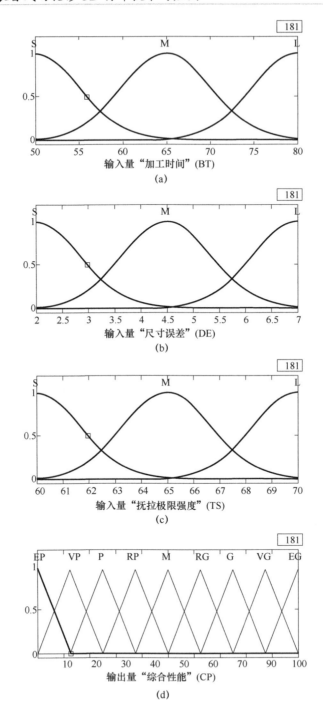

图 7-8 各考察指标与综合性能的隶属度函数

第 7 章 车辆装备 3D 打印控制优化技术

表 7-3 模糊规则

序号	模糊规则输入量			输出量	序号	模糊规则输入量			输出量
	BT	DE	TS	CP		BT	DE	TS	CP
1	S	S	L	EG	15	M	M	S	P
2	S	S	M	EG	16	M	L	L	M
3	S	S	S	G	17	M	L	M	RP
4	S	M	L	VG	18	M	L	S	P
5	S	M	M	RG	19	L	S	L	P
6	S	M	S	M	20	L	S	M	P
7	S	L	L	M	21	L	S	S	RP
8	S	L	M	RP	22	L	M	L	P
9	S	L	S	P	23	L	M	M	RP
10	M	S	L	VG	24	L	M	S	EP
11	M	S	M	RG	25	L	L	L	RP
12	M	S	S	RP	26	L	L	M	EP
13	M	M	L	G	27	L	L	S	EP
14	M	M	M	M					

3. 去模糊化

在 MATLAB 软件中集成了模糊推理系统的设计和仿真界面,Fuzzy 函数仿真界面如图 7-9 所示。

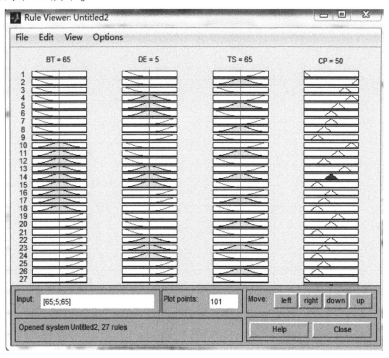

图 7-9 Fuzzy 函数仿真界面

BT、DE、TS 三个输入量由仿真界面左侧三列表示,调整三条竖线的位置或者手动输入可以改变输入量,最右侧一列为输出值综合性能。将前面的试验结果作为输入值在仿真界面求解,可以得到每组试验样本最后综合性能。

7.2.3 回归模型建立

7.2.3.1 试验结果

根据模糊推理模型的计算,得到正交试验的最终分组和综合性能模糊推理的结果,具体如表7-4所列。

表7-4 模糊推理结果

序号	试验因素				综合性能
	A	B	C	D	CP
1	0.20	100	70	100	63.8
2	0.20	100	90	80	59.2
3	0.15	100	110	80	57.1
4	0.20	120	90	100	60.4
5	0.15	100	90	60	60.0
6	0.15	120	90	80	53.3
7	0.20	120	110	80	57.0
8	0.15	100	90	100	51.7
9	0.20	100	90	80	59.8
10	0.20	100	110	100	57.6
11	0.20	100	70	60	52.2
12	0.20	80	90	60	61.5
13	0.25	100	110	80	54.7
14	0.25	100	90	60	46.8
15	0.15	100	70	80	59.3
16	0.25	100	70	80	57.9
17	0.25	100	90	100	59.9
18	0.20	100	110	60	51.2
19	0.20	80	70	80	61.9
20	0.20	80	90	100	62.5
21	0.20	120	70	80	56.2
22	0.20	100	90	80	59.1

续表

序号	试验因素				综合性能
	A	B	C	D	CP
23	0.20	100	90	80	59.1
24	0.20	120	90	60	48.4
25	0.20	80	110	80	62.2
26	0.25	120	90	80	49.5
27	0.25	80	90	80	60.6
28	0.15	80	90	80	66.9
29	0.20	100	90	80	60.5

7.2.3.2 回归分析

Design-Expert 8.0.6 软件可以进行模型的选择和拟合,以表 7-4 的数据为分析对象,分别选用线性、二次方程、三次方程等模型,根据拟合的误差选用拟合效果显著的模型作为最终的模型,最终分析得到的各项拟合指标如表 7-5 所列。

表 7-5 不同模型的方差分析

方差来源	平方和	自由度	均方	F	P	备注
平均值	96203.52	1	3196.91			
线性	362.65	4	90.66	7.41	0.0005	
2FI 模型	153.37	6	25.56	3.28	0.0233	
二次方程	73.06	4	18.26	3.81	0.0269	推荐模型
三次方程	62.26	8	7.78	9.48	0.0067	次选模型
剩余偏差	4.93	6	0.82			
总计	96859.79	29	3339.99			

表 7-5 中,F 和 P 作为方差分析的指标,F 越大,失拟概率 $P(\text{Prob} > F)$ 越小表明分析结果的可靠性越高。由表 7-5 可知,在拟合的各种模型中,二次方程和三次方程模型拟合相对显著,二次方程模型的 F 值为 3.81,失拟概率 P 值为 0.0269,小于 0.05 的临界值,三次方程的 F 值为 9.48,失拟概率值达到了 0.0067,理论上拟合的显著性较二次方程更好;但从表 7-6 中的拟合缺陷分析结果可知,三次方程模型的拟合缺陷 F 值只有 4.61,失拟概率为 0.0917,远大于临界值 0.05,两项数据较二次方程都更差,说明三次方程模型失拟项不够显著;同时根据表 7-7,二次方程模型的调整决定系数(Adjusted R^2)与预测决定系数

(Predicted R^2)相差相对较小,预测残差平方和的值远小于三次方程模型的结果,决定系数 R^2 大于 0.8,说明模型与试验相关性较高,模型较准确。根据以上分析结果,认为二次方程模型的拟合程度更加准确,选定二次方程模型进行拟合。

表 7-6　多模型拟合缺陷分析

方差来源	平方和	自由度	均方	F	P	备注
线性	292.13	20	14.61	39.16	0.0014	
2FI 模型	138.76	14	9.91	26.57	0.0030	
二次方程	65.70	10	6.57	17.61	0.0070	推荐模型
三次方程	3.44	2	1.72	4.61	0.0917	次选模型
纯误差	1.49	4	0.37			

表 7-7　多模型综合统计分析

方差来源	标准差	决定系数 R^2	调整决定系数	预测决定系数	预测残差平方和	备注
线性	3.50	0.5526	0.4780	0.3142	450.04	
2FI 模型	2.79	0.7863	0.6676	0.3603	419.79	
二次方程	2.19	0.8976	0.7952	0.4198	380.77	推荐模型
三次方程	0.91	0.9925	0.9650	0.2426	497.09	次选模型

根据软件的 ANOVA 功能,即方差分析的模型检验。将原来的 27 项精简为 13 项,模型经过精简后的参数估计如表 7-8 所列。

表 7-8　回归方程的参数估计

方程常量	参数估计	自由度	标准差	95%置信区间最小值	95%置信区间最大值	膨胀系数
	59.54	1	0.98	57.44	61.64	1
A	-1.57	1	0.63	-2.93	-0.22	1
B	-4.23	1	0.63	-5.59	-2.88	1
C	-0.96	1	0.63	-2.31	0.40	1
D	2.98	1	0.63	1.63	4.34	1
AB	0.62	1	1.10	-1.72	2.97	1
AC	-0.25	1	1.10	-2.60	2.10	1

续表

方程常量	参数估计	自由度	标准差	95%置信区间最小值	95%置信区间最大值	膨胀系数
	59.54	1	0.98	57.44	61.64	1
AD	5.35	1	1.10	3.00	7.70	1
BC	0.12	1	1.10	-2.22	2.47	1
BD	2.75	1	1.10	0.40	5.10	1
CD	-1.30	1	1.10	-3.65	1.05	1
A^2	-2.25	1	0.86	-4.09	-0.40	1
B^2	0.59	1	0.86	-1.26	2.43	1
C^2	-0.57	1	0.86	-2.42	1.27	1
D^2	-2.46	1	0.86	-4.31	-0.62	1

将95%置信区间参数估计值的最大值与最小值求平均值,作为最后回归方程参数估计的系数,如表7-8中参数估计一列所列。将模型由编码取值转化为实际值,最终得到的回归方程为

$$CP = 135.10646 - 139.63333A - 1.20896B + 0.48921C - 0.33117D + 0.625AB - 0.25AC + 5.35AD + 3.125\times10^{-4}BC + 6.8750\times10^{-3}BD - 3.250\times10^{-3}CD - 899.66667A^2 + 1.47083\times10^{-3}B^2 - 1.43542\times10^{-3}C^2 - 6.15417\times10^{-3}D^2$$

由表7-8中参数估计一列的绝对值,可以近似得到各参数对成形综合性能的影响显著程度为 $B>D>C>A$,即挤出速度>填充率>填充速度>分层厚度。

比较分析表7-5~表7-7提供的各项因素可以得到模型的拟合情况,为了验证得到回归模型的准确性,还需要根据内在学生化残差分布情况进行实际值与预测值的比较,如图7-10所示。图中横坐标与纵坐标分别代表实际值与预测值,图中有一条斜率为45°的直线,散点分布越靠近直线说明预测值与实际值一致性越好,此图中的各点基本都分布在直线左右,说明模型预测是可靠的。

7.2.4 基于遗传算法的参数优化

7.2.4.1 遗传算法简介

遗传算法的灵感来源于生物界的自然遗传与自然选择,是一种随机搜索计算模型,通常用于最优化求解。遗传算法将问题的解决方案编码为类似于染色体的数据结构,由一个随机的染色体开始,通过对染色体选择、交叉、变异等操作,经过迭代较优染色体保留下来,从而得到问题的最优解。遗传算法运算流程如图7-11所示。

首先创建一个随机的种群,计算其适应度,使函数值映射到目标函数中,种

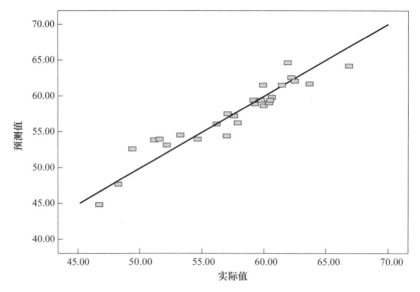

图 7-10　内在学生化残差预测值与实际值对比

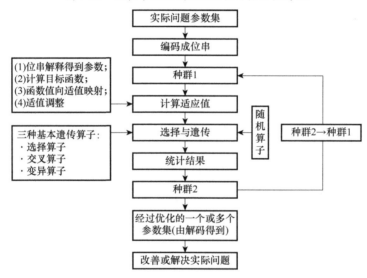

图 7-11　遗传算法运算流程

群中具有较高适应度的个体有更高的机会向下一代遗传；其次进行选择与遗传，生成第二代种群，这个过程要加入随机算子。算法经过不断最优化的求解，当满足停止条件时算法停止，将最终结果解码得到最优解，从而达到解决实际问题的目的。

7.2.4.2 基于遗传算法的求解

使用 MATLAB 软件集成的遗传算法工具箱为最优化求解提供了方便的手段,求解时合理设置各个参数,根据运行结果进行多次修改和调试,选取最合理的参数得到最合理的结果。遗传算法工具箱中的优化函数总是使目标函数或者适应度函数最小化,因此,如果想求函数 $f(x)$ 的最大值,可以转而求 $g(x) = -f(x)$ 的最小值。回归模型的程序如下:

function cp = simple_objective2(x)

cp = $-(135.10646 - 139.63333 * x(1) - 1.20896 * x(2) + 0.48921 * x(3) - 0.33117 * x(4) + 0.625 * x(1) * x(2) - 0.25 * x(1) * x(3) + 5.35 * x(1) * x(4) + 3.125 * \exp(-4) * x(2) * x(3) + 6.875 * \exp(-3) * x(2) * x(4) - 3.25 * \exp(-3) * x(3) * x(4) - 899.6667 * x(1)^2 + 1.47083 * \exp(-3) * x(2)^2 - 1.43542 * \exp(-3) * x(3)^2 - 6.1541 * \exp(-3) * x(4)^2)$;

把 $-f(x)$ 当作适应度函数,变量数目为 4,设置边界条件,下界为 [0.15 80 70 60],上界为 [0.25 120 110 100]。

遗传算法的具体运行参数设置如下:

1. 种群(Population)

在种群选项中,可以逐一设置种群类型(Population Type)、种群尺度(Population Size)、创建函数(Creation Function)、初始得分(Initial Score)、初始范围(Initial Range)等。

种群类型的设置代表编码方法,本节选用双精度向量(Double Vector)编码方式。

种群尺度是指种群中个体数目,个体数目是指每次运算后解的数目,种群尺度必须要合理选择才能同时保证运算速度与算法准确性。经过多次调试,种群尺度设置为 20。

简单遗传算法运行的第一步就是创建初始种群,种群初始化使用的函数称为创建函数,初始函数选择为 Uniform。

2. 适应度测量(Fitness Scaling)

适应度比例参数可以将适应度函数的返回值转换为适合选择函数范围的值。本例中采用 Rank 函数。

3. 再生参数(Reproduction)

优良个体指的是在当代中具有最佳适应度值的个体,也就是最佳解,本节中设置为 2。

4. 交叉比例

交叉比例是指通过交叉来产生的下一代种群在同一代种群中的所占比例,

经过多次调试设置为 0.8，交叉函数类型设置为 Scattered。

7.2.4.3 优化结果分析

设置遗传算法的停止条件为 100，经过一系列的参数设置和调试，得到最终结果，算法停止时每代函数的最佳适应度如图 7-12 所示。

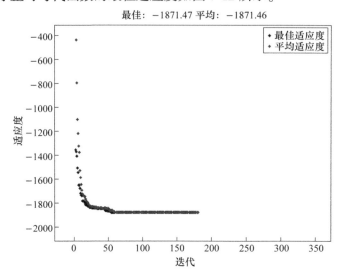

图 7-12 遗传算法寻优迭代过程（彩图见插页）

图 7-12 也可以看作遗传算法的寻优过程，最终得到最佳的工艺参数为 $A = 0.15mm, B = 120mm/s, C = 70mm/s, D = 60\%$，此时目标函数取得最小值，即成形件的综合性能得分为最大值。

7.3 车辆装备 3D 打印 FDM 技术有限元数值模拟

热量在 FDM 成形的过程中发生变化，热塑性材料形态会发生多次变化。对成形过程进行数值模拟，可以比较准确地获得成形过程中的温度场和应力场的分布情况，这对提升 FDM 成形质量和精度以及合理选择参数都有重要意义。本节基于 ANSYS 软件的"生死单元"功能对 FDM 技术的成形过程进行数值模拟，获取成形过程的温度场分布，然后通过热应力耦合将热分析单元转化为结构单元，分析成形件的应力应变，从而对 FDM 成形过程的优化和预测提供理论参考。

7.3.1 FDM 成形过程有限元模型的建立

FDM 的成形过程中能量变化十分复杂，在建立有限元模型之前要根据 FDM 工艺特点为数值模拟做基本的理论准备。

(1) 在 FDM 的成形过程中,喷头作为热源集中点在逐层堆积的过程中不断移动,成形过程需要考虑空间和时间的影响,因此模拟过程必须选用三维有限元实体单元。

(2) 成形过程是一个瞬态热分析过程,主要的传热方式是热对流和热传导;成形过程中热塑性材料的状态一直发生变化,因此要考虑相变潜热的影响。

(3) 材料的相变过程必然会引起内应力的变化,成形结束会存在残余应力和形变的情况。

综上所述,FDM 的成形过程属于典型的非线性问题,而 ANSYS 软件恰好是解决这种非线性瞬态热分析以及耦合分析的有效工具,利用上述热力学理论,运用 APDL 语言编程仿真 FDM 成形过程。

7.3.1.1 材料参数的定义

选用 PLA 材料,其热力学主要指标:密度 ρ 为 1200~1400 kg/m³,导热系数约为 0.25W/(m·℃),比热容的值为 2200~2500 J/(kg·℃),而热涨系数约为 8.5×10^{-5}/℃;力学性能方面的指标,常温下 PLA 材料的杨氏模量 E 约为 3.5GPa,屈服强度 σ 约为 65MPa。而随着温度的变化,各项材料参数也会有一定的变化,本节选用的 PLA 材料在各温度下的力学性能参数如表 7-9 所示。

表 7-9 PLA 材料的力学性能参数

温度/℃	密度/(kg/m³)	导热系数/(W/(m·℃))	比热容/(J/(kg·℃))	泊松比	热涨系数 10^{-5}/℃	杨氏模量/GPa	屈服强度/MPa
20	1400	0.25	2400	0.35	8.5	3.5	65
100	1400	0.25	2400	0.35	8.5	1.2	18
150	1400	0.25	2400	0.35	8.5	0.45	3.2
200	1400	0.25	2400	0.35	8.5	0.06	0.65

7.3.1.2 单元类型选取

由于 FDM 成形过程是一个瞬态热分析过程,选用 SOLID 70 单元分析温度场。SOLID 70 单元是三维实体单元,有三个位移方向的自由度进行瞬态热分析。

应力耦合的过程首先是单元类型的转化,因为在 ANSYS 软件中热分析单元和结构分析单元一般是不可以通用的。用于结构分析的有限元单元必须同时满足自由度要求和相关的材料力学性能。因此,选用具有塑性、应力硬化以及热膨胀功能的 SOLID 45 单元来进行应力场的数值模拟,在温度场分析结束后转换单元类型。

7.3.1.3 模型建立及网格划分

选择 80mm×20mm×10mm 的长方体薄块作为仿真模型,简单的长方体薄块不仅可以方便后续成形试验的检测及评价,而且相对简单的结构可以最大限度地反映成形过程的变化规律。由于模型没有复杂的内部结构,也降低了使用 APDL 语言建立有限元模型的难度。

网格划分也需要合理设置,网格划分的单元较小的话可以使仿真过程的运算更加彻底,但会增加运算时间,反之,则可能造成数值模拟的结果不够准确。统筹考虑运算速度和后续热应力耦合分析,将模型划分为 2mm×2mm×2mm 的单元,共有 5 层 2000 个网格。网格划分后的仿真模型如图 7-13 所示。

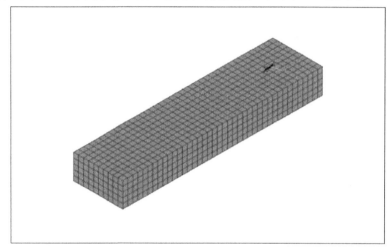

图 7-13 网格划分后的仿真模型

7.3.1.4 定义边界条件与载荷

在 FDM 成形的仿真过程中主要是处理室温以及相变潜热。喷头温度 T_1 取值为 210℃,假设预热后成形室的温度保持恒定,则将室温 T_0 设置为 25℃。

仿真过程要考虑热量交换的影响,但是如果考虑所有热传导、热对流等各种热传导方式的综合影响,计算将会变得十分复杂。考虑在实际成形过程中热辐射等其他因素对成形的影响相对较小,将热对流作为主要的热量传导方式,热对流换热系数 $h=72\text{W}/(\text{m}^2 \cdot ℃)$。

对于相变潜热的处理,ANSYS 在热力学分析过程中通常通过定义材料的焓变来考虑相变潜热的影响。一般而言,将相变潜热的热量变化用比热容在整个熔融过程中的突变情况来替代,这种方法称为比热容突变法。焓的单位数学表达式为

$$\Psi = \int \rho C(T) \mathrm{d}T \qquad (7\text{-}1)$$

式中：ψ 表示焓；ρ 表示密度；T 表示温度；C 表示比热。

根据 PLA 的材料参数，按照式(7-1)计算可得 PLA 的焓值在 20℃ 时为 0J/m^3、100℃ 时为 $2.56\times10^8\text{J/m}^3$、150℃ 时为 $4.16\times10^8\text{J/m}^3$、200℃ 时为 $5.76\times10^8\text{J/m}^3$。

7.3.2 FDM 成形的温度场模拟

在 FDM 工艺中成形件的温度场对其成形质量起着关键的作用。温度场的分布决定打印模型在成形过程中热量的传递状态，温度场的变化越大，引起的热变形和应力应变越显著。因此，成形过程的温度场分布规律可以为 FDM 技术的参数优化提供参考。

7.3.2.1 温度场有限元分析算法流程

FDM 成形过程的仿真采用"生死单元"技术。"生死单元"主要应用于模型需要根据位置来激活或不激活单元的情形。要实现"单元死"的效果，ANSYS 程序将单元的刚度(或传导)等材料属性乘以一个很小的因子，使其变为 0 值；要实现"单元生"的效果，则是通过重新激活"杀死"的单元，重新"激活"后，单元的材料属性恢复到原始值。

温度场分析的有限元算法流程如图 7-14 所示，整个过程是基于"生死单元"技术。其具体思路是定义有限元模型和材料属性，完成网格划分和边界条件的定义后，模拟成形过程的第一步是"杀死"模型的所有单元，按照成形的路径依次"激活"单元，单元"激活"后施加温度和对流载荷，求解温度场完成后再次将该单元"杀死"。随着单元的不断"杀死"和"激活"，温度场的运算随着求解的循环而不断向前推进。如果所有单元都执行过一次运算操作，则模型打印完成。

7.3.2.2 温度场模拟的实现

FDM 成形的过程是一个非线性瞬态分析过程，根据上文中的模型与材料参数建立有限元模型，导入 APDL 语句，按照有限元算法的流程进行求解。本次仿真的工艺参数设置：室温 25℃，喷头温度 210℃，打印机喷头直径为 0.4mm，优化后的打印速度为 120mm/s。考虑计算效率，结合上文中的网格划分情况，设置每个单元的激活时间为 0.1s，边界条件为上文中已经确定的热对流换热系数 $h=72\text{W}/(\text{m}^2\cdot\text{℃})$，具体的 APDL 语句见附录。

温度场模拟的过程主要有以下三步：

(1) 定义材料参数。

(2) 定义边界条件。

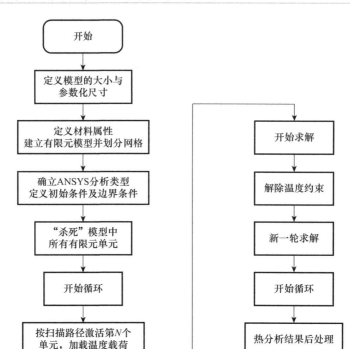

图 7-14 温度场分析的有限元算法流程

(3) 按照"生死单元"的循环过程进行求解。

7.3.2.3 温度场模拟结果分析

温度场仿真结束之后,处理与分析模拟结果,成形过程不同时刻节点的温度特征以及成形结束时刻的温度梯度分布情况如下。

1. 节点随时间变化的温度特征

FDM 的成形过程是一个随喷头移动而层层堆积成形的过程,各个节点的温度分布也随时间而动态变化。成形件在不同时刻的温度云图以及不同节点随时间的变化曲线分别如图 7-15 和图 7-16 所示。

分析图 7-15 可知,在 50s 时刻的温度场分布云图中,最低温度为 25℃,为设定的成形室温,模型的底部区域因为已经完成"激活"而温度较高,远离热源的其他单元温度都很低,即这些单元处于"杀死"状态;随着时间的推移,在 100s 时刻的温度云图中,最高温度为 210℃,接近设定的喷头温度,最高温度区的位置与 50s 时刻相比 Z 坐标升高,位于模型的中间部位;在 150s 时刻的温度云图中,最高温度区的 Z 坐标又有所增高,可以注意到此时底部的单元已经因为远离热源而冷却至室温;在 200s 时刻的温度云图中,此时模型打印完成,最高温度位于

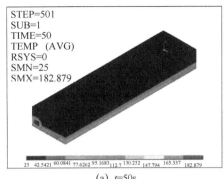
(a) t=50s

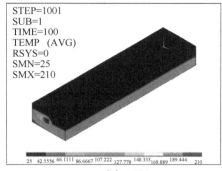
(b) t=100s

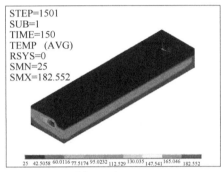
(c) t=150s

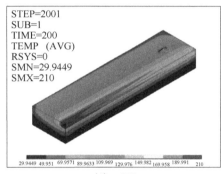
(d) t=200s

图7-15 成形件温度分布云图(彩图见插页)

成形刚完成的模型顶部区域。温度场的分布整体呈带状,高低温的分布区域基本沿成形的轨迹发生递变,这与打印成形的先后顺序有关,堆积成形的过程同时也是发生热量传导的过程,温度场的分布规律与成形轨迹是一致的。

选取4个代表性的特征节点并绘制节点温度随时间的变化曲线如图7-16所示。由图可知,前三个节点都存在两个较为明显的峰值,峰值出现时间因节点位置的不同而存在差异。第一次峰值的温度达到了210℃,出现时间为喷头经过节点的时刻,而第二次峰值的温度明显降低,因为要进行多层的堆积,当喷头经过该节点上方时挤出的高温PLA材料使该节点的温度重新升高,但低于210℃。第四个节点从打印结束区域选取,喷头只经过一次,因此只有一个峰值。综合来看,温度的分布云图比较准确地还原了FDM的成形过程。

2. 成形结束时刻的温度梯度分布情况

温度梯度分布对成形件的热变形具有重要影响,温度梯度值越显著则越容易产生应力集中,提取成形结束时刻模型的温度梯度分布,如图7-17所示。

图7-17中(a)、(b)、(c)分别表示模型在X轴、Y轴、Z轴方向的温度梯度分布,图(d)表示成形件温度梯度的最终矢量和,从图中可以看出,X轴方向和Y

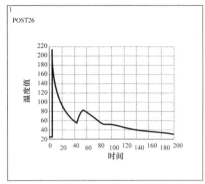
(a) 节点1

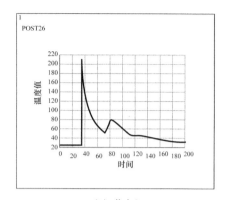
(b) 节点2

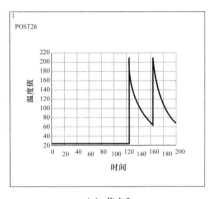
(c) 节点3

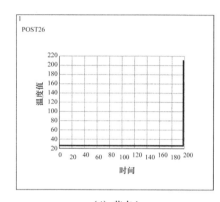
(d) 节点4

图 7-16 特征节点随时间的变化曲线

轴方向的温度梯度相对较小,但分布并不规律;Z 轴方向的梯度分布相对均匀,且与最终的矢量和图最为接近。FDM 的成形是一个层层堆积的过程,每层的厚度都很小,在 XOY 平面为主要的加工平面,也是最容易发生形变的平面。因此,梯度分布情况与实际过程是基本相符的。

通过对成形过程的温度场模拟,按照上文中预先设置的工艺参数进行 APDL 编程,分析成形过程中节点的温度特征与模型的梯度分布,证明了优化后的工艺参数可以提高打印质量,这对读者深入理解 FDM 的成形机理以及进一步分析应力场提供了参考和数据基础。

7.3.3 FDM 成形的应力场模拟

从 FDM 成形过程的温度场仿真模拟结果可知,在 FDM 成形过程中,温度分布存在较大的差异。使用 APDL 语言进行编程,模拟仿真成形结束时刻的热耦合应力场。

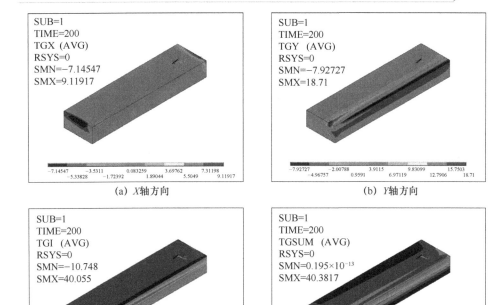

图 7-17 成形结束时刻的温度梯度分布(彩图见插页)

7.3.3.1 应力场模拟的基本理论

先将热力学单元转化为结构单元,定义模型的结构与边界条件,再将热分析的结果作为温度载荷施加到转化后的结构单元中,然后逐步求解,直至所有单元求解完成,最后分析结构输出结果。其具体算法流程如图 7-18 所示。

为了方便应力场分析,根据应力耦合分析的特点,在不影响变形规律的情况下,需要以下几条准则作为前提。

1. Mises 屈服准则

当点的等效应力达到某一定值时,该点就开始进入塑性状态。在三维主应力空间,其表达式为

$$\bar{\sigma} = \frac{\sqrt{2}}{2}\sqrt{(\sigma_1 - \sigma_2)^2 + (\sigma_2 - \sigma_3)^2 (\sigma_3 - \sigma_1)^2} \tag{7-2}$$

式中:σ_1、σ_2、σ_3 为三个主应力。在 ANSYS 软件输出应力云图时要选择 Von Mises Stress 选项。

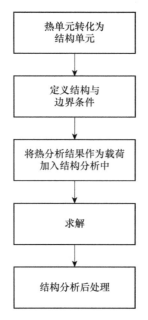

图 7-18 FDM 应力场分析的有限元算法流程

2. 塑性流动准则和强化准则

流动准则是指在发生塑性变形后的材料会在载荷作用下发生塑性流动;强化准则表示屈服准则随着塑性应变增加时的变化情况。

3. 线性准则

线性准则是指数值模拟过程中的力学参数与运算结果在极小时间增量内是呈线性变化的。

7.3.3.2 应力场模拟的实现

应力场模拟的实现过程如下:

(1)单元类型转换。将热分析单元 SOLID 70 转化为结构单元 SOLID 45。

(2)材料参数的定义。根据相关资料,对材料的相关参数进行定义,PLA 材料在常温下杨氏模量为 $E = 3.5\text{GP}$,泊松比为 0.35,热膨胀系数为 $7.24 \times 10^{-5}/℃$,应力分析主要定义以上三个参数即可。

(3)定义边界条件。因为主要是分析热力学作用下的应力变化,将约束简化为静态约束。

(4)施加温度载荷。按照间接耦合法和算法流程分析,使用 APDL 语句中的 LDREAD 命令,将温度场分析结果作为温度载荷施加到结构单元中,按照成形路径层层求解。

7.3.3.3 应力场模拟结果分析

应力场的分布特征是反映成形件变形的重要因素,成形结束时刻的热应力耦合场结果分析如下。

1. 成形结束时刻的应力场特征

仿真结束后,提取成形结束时刻的等效应力分布云图,如图7-19所示。由图可知,等效应力分布并不均匀,最大等效应力出现在模型底面的边缘处。模型内部的等效应力相对均匀且小于边缘,沿模型边缘呈上升趋势,原因是冷却过程中模型内部单元的热量向外释放,且在模型的边缘区域汇聚,较大的温度梯度导致了应力集中。除此之外,拉应力和压应力在ANSYS软件中是以正负区分的,SMX为正值时表示为拉应力,SMN为负值时表示为压应力。由此可知,模型底面主要表现为拉应力,模型的顶部主要表现为压应力。因为底面和顶面受热膨胀程度不一致,可能会导致底部区域易发生裂纹,甚至破坏现象。

(a) 模型顶面

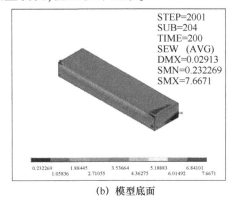
(b) 模型底面

图7-19 等效应力场云图(彩图见插页)

提取成形结束时刻成形件的主应力图与切应力云图,分别如图7-20和图7-21所示。

图7-20表明在成形的瞬态时刻应力主要为拉应力,在已经完成打印的材料堆积区域,应力主要为压应力。结合成形机理分析以上原因,材料从喷头挤出瞬间处于熔融状态,材料受热膨胀且不受约束,此时的应力为拉应力;而在逐层堆积的过程中,材料受到周围已凝固材料的约束而无法变形,因此,此刻的应力为压应力。

图7-21反映τ_{xz}和τ_{yz}与τ_{xy}相比分布更加均匀,这与上文中通过温度梯度得到的结论相契合,即XOY平面为主要的形变平面。

2. 成形件的应变场分析

提取在成形结束时刻的成形件的等效应变云图和总位移云图,分别如图7-22和图7-23所示。

图7-22表明,在模型的边缘区域的应变大于内部区域,这与实际过程中四

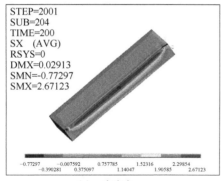
(a) σ_x 主应力

(b) σ_y 主应力

(c) σ_z 主应力

图 7-20　成形结束时刻的模型主应力云图（彩图见插页）

周角点易发生翘曲变形的情况相符。图 7-23 反映成形件的位移分布总体上是不均匀的，XOY 平面是主要的形变平面，且位移是沿 Y 轴成轴对称分布，与成形件的等效应力分布基本是一致的。因为在熔融沉积成形过程中模型的中部有较大的温度梯度，从而较大的热应力引起较大的热变形。

7.3.4　打印速度对成形质量的影响

战场抢修的维修条件和维修环境非常复杂，抢修过程中不仅要考虑成形件的综合性能最优，也要考虑在极端条件下牺牲成形件的精度强度要求，使装备能够尽快重返战场。挤出速度（即打印速度）是对成形速度影响最大的工艺参数，利用有限元仿真比较在不同扫描速度下成形件的温度场分布，研究是否存在最优速度能够在满足抢修加工时间的情况下使抢修件的综合性能达到最佳。

仍选用上文中的长方体块有限元模型，改变热源移动速度（即打印速度）分别为 60mm/s、80mm/s、100mm/s、120mm/s，其他参数不变，研究单个工艺参数对成形质量的影响程度和规律。

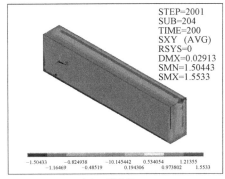 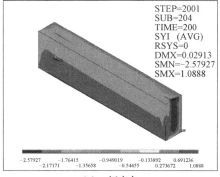

(a) τ_{xy} 切应力　　　　　　　　　(b) τ_{xz} 切应力

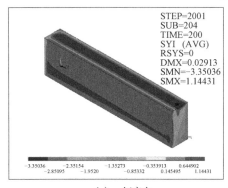

(c) τ_{yz} 切应力

图 7-21　成形结束时刻的切应力云图(彩图见插页)

图 7-22　成形件的等效应变云图(彩图见插页)

7.3.4.1　温度场分布分析

在不同打印速度下,打印结束时刻试件的温度场分布情况,如图 7-24 所示。该图表明,不同打印速度下的温度场分布的整体情况是相似的,在成形速度 $V=$ 60mm/s 时试件最低温度为 48.3℃,成形速度 $V=80$mm/s 时试件的最低温度为 56.3℃,成形速度 $V=100$mm/s 时试件的最低温度为 63.4℃,成形速度 $V=$

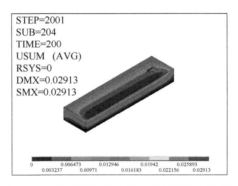

图 7-23 成形件的总位移云图(彩图见插页)

120mm/s 时试件的最低温度为 69.5℃。随着打印速度的提高,试件的最低温度逐渐升高;由于成形轨迹和相关工艺参数是相同的,高低温分布情况基本相同,但可以发现,随着打印速度的提高,试件表面的温度梯度逐渐变小,即温度的分布趋于更加均匀。由此可知,打印速度对成形件的表面温度场分布有较大的影响,较高的打印速度可以降低成形件表面的温度梯度分布,进而影响试件精度和表面质量。由仿真的结果可推测,在 60~120mm/s 范围内,试件的精度和表面质量将随着打印速度的提高而逐渐提升。

7.3.4.2 应力应变分析

由于相态变化与温度变化的影响,翘曲变形是 FDM 成形过程中最常出现的一种变形。在不同打印速度下,成形结束时刻成形件的总位移云图,如图 7-25 所示。打印速度与翘曲变形量之间的线性关系如图 7-26 所示。从图中可以看出,在 60~120mm/s 速度范围内,成形件的翘曲变形随着打印速度的增加而变大。由于熔融沉积成形过程是一个在 Z 轴方向上的堆积过程,打印速度在 X 轴方向的最大应力间的线性关系如图 7-27 所示,随着打印速度的增加,X 轴方向的最大应力呈变小趋势。

根据以上温度场与应力应变分析的结果可知,较高的打印速度可以改善成形件的应力情况;但是,打印速度升高的同时会引起翘曲变形量增大,会影响成形件的精度与表面质量,因此,存在最优速度使成形精度和应力状况都能达到较高水平。综合考虑成形效率与成形质量,当打印速度为 80~100mm/s 时,既满足成形效率,又能使成形件的变形量较小,且力学性能良好。

7.4 车辆装备 3D 打印应用案例

前面对温度场和应力场进行了有限元数值模拟,得到了试验件的温度场和应力场云图,重点分析了打印速度对成形件精度的影响,但仍然需要验证实际打

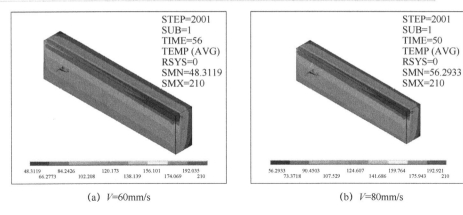
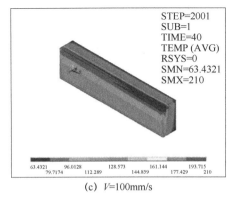
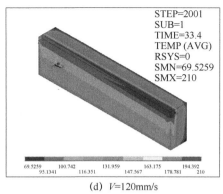

图 7-24　不同打印速度下成形结束时刻的温度场分布(彩图见插页)

印件能否满足战场抢修要求。后面选取抢修件进行打印试验和实车验证,分析仿真与实际打印之间存在的差异与原因,进一步优化 FDM 技术的参数。

7.4.1　实例选取

车辆装备的管路系统十分复杂,在制动系统、燃油系统、传动系统和冷却系统中都有不同功能的管路。低压管路是其中的重要功能件,如回油管、冷却水管、出气管等,在战场条件下极易遭到弹片散射而引发各种损伤,严重影响车辆装备的使用性能和任务完成,需要实施快速有效的抢修。

目前,低压管路的传统抢修方法主要有换件、替代和修补等,这些传统方法虽简单成熟,但需要根据低压管路的不同型号携带大量的备件,不仅造成了一定的保障负担,还会出现携带备件或器材不适用而无法修复的情况。因此,应该不断探索更便利实用的抢修方法,下面选取某型车辆装备的低压油管作为试验对象,开展 3D 打印试验与实车验证分析。

(a) V=60mm/s

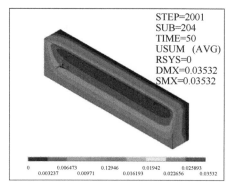
(b) V=80mm/s

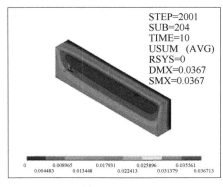
(c) V=100mm/s

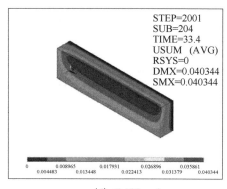
(d) V=120mm/s

图 7-25　不同打印速度下成形结束时刻的总位移云图(彩图见插页)

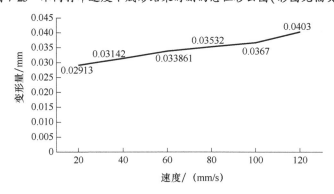

图 7-26　打印速度与翘曲变形量的关系

7.4.2　参数优化与打印试验

在某次演习行动中,一辆负责兵力物资运输的某型车辆装备遭到埋伏,造成损伤。经战场损伤评估,低压油管受到炮火袭击而断裂,发生漏油现象影响了车

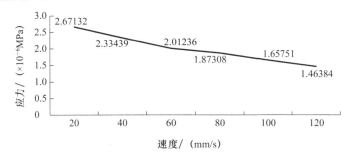

图 7-27　打印速度与 X 方向应力的关系

辆正常运行,亟须战场抢修。油管的断裂尺寸为 100mm,但是演习现场没有相同型号的低压油管备件,用传统的抢修手段补漏存在困难,因此拟采用 FDM 技术实施战场抢修。

7.4.2.1　参数组合方案

试验设备仍然采用 SS-2 Plus MINI 型 FDM 打印机,根据设备的实际情况,工艺参数仍然划分为三个水平参数的组合方案,基本与上文相同,基于 Design-Expert 软件设计试验,按照不同的参数组合进行正交试验,工艺参数的组合方案如表 7-10 所列。

表 7-10　工艺参数组合方案

序号	参数设置			
	A	B	C	D
1	0.20	100	70	100
2	0.20	100	90	80
3	0.15	100	110	80
4	0.20	120	90	100
5	0.15	100	90	60
6	0.15	120	90	80
7	0.20	120	110	80
8	0.15	100	90	100
9	0.20	100	90	80
10	0.20	100	110	100
11	0.20	100	70	60
12	0.20	80	90	60

续表

序号	参数设置			
	A	B	C	D
13	0.25	100	110	80
14	0.25	100	90	60
15	0.15	100	70	80
16	0.25	100	70	80
17	0.25	100	90	100
18	0.20	100	110	60
19	0.20	80	70	80
20	0.20	80	90	100
21	0.20	120	70	80
22	0.20	100	90	80
23	0.20	100	90	80
24	0.20	120	90	60
25	0.20	80	110	80
26	0.25	120	90	80
27	0.25	80	90	80
28	0.15	80	90	80
29	0.20	100	90	80

7.4.2.2 打印试验

首先建立低压油管的三维模型，根据破损油管的尺寸，使用SolidWorks软件建模，建模的关键是保证三维模型的尺寸与破损低压油管相匹配，低压油管的三维模型如图7-28所示。为了方便装配，低压油管一般设计为外径稍大于油管实物。

将油管的3D数字模型转化为3D打印常用的STL格式，导入分层切片软件Cura中进行切片处理，按照表7-10中的参数组合方案进行参数设置，获得打印机可以识别的Gcode文件。

将Gcode文件导入FDM打印机，按照序号的顺序进行打印试验，记录每组打印的时间，得到油管的打印成品如图7-29所示。

用游标卡尺测量油管打印件的外径，计算并记录每组的尺寸误差；用拉伸试

第7章 车辆装备3D打印控制优化技术

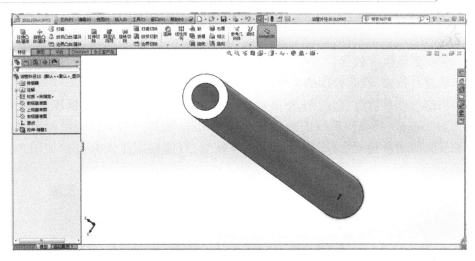

图 7-28 低压油管的三维模型

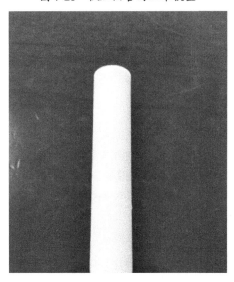

图 7-29 油管的打印成品

验机测试每个打印件的拉伸强度在参数优化中作为数据备用。

7.4.2.3 工艺参数优选

根据试验数据,按照参数优化流程选择工艺参数。首先基于模糊推理将多个指标综合化,其次根据综合性能得分建立回归模型,最后根据遗传算法进行参数的优化求解。打印低压油管的最佳参数组合为层厚 0.15mm,挤出速度 100mm/s,填充速度 90mm/s,填充率 80%。

7.4.3 实车验证

为验证最佳参数优化的有效性,拟使用 FDM 技术打印成形的低压油管对受损车辆进行抢修,检验打印的低压油管能否满足抢修要求。

根据最佳参数组合,使用 SS-2 Plus MINI 型 FDM 打印机打印低压油管,耗时大约 25min。将受损低压油管的破损部位切除,使打印的低压油管与破损低压油管的两端紧密配合,用密封胶密封连接处,打印件实车安装试验如图 7-30 所示。

图 7-30 打印件实车安装试验

修复后的低压油管没有出现漏油现象,启动车辆可以正常供油。车辆经过短时间运行没有出现故障,基本达到了抢修效果。

7.4.4 试验结果

打印后的低压油管与低压油管实物对比图,如图 7-31 所示。

分别测试打印件和实物的强度,低压油管实物的拉伸强度更高,但 3D 打印油管的拉伸极限为 60~70MPa,能够满足抢修的使用需求。测量打印件的外径尺寸,与设计尺寸的误差为 6~10μm,满足抢修的精度要求。打印时间为 25min 左右,可以满足战场抢修的时效性要求。因此,利用 FDM 技术打印低压油管可以满足战场抢修需要,经过参数优化后选取的工艺参数组合是适应战场抢修需求的。

通过观察试件的成形过程,试件在打印过程中出现了与仿真结果类似的变形现象,但打印结果与仿真结果又存在差异。实际打印的变形量更大,与 FDM 设备加热底板相接触的一面有较明显的翘曲变形。出现差异的原因主要有以下

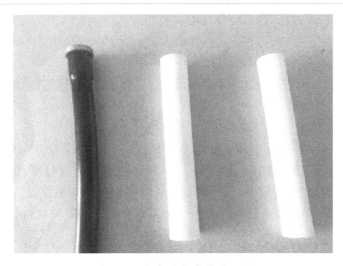

图 7-31 打印件与实物对比图

几点。

(1)仿真过程设置了固定的外界环境、喷头温度、成形室温度,相变潜热等都是理想条件下的,而实际的成形环境更加复杂,散热条件与对流条件的细微变化都会对最终的成形结果产生影响。

(2)成形件与加热底板之间存在亲和力,使实际打印的成形过程更加容易发生翘曲变形现象。

(3)打印设备的装配精度、线材的不均匀等因素等都可能引起成形出现误差。

第 8 章　车辆装备典型 3D 打印材料应用

打印材料是 3D 打印的重要物质基础,决定着 3D 打印能否在车辆装备战场抢修中广泛应用和深度融合。常用的 3D 打印材料有金属材料、无机非金属材料、高分子材料、复合材料等,不同材料有各自特点及其应用领域,在战场抢修中适用于打印制造车辆装备不同的部件,如图 8-1 所示。随着材料技术的发展和制造业的升级,3D 打印材料的性能和适用性会越来越好,在车辆装备战场抢修中应用也会越来越广泛和深入,如图 8-2 所示。

图 8-1　3D 打印的涡轮叶轮

图 8-2　3D 打印的 IN718 镍基高温合金转子

8.1　常用的 3D 打印材料

3D 打印材料是 3D 打印技术的物质基础,是 3D 打印技术关键和难点所在。3D 打印技术对材料的性能和适用性提出了更高要求,不仅要求性能稳定,满足 3D 打印连续生产的需要,而且在程序控制打印后能重新结合起来,还要求功能丰富,具有导电、水溶、耐磨等特性,要绿色环保,对人体安全且对环境友好。

常用的 3D 打印材料可分为金属材料、无机非金属材料、高分子材料、复合材料等。

8.1.1 金属材料

3D打印金属粉末作为金属零件3D打印产业链最重要的一环,也是最大的价值所在。3D打印金属粉末一般要求纯净度高、球形度好、粒径分布窄、氧含量低。然而,由于金属材料3D打印的难度较大,目前可以用于打印的金属材料的种类比较少,主要有不锈钢、钛合金、铁镍合金、铝合金等材料,如表8-1所列,此外,还有用于打印首饰的金、银等贵金属粉末材料。3D打印金属材料应用范围广泛,如石化工程应用、航空航天、车辆装备制造、注塑模型、轻金属合金铸造、食品加工、医疗、造纸、电力工业、珠宝、时装等。

表8-1 常用的3D打印金属材料

名称	性能	应用领域
不锈钢	具有很好的抗腐蚀及力学性能,可以做成多种颜色,且价格低廉	家电、汽车制造、航空航天、医疗器械等领域
钛合金	密度低、强度高、耐腐蚀、熔点高、导热率低、硬且脆等性能	航空航天、家电、汽车制造、医疗等领域
铁镍合金	高温下具有优异的机械和化学特性、极佳的蠕变断裂强度等性能	航空航天领域、工业制造等领域
铝合金	密度低、强度高、表面光滑度好,经热处理后可获得良好的力学性能、物理性能和抗腐蚀性能	工业制造、航空航天、汽车制造等领域

随着技术的进步和制造业要求的升级,未来几年有望看到金属3D打印技术的市场步入快速成长期。下面着重介绍几种常见的金属材料。

1. 钛合金

钛合金是3D打印领域在金属材质方向的应用热点。钛合金具有耐高温、耐腐蚀、高强度、低密度、良好的生物相容性等优点,常用于3D打印车辆装备、航空航天和国防工业等领域。

目前,通常采用直接金属沉积(Direct Metal Deposition,DMD)和激光快速成形等方法加工钛合金。此技术制造的钛合金零件力学性能高于传统锻造工艺,且具有强度高、尺寸精确等优点。在密闭成形条件下利用激光快速成形技术,打印的钛合金产品的强度和延伸率指标明显高于传统方法,试验数据的分散度明显低于开放成形条件。3D打印的金属部件和不锈钢饰物如图8-3和图8-4所示。

图 8-3　3D 打印的金属部件

图 8-4　3D 打印的不锈钢饰物

北京航空航天大学王华明教授团队突破了激光熔化沉积关键技术,成功制造出 TC4 钛合金结构件,其室温及高温拉伸、高温蠕变、高温持久等力学性能均显著超过锻件,该结构件已实现在飞机上的装机应用。西北工业大学黄卫东教授对 TC4 激光立体制件进行研究,无论是沉积态还是热处理态打印件的力学性能都优于锻造退火态的标准件。目前,通过 3D 打印技术制得的钛合金金属部件已在航空航天领域和生物医用领域得到广泛应用,如图 8-5 所示。

2. 铁基合金

铁基合金资源丰富、价格低廉、使用方便、便于回收,是工业生产和生活中广泛使用的材料,可细分为不锈钢、高强钢和模具钢三大类。

304 和 316 奥氏体不锈钢粉末(及其低碳钢种)是最先研发用于 3D 打印成形研究的不锈钢材料,如今已成为 3D 打印市场上典型的加工材料。

不锈钢是最廉价的金属打印材料,打印的模型具有较高的强度,如图 8-6 所示。经 3D 打印出的不锈钢制品,表面略粗糙存在麻点。不锈钢具有各种不同的光面和磨砂面,常用作珠宝、功能构件和小型雕刻品等的 3D 打印。

3. 镍基合金

镍基合金是在 650~1000℃高温下具有较高的强度与一定的抗氧化腐蚀能力等综合性能的一类合金,广泛用于航空航天、石油化工等领域。目前,已成为航空工业应用的主要 3D 打印材料。随着 3D 打印技术的发展,3D 打印制造的飞机零件因其加工工时和成本优势已得到了广泛应用。

此外,钴铬合金是一种以钴和铬为主要成分的高温合金,抗腐蚀性能和力学性能优异,用其制作的零部件强度高、耐高温。镁铝合金因其质轻强度高,在制造业的轻量化需求中得到了大量应用,如图 8-7 所示。

 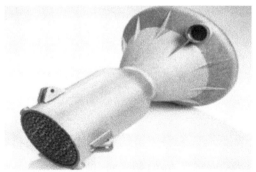

图 8-5　3D 打印的钛合金零部件　　　图 8-6　3D 打印出的不锈钢零部件

图 8-7　高温合金打印的轴承

4. 铝合金

铝合金一直广泛应用于车辆装备、航空航天等领域内的冷却和轻量化的零部件,也备受 3D 打印的关注。西北工业大学黄卫东教授团队使用 $AlSi_2$ 合金粉末激光成形修复 ZL104 合金和 7050 铝合金,修复部位的力学性能甚至超过基体合金。AlSiOMg 合金粉末用于 3D 打印,得到了组织结构较好的铝合金部件,另有 $AlSi_7Mg$、$AlMg_{4.5}Mn_4$ 和 6061 等铝合金材料也已被 3D 打印应用。EOS 公司的最新产品 $AlSi_{10}Mg$ Speed 1.0 经过 3D 打印后几乎可以获得全致密零件。

8.1.2　无机非金属材料

无机非金属材料具有稳定的物理和化学性能、防火性能、防水性能、抗腐蚀性能、耐候性强等优点,目前用于 3D 打印的主要有陶瓷、混凝土材料等。

1. 陶瓷

陶瓷称为无机材料之母,具有耐高温、强度高等优点,在工业制造、生物医疗、航空航天等领域有着广泛应用。3D打印用的陶瓷材料主要由陶瓷粉末和黏结剂组成,一般采用激光烧结的方式将黏结剂粉末熔化后,将陶瓷粉末黏结在一起。3D打印的陶瓷制品具有不透水、耐热、可回收、无毒、易碎等优点,可作为理想的炊具餐具和烛台、瓷砖、花瓶、艺术品等家具装饰材料,如图8-8~图8-10所示。3D打印所用的陶瓷粉末是添加了某种黏结剂的混合物,黏结剂粉末的熔点一般较低,激光烧结时黏结剂粉末先熔化,使陶瓷粉末黏结在一起,可以有效地降低陶瓷浆料体系的黏度,提高陶瓷材料的加工性能。陶瓷粉末和黏结剂粉末的配比必须严格控制,不同的配比会影响陶瓷零部件的性能。例如,黏结剂含量较少时,难以烧结成形;黏结剂含量过高时,会导致后处理过程中零部件出现较大收缩,严重影响零件的尺寸精度。同时,还应控制陶瓷颗粒的尺寸大小,陶瓷颗粒越小,表面越接近球形,烧结效果越好。

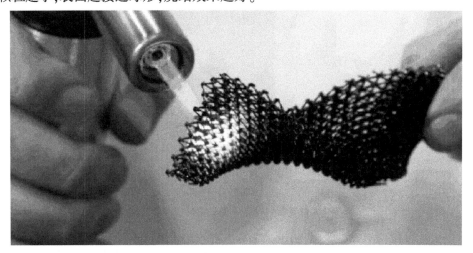

图8-8 陶瓷材料的耐高温性

3D打印制造的陶瓷制品具有材料损耗低、能源消耗小、环境污染小等优点。

2. 混凝土材料

混凝土材料是当今社会最为重要的土木工程材料之一,但是普通混凝土无法直接应用于3D打印技术,3D打印对混凝土的性能有特殊的要求,体现在新拌混凝土需具有可挤出性、混凝土浆体要具有较好的黏聚性和硬化混凝土的力学性能及耐久性等方面。混凝土只有具备了这些优良的性能,才不会出现坍塌、倾斜等中断打印施工的现象,同时打印出的结构强度高且空隙小。上海曾展览3D打印房,打印用的"油墨"来自建筑垃圾与玻璃纤维,在24h内完成了10幢200m^2建筑的"打印",但其使用的材料和结构的承载力、耐久性需要进一步试验。目前,3D打印混凝土技术正处于研发试用阶段,其性能与应用均处于探索阶段,尚存在原材料及配比问题、成形高度问题、软件问题等,需要进一步研究和解决。

图 8-9　3D 打印的陶瓷茶杯

图 8-10　3D 打印的陶瓷牛奶托盘

8.1.3　高分子材料

高分子材料是 3D 打印材料中用量最大、应用范围最广、成形方式最多的一类材料。它以高分子化合物为基础,由一种或多种结构单元通过共价键结合而形成的化合物。这类化合物具有良好的触变性、合适的硬化速度、较好的热变形性和热收缩率。

常见的高分子材料有 ABS、PC、PLA、光敏树脂、橡胶等。

1. ABS 材料

ABS 是丙烯腈、丁二烯和苯乙烯的三元共聚物,综合了丁二烯、苯乙烯和丙烯腈各自的优良性能,具有强度高、韧性好、耐冲击、易加工等优点,还具有良好的绝缘性能、抗腐蚀性能、耐低温性能和表面着色性能等,在家用电器、车辆装备工业、玩具工业等领域有着广泛的应用。日本、美国、西欧在车辆装备上使用的 ABS 占其总耗量的 20%～30%。耐热 ABS 通常用于制造空调出风口、散热器格栅等耐热部件;消光 ABS 是对材料进行改造,选用片状或针状、粒度大的填料,提高制品表面粗糙度,使光线散射,达到消光的目的,可用于制造方向盘、中控仪表盘等对光线敏感的部件;电镀级 ABS 具有一定的橡胶含量,通过改性以提高其极性,主要应用在散热格栅、标识等部件上。

ABS 材料不透明、无毒、无味、吸水率低,具有高光泽度,抗化学药品腐蚀性也很强,比较适用于成形加工和机械加工,如图 8-11 所示。ABS 材料同其他材料的结合性好,易于表面印刷、涂层和镀层处理,如表面喷镀金属、电镀、焊接、热压和黏结等二次加工。ABS 树脂是目前产量最大,应用最广泛的聚合物之一,它将 PB、PAN、PS 的各种性能优点有机地结合起来,兼具有韧、硬、刚相均衡的优良力学性能。

图 8-11　ABS 材料

2. PC 材料

PC 材料即聚碳酸酯,是 20 世界 50 年代末期发展起来的无色高透明度的热塑性工程塑料,热变形温度 135℃,具备工程塑料的所有特性:高强度、耐高温、抗冲击、抗弯曲。PC 材料是一种综合性能优良的工程塑料,其抗冲击强度是工程塑料中最高的,可用于制备飞机挡风板、透明仪表等,也是制备 CD 光盘的原料。PC 材料的成形收缩率小,尺寸稳定性高,适于制备精密仪器中的齿轮、照相机零件、医疗器械的零部件。PC 材料还具有良好的电绝缘性,是制备电容器的优良材料。PC 材料耐高温性好,可反复消毒使用,便于制造一些生物医用材料。使用 PC 材料制作的零件可以直接装配使用,主要应用于交通工具及家电行业。3D 打印的 PC 艺术品及模型如图 8-12 和图 8-13 所示。

在发达国家,PC 材料在电子电气、车辆装备制造业中使用的比例为 40%～50%。目前,中国迅速发展的支柱产业有电子电气和车辆装备制造业,未来这些领域对 PC 材料的需求量是巨大的。因而,PC 材料在这些领域的应用是极有拓展潜力的。

3. PLA 材料

PLA(聚乳酸)是一种新型的生物降解材料,使用可再生的植物资源(如玉米)所提取的淀粉原料制备而成。PLA 材料因其卓越的加工性能和生物降解性能,成为目前市面上所有 FDM 技术的桌面型 3D 打印机最常使用的材料。PLA 材料具有快速降解性、良好的热塑性、机械加工性、生物相容性及较低的溶体强度等优异性能,由它打印的模型更易塑型,表面光泽,色彩艳丽。PLA 材料在 3D 打印过程中不会像 ABS 塑料线材那样释放出刺鼻的气味,PLA 变形率小,耗材仅是 ABS 的 1/10~1/5。PLA 材料 3D 打印出的产品强度高,韧性好,线径精准,色泽均匀,熔点稳定。

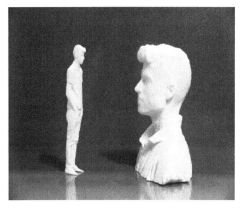
图 8-12　3D 打印的 PC 艺术品

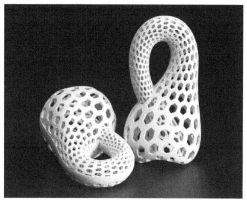
图 8-13　3D 打印的 PC 模型

PLA 材料具有很好的生物相容性,进入生物体内后可以降解成乳酸,通过代谢排出体外,因而生物医药行业是 PLA 材料最早开展应用的领域。同时,PLA 材料也是 3D 打印在生物医用领域最具开发前景的材料。PLA 材料对人体的安全性高并可被组织吸收,加之其优良的物理力学性能,可应用在生物医学的诸多领域,如一次性输液工具、免拆性手术缝合线、药物缓解包装剂、人造骨骼内固定材料、组织修复材料、人造皮肤等。传统血管支架通常由记忆金属编制而成,通过血管植入人体设定的位置后,自动撑开,承担扩张血管通道的使命,然而金属支架无法降解,除非人为将支架取出,否则它将永远留在体内,由此带来的组织增生等并发症和因长久停留对人体造成的影响很大。使用 PLA 作为 3D 打印材料,利用其良好的生物相容性、可降解性和材料自身的记忆功能,打印的心脏支架可有效克服上述缺点。目前,高分子量的 PLA 材料有非常高的力学性能,在欧美等已用来代替不锈钢,作为新型骨科内固定材料而被大量使用,其可被人体吸收代谢的特性使病人免受二次开刀之苦。

采用 3D 打印技术利用 PLA 材料制备接骨板等生物医用材料也屡见报道。近年来,我国 PLA 材料在 3D 打印领域的应用实例较多。例如,在下颌骨接骨牵引术中,使用 PLA 材料通过 3D 打印技术制备了接骨导板,指导术中接骨及牵张器的安置;在口内镜路下颌升支垂直截骨术中,个体化接骨导板曾用 3D 打印技术制造出来,用于治疗下颌前突;3D 打印制作的眶颧复合体骨折复位导板,用于骨折复位,结果显示骨折复位良好,与对侧保持了较好的对称性。3D 打印的 PLA 螺栓和螺母及柠檬榨汁机如图 8-14 和图 8-15 所示。

图 8-14　3D 打印的 PLA 螺栓和螺母

图 8-15　3D 打印的 PLA 柠檬榨汁机

4. 光敏树脂

光敏树脂是感光性的液态树脂,主要由光引发剂、预聚体、稀释剂及少量添加剂组成,在一定波长的紫外光照射下立刻引起聚合反应完成固化。光敏树脂一般为液态,主要应用于立体光固化成形(SLA)技术,用于制作高强度、耐高温、防水等制品。国外对于光敏树脂的研制、开发、生产,已形成系列产品,而我国对 3D 打印用光敏树脂的研究较少,且开发出树脂的固化质量不高,制作的零件精度低,力学性能不好,毒性较大。

目前,用于 SLA 工艺商品化的光敏树脂材料主要有以下四大系列。

1) Vantico 公司的 SL 系列

Vantico 公司的 SL 系列中的材料呈现乳白色,质感好,强度佳,但韧性小,小而薄的零件要特别注意脆性断裂。

2) 3D Systems 公司的 ACCURA 系列

该系列光敏树脂主要包括用于 SLA Viper SI2 系统和 SLA7000 系统的 SI10、SI20、SI30、SI40 Nd 等。SI10 具有强度高、耐潮性等特点,在不影响速率的情况下可以成形精确、高质量的部件,适用于熔模铸造;SI20 抗磨损性较好,具有令人满意的产能及耐潮湿性,在按扣装配塑料复合模应用上是比较理想的原料;SI30 具有高延展性并带有适中硬度,具备卓越的精细特征制作能力,黏度低容易清洗;SI40 Nd 有着与 ABS 工程塑料、尼龙 66 相似的强度,既耐高温又有韧性,能被钻孔,可以用螺纹和螺栓连接。

3) Ciba 公司生产的 CilatoolSL 系列

CilatoolSL 系列有以下新型号:用于 SLA-350 系统的 CilatoolSL-5510,这种树脂可以达到较高的成形速率和较好的防潮性能,还有较好的成形精度;

CilatoolSL-5210 主要用于要求防热、防湿的环境,如水下作业条件。

4）杜邦(DSM)公司的 SOMOS 系列

DSM SOMOS ProtoTherm 14120 光敏树脂是 SOMOS 系列较新的产品,用于 SLA 成形系统的高速成形,能制作具有高强度、耐高温、防水等功能的零件。用此材料制作的零部件外观呈现为乳白色,与其他耐高温 SLA 材料不同的是,此材料经过后期高温加热后,拉伸强度明显增大,同时断裂伸长率仍然保持良好。这些性能使得此材料能够理想地应用于汽车及航空等领域需要耐高温的重要部件上。

SOMOS 8120 也是 SOMOS 系列重要的产品,其性能类似于聚乙烯和聚丙烯,特别适合制作功能零件,也有很好的防潮防水性能。除此之外,一直处于陶瓷 3D 打印技术最前沿的美国 Tethon 3D 公司近日推出的 Porcelite 材料,是一种结合了陶瓷材料的光敏树脂,是陶瓷材料与光敏树脂结合的复合材料;因此,它既可以像其他光敏树脂一样,在 SLA 打印机中通过 UV 光固化工艺成形,而在 3D 打印出来之后,又可以像陶坯那样放进窑炉里通过高温煅烧变成 100%的瓷器。最重要的是,这样处理之后的成品不仅具备瓷器所特有的表面光泽度,而且还保持着光固化 3D 打印所赋予的高分辨率细节。

光敏树脂材料是一种崭新的材料,与一般固化材料相比,具有固化快、无须加热、无须配制等优点,但该类树脂在固化过程中会发生收缩,通常体收缩率约为 10%,线收缩率约为 3%。从分子学角度来说,光敏树脂的固化过程是从短的小分子体向长链大分子聚合体转变的过程,其分子结构发生很大变化,因此固化过程中的收缩是必然的;另外,该类树脂材料虽然符合环保指标,但在储藏和使用过程中都有强烈的刺鼻气味挥发,对工作条件有一定的影响。

5. 橡胶材料

普通的橡胶制品大部分使用单一的混合材料,为了满足橡胶在 3D 打印技术的要求,需要使用各种配合剂和填充剂,同时还需要经过硫化工艺来获得改善的物理力学性能、物理化学性能。目前,3D 打印技术已成功打印出球靴、衣服等橡胶制品,比较适合于要求防滑或柔软表面的应用领域,如消费类电子产品、医疗设备、汽车内饰和服装等行业。

8.1.4 复合材料

复合材料是由两种或两种以上不同性质的材料通过物理或化学的方法,在宏观(微观)上组成具有新性能的材料,主要有玻璃纤维、碳纤维、硼纤维、芳纶纤维、碳化硅纤维、石棉纤维等。由于复合材料具有重量轻、强度高、加工成形方便、弹性优良、耐化学腐蚀和耐候性好等特点,已逐步取代木材及金属合金,广泛应用于航空航天、车辆装备、电子电气、建筑等领域,在近几年取得了飞速的发展。

复合材料的基体材料分为金属和非金属两大类。常用的金属基体有铝、镁、铜、钛及其合金,非金属基体主要有合成树脂、橡胶、陶瓷、石墨、碳等。碳纤维与环氧树脂复合的材料,其比强度和比模量均比钢和铝合金强数倍,还具有优良的化学稳定性、减磨耐磨、自润滑、耐热、耐疲劳、耐蠕变、消声、电绝缘等性能。图8-16所示为3D打印的复合材料部件。

图8-16 3D打印的复合材料部件

1. 多功能纳米复合材料

3D打印技术为多功能纳米复合材料的发展带来了新的机遇。3D打印是一种通过逐层打印制造复杂三维物体的新技术,纳米复合材料可借助3D打印技术设计零件尺寸来更好地控制材料的性能。纳米材料的添加可改变和提升纳米复合材料的功能,包括改变材料的热传导和电传导梯度,提高强度和减轻重量。目前,主要的纳米填料包括氧化石墨烯纳米线、多壁碳纳米管(Multi-Walled Carbon Nanotube,MWCNT)等。

1)压电式纳米高分子复合材料

将钛酸钡($BaTiO_3$,BTO)纳米颗粒溶解在光敏聚合物溶液中,如聚乙二醇二丙烯酸酯(PEGDA)、聚甲基丙烯酸甲酯(PMMA)、聚二甲基硅氧烷(PDMS)溶液,可以得到压电聚合物。为了增加复合材料的结合强度,BTO纳米颗粒经过化学改性接枝丙烯酸。有研究结果证明:经过化学改性后,当其中的BTO纳米颗粒质量分数为10%,高分子复合材料的压电系数约为44C/N,是不含未改性BTO纳米颗粒复合材料的10倍以上,比含未改性BTO纳米颗粒复合材料的压电系数高出2倍以上,这种多功能纳米复合材料可大大提高材料的机械应力传导效率。3D打印为制造压电聚合物提供了一种新方法,为提高压电聚合材料性能打下基础。

2)石墨烯复合材料

石墨烯复合材料通过一系列处理,可以得到不同组分的石墨烯-ABS(C-ABS)复合材料以及石墨烯-聚乳酸(C-PLA)复合材料。这些石墨烯复合材料拉挤成直径为1.75mm的线材可用于3D打印制造。有研究结果证明:当石墨烯质量分数超过5.6%时,C-ABS不能顺利从打印机喷嘴挤出,这是因为石墨烯聚集在ABS中分散不均匀堵塞喷嘴所致;C-PLA的最佳打印条件是石墨烯的质量分数为0.8%。

3)PLA/MWCNT导电纳米三维结构材料

PLA/MWCNT导电纳米三维结构材料可以利用液相沉积成形(Liquid Deposition Molding,LDM)与普通桌面式3D打印机相结合的方式制备得到。有研究结果表明:相比较原始聚乳酸基质复合材料,PLA/MWCNT导电率显著增加。当多壁碳纳米管质量分数高于5%时,复合材料电导率在10~100S/m范围内。基于普通桌面3D打印机与联合LDM制备的导电纳米复合材料,使合成复杂三维结构的导电功能材料变得简单、可行。

2. 纤维增强复合材料

目前,纤维增强复合材料中只有热塑性线材被用作熔融沉积成形(FDM)的原料,包括丙烯腈-丁二烯-苯乙烯共聚物(ABS)、聚碳酸酯(PC)、聚乳酸(PLA)、尼龙(PA),或者是其中任意两种的混合物。FDM制造的纯热塑性塑料产品存在强度不足、功能不全以及承载能力弱的缺点,严重限制了FDM的广泛应用。一种有效的方法就是向热塑性材料中添加增强材料(如碳纤维),形成碳纤维增强复合材料(Carbon Fiber Reinforced Plastic,CFRP)。在碳纤维增强复合材料中,碳纤维的作用是支持负载,热塑性塑料基质可以用于结合、保护纤维并转移负载到增强纤维上。如今,热塑性基体纤维复合材料广泛应用在飞机机身、车辆装备零部件、风机叶片和医疗内窥镜等产品中。

丙烯腈-丁二烯-苯乙烯共聚物(ABS)已经成为FDM技术广泛使用的材料之一,但ABS聚合物普遍存在强度低和硬度小的缺陷。为了克服这一缺陷,不同的改性剂加入ABS聚合物能改变ABS性能,如短玻璃纤维、增塑剂和增容剂。玻璃纤维能显著改善ABS线材的强度,但会使材料的柔韧性变差,变得不易操作;加入增韧剂和增容剂,发现添加玻璃纤维的ABS线材的柔韧性和可操作性得到改善,最后将复合材料挤丝,产品变得易于成形。

3. 金属填料复合材料

FDM工艺操作的基本原则为成系列材料的成形,包括金属填料复合材料提供了巨大的可能性,并且在成形过程中新材料能根据所需的尺寸、强度和特性随时调整生产出喂料丝。由于FDM成形过程对喂料丝的特殊要求,金属填料复合材料面临着挑战。目前,一些大学和研究机构正开展金属填料复合材料在FDM

中的应用研究,致力于开发出力学性能更好的金属填料复合材料。

将具有独特制动和感应特性的离子聚合物——金属复合材料(Ionic Polymer Metal Composite,IPMC)通过3D打印创造出电活性高聚物材料,可应用于软机器人和仿生系统中。将挤出的前驱体材料(非酸的Nation前体树脂)转化为热塑线材,再根据所需的软聚合物结构逐层打印。这种创新的熔融沉积成形的IPMC驱动器可与采用市售的Nation片材制得的IPMC相媲美。相比两种驱动器,创新性功能3D打印的IPMC显示出巨大潜能和可行性。

FDM可以成形金属/聚合物制造出新的复合材料,将ABS与铜粉和铁粉混合,改变金属粉末的质量百分比,研究发现:随着金属颗粒质量含量增加,ABS-Cu和ABS-Fe复合材料的拉伸应力和应变都下降;另外,随着Cu含量增加,ABS-Cu复合线材的热导率升高。ABS复合材料热导率的提高解决了其在打印制品上的限制,说明ABS-Cu复合材料是可以大规模适用于3D打印领域的。

4. 高分子合金

FDM技术可以将ABS表面接枝聚乙二醇二甲基丙烯酸酯(PEGMA)进行改性,使其呈现不透水性、亲水性和生物相容性。红外光谱分析表明,PEGMA的接枝程度正比于PEGMA单体在接枝溶液中的量,20(vol)的PEGMA接枝率最佳;接枝后的ABS表面接触角从原来的77降低到40,并且其与ABS的黏附减少。原子显微镜测试结果清楚地表明,表面经丙酮处理的ABS材料更有利于PEGMA接枝,并能增加表面亲水性和生物相容性。

传统意义上,硬质或刚性高的材料只能实现有限的变形,软质和刚度低的材料只有软段完全变形才能实现大的形变。由形状记忆合金(Shape Memory Alloy,SMA)、ABS、PDMS集成复合,可以得到智能软复合材料(Smart Soft Composite,SSC),这种材料显示出光敏材料与柔顺材料的特性,可实现大的变形以及面内、弯曲、扭曲的耦合变形。而3D打印可制造各向异性的SSC材料,利用材料各向异性的特点,在促动器作用下复杂的大变形可在软变形结构处发生。

3D打印复合材料的研究应用不仅赋予了材料多功能性,而且拓宽了3D打印技术的应用领域,加快了在生物医疗、科学研究、产品模型、建筑设计、工业制造以及食品产业等多领域发展的进程。通过与多功能纳米材料、纤维、无机材料、金属材料以及高分子材料复合改性,可有效提高3D打印复合材料的力学性能、热性能以及生物特性等。

8.2 3D打印材料在车辆装备战场抢修中的典型应用

8.2.1 车辆装备零部件分析

目前,3D打印技术在车辆装备制造的应用主要集中在动力总成、底盘系统、内饰和外饰4个方面。

1. 动力总成

利用3D打印技术制作概念模型和功能性原型,能够帮助车辆装备设计师和工程师在产品研发初期验证离合器以及其他发动机部件的设计。

2. 底盘系统

3D打印在车辆装备底盘系统研发生产过程中的典型应用是生产、组装工具以及功能测试。

3. 内饰

3D打印可以一次性打印多种具备不同机械特性的材料,这种特点被制造商广泛应用到车辆装备内饰部件的产品设计及研发阶段的评估中,包括仪表板、空调排气扇、方向盘、车辆装备操纵杆等多种材料和工艺组成的零件,都可利用3D打印实现原型制造。

4. 外饰

车辆装备行业领军企业运用3D打印技术,设计工装夹具、定型部件和制作功能原型,简化车辆装备外饰的生产周期,减轻车辆装备制造工具的重量,降低车辆装备外饰部件,包括保险杠、挡泥板、车灯和车辆装备徽标等生产成本。

目前,国外已有汽车零部件企业通过3D打印技术制作缸体、缸盖、变速器齿轮等产品用于研发使用。美国福特汽车公司已经运用3D打印技术生产许多零部件,包括福特CMAX和福特福星混合动力车的转子、阻尼器外壳和变速器、福特翼虎复合动力车使用EcoBoost四气缸发动机和福特2011版探险家的刹车片,日本的小岩公司已经能使用3D打印机制造涡轮增压器等。

8.2.2 PC材料的应用

PC合金塑料是最适用于车辆装备内饰件的材料,这是因为PC合金塑料具有优异的耐热性、耐冲击性和刚性,以及良好的加工流动性。PC/ABS合金的热变形温度为110~135℃,完全满足车辆装备室外炎热天气的停放要求。PC/ABS合金有良好的涂饰性和覆盖膜的黏附性,因而用PC/ABS合金制成的仪表板无须进行表面预处理,可以直接喷涂软质面漆或覆涂PCV膜。PC/ABS合金塑料还可以用来制造车辆装备仪表板周围部件、防冻板、车门把手、引流板、托架、转向柱护套、装饰板、空调系统配件等车辆装备零部件。

适用于 PC 材料的成形技术是 FDM 打印技术。FDM/FFF 的工作原理是将丝状热熔性材料加热融化,通过微细喷嘴喷出,沉积在制作面板或者前一层固化的材料上,层层堆积形成最终需要的产品。FDM 工艺的主要优点是工艺设备价格低廉,操作技术门槛很低,打印材料价格便宜且容易制备,技术改进升级难度相对较小,图 8-17 所示为 FDM 打印机打印工作流程。

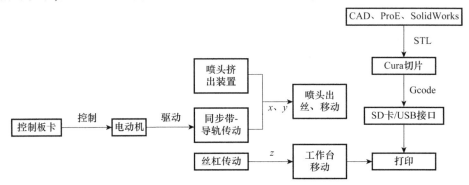

图 8-17　FDM 打印机打印工作流程(SolidWorks)

目前,高分子合金技术的应用几乎渗透到所有的材料领域,从其发展趋势来看,还需要深入探索高效的共混技术,开发新的相容剂品种。

8.2.3　ABS 和 PLA 材料的应用

ABS 和 PLA 是桌面 3D 打印机所使用的两种主流线材,同属热塑性塑料,加热后会变软,冷却后会快速变硬,适用于熔融沉积成形 3D 打印。由于采用桌面 3D 打印机,这两种材料制作精度要求一般,表面有丝状纹理。ABS 和 PLA 材料呈现多种颜色,但单个成形零件颜色受制于喷头,只能为一种或两种颜色。FDM 适用于对精度和表面质量要求不高的产品,优点是打印成本低廉。

ABS 是一种具有良好硬度特性的塑料,是一种石化产品,回收再利用比较容易,相对于 PLA 材料,ABS 产品的后期处理更容易。作为 3D 打印的构建材料,ABS 更适合对硬度要求较高或者对弹性有要求的小型产品。使用 ABS 打印,部件一般不超过 $100mm^2$,因为 ABS 冷却时非常容易收缩,打印大的部件时,部件的几何构型容易发生卷翘等形变,打印熔融时会产生刺鼻气味。PLA 作为构建材料,适用于所有大小的打印产品。在 50℃ 以下环境的稳定性为 20 年,但是 PLA 材料的后期加工难度比 ABS 高。

聚乳酸(PLA)是一种对环境影响较低的热敏性硬塑料。它不是石化产品,而是一种可再生资源(淀粉类)的衍生物,是一种较为新型环保的塑料,有非常好的打印特质,打印熔融时不会产生 ABS 那样刺鼻的气味,打印出来的产品硬度和强度都很好。在自然情况下 PLA 是透明的,加入色彩后打印出来的效果往往色彩明亮,光泽度良好。

3D 打印 ABS 材料与 PLA 材料的区别:3D 打印采用 PLA 材料时基本无气味,采用 ABS 材料会有轻微的刺激性不良气味。PLA 可以在不需要加热的情况下打印大型零件模型而不翘边。在温度要求上,PLA 为 190~250℃,ABS 在 230℃以上。在性能方面,PLA 具有较低的收缩率,即使打印较大尺寸的模型也表现良好;较低的熔体强度,打印模型更容易塑形,表面光泽性优异。在结构上,PLA 是晶体,ABS 是非晶体。当加热时,ABS 会慢慢转换成凝胶液体,没有状态改变。PLA 像冰冻的水一样,直接从固体到液体。因为没有相变,ABS 材料不会吸附喷嘴的热能,而 PLA 材料由于晶体吸热发生相变,线材变粗,会使喷嘴堵塞的风险增大。因此,与熔融沉积成形 3D 打印常用的 ABS 材料相比,PLA 材料具有很多明显的优势,PLA 材料在熔融沉积成形 3D 打印中得到越来越多的青睐与使用。

PLA 和 ABS 两种材料一般用于车辆装备的内饰件。车辆装备内饰对材料的要求是具备吸振性能好、耐磨性好等特点,以满足安全、舒适、美观为目的,内饰用的主要材料品种有聚氨酯(PU)、聚丙烯(PP)、聚氯乙烯(PVC)、ABS、PLA 等。内饰塑料制品主要有坐垫、仪表板、扶手、门内衬板、控制箱、转向盘等。用 PLA 材料做成的车辆装备车身及内饰等零部件,可以降低车辆行驶及车辆制造时的环境载荷。

3D 打印 PLA 材料的成形工艺通常是熔融沉积成形,要求直径为 1.75mm 或 3mm 的 PLA 丝材,因此 PLA 原材料需要经过一系列的工艺处理才可适用于 3D 打印。

图 8-18 所示为 3D 打印 PLA 材料的成形工艺,其包括以下 4 个步骤:

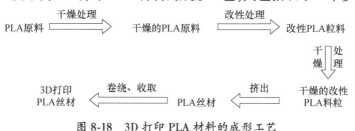

图 8-18 3D 打印 PLA 材料的成形工艺

(1)PLA 原料干燥处理。PLA 是一种易吸水的热塑性材料,水分的存在会导致 PLA 在加热过程中发生水解反应,从而改变 PLA 的熔体流动性和结晶速率,降低力学性能。因此,3D打印PLA材料成形工艺的第一步是将PLA原料进行干燥处理,防止PLA水解。

(2)PLA原料改性。PLA具有强度高、生物相容性好、绿色环保等优点,适合室内使用,有利于熔融沉积成形3D打印机的家用化,PLA也存在诸如熔体强度低、韧性差等缺点导致成形困难。未经改性的PLA塑料丝在打印过程中会因熔体强度下降而产生漏料,从而影响打印件的表面质量。因此,干燥的PLA原料通常需要进行改性处理。

(3)改性后的PLA料粒再次干燥处理,避免水分对材料的影响。

(4)挤丝。将干燥的改性PLA料粒通过3D打印耗材挤出机挤成直径为1.75mm或3mm的PLA丝材,用塑料线盆卷绕收取,最终得到熔融沉积成形3D打印PLA丝材。

8.2.4 金属钢和钛的应用

在美国陆军作战能力发展司令部的陆军研究试验室,材料科学家使用钢合金AF96粉末打印超高强度的复杂几何形状。该钢合金最初是由美国空军利用粉末床熔合工艺开发的,这是一种新的3D打印技术。与使用液体黏合剂将建筑材料的颗粒黏合在一起的喷射3D打印不同,粉末床熔合技术使用电子束作为熔化的能量源选择性地将粉末熔化成形。这种钢合金是一种超强特种材料,具有惊人的品质,强度和硬度极高。对于地面的战车来说,这种材料无疑会大大地增强它的作战能力。

钛是一种重要的结构金属。纯钛是银白色的金属,化学性质比较活泼,强度接近普通钢的强度,具有许多优良的性状。钛合金是以钛为基础加入其他元素构成的合金,钛合金的密度仅为钢的60%,因此钛合金的比强度远大于其他金属结构材料,可制造出单位强度高、刚性好、质量小的零部件。钛及钛合金制造的车辆装备部件可以达到节油、降低发动机噪声以及提高使用寿命的作用。

英国的一家公司利用钛金属粉末成功打印了叶轮和涡轮增压器等车辆装备零件。轮胎制造商HRE的Additive AddWorks团队开发了第一款3D打印钛金属轮。使用3D打印生产的轮子仅占传统锻造工艺所用材料总量的5%,而使用传统锻造技术产生的废弃物则高达80%。当车轮采用传统的锻造方法时,大部分材料经过加工都浪费了,因为它们不能以相同的方式重复使用。由于钛具有明显优于铝的强度、重量指标以及耐腐蚀性,因此它是车轮的理想材料。但钛材料价格昂贵,制造相同的车轮,钛锻造要比传统方法成本高。3D打印建模为HRE设计人员带来了新的自由度,因为其不必担心悬伸、工具深度和腔体。尺寸限制意味着车轮辐条以多个部件印刷,然后连接到未印刷的碳纤维轮毂上。

Arcam 的电子束熔化是最耗能的增材制造技术之一,该过程在高温真空下进行,消除应力产生的部件,其性能优于铸造金属,实际上与锻造金属相当。强大的电子束迅速将部件的横截面熔化到粉末金属床(在这种情况下为钛)上,每层横截面都有一层新粉末扫过建筑区域,通过梁将每层横截面烧结到前一层横截面,横梁可以保持多个熔池。部件打印完成后最终埋在粉末中,然后将粉末吹干净,所有未烧结的粉末都是可重复使用的。

8.2.5 其他材料的应用

石墨纤维与树脂复合可得到热膨胀系数几乎为零的材料。纤维增强材料另一个特点是各向异性,因此,可按制件不同部位的强度要求设计纤维的排列。以碳纤维和碳化硅纤维增强的铝基复合材料,在 500℃ 时仍能保持足够的强度和模量。碳化硅纤维与钛复合,不仅耐热性提高,而且耐磨损,可用作发动机风扇叶片。碳化硅纤维与陶瓷复合,使用温度可达 1500℃,比超合金涡轮叶片的使用温度(1100℃)高得多。非金属基复合材料由于密度小,用于车辆装备可减轻重量、提高速度、节约能源。用碳纤维和玻璃纤维混合制成的复合材料弹簧片,其刚度和承载能力与重量大 5 倍多的钢片弹簧相当。

8.3 车辆装备战场抢修 3D 打印材料的应用发展

8.3.1 3D 打印材料应用展望

1. 金属材料

金属材料力学性能优良、机械强度高,是车辆装备典型部件的主要用材。3D 打印制造的金属零部件质量轻、硬度大、耐磨性强、耐蚀性好、物理化学性能优异。常用金属材料钛合金的 3D 打印零部件的力学性能较传统工艺钛合金锻造件有所提高,如疲劳极限提高 1.5 倍,抗裂纹扩展能力提高 2 倍,耐高温寿命提高 4 倍。目前,3D 打印的金属材料主要有 316、304 不锈钢,Incone1625、690、718,镍基高温合金,H13 工具钢 Ti-6Al-4V 钛合金,以及镍铝金属间化合物等。金属零件 3D 打印机经常利用电子束、激光、等离子弧和电弧等能源制造与修复气缸套、过滤器件、油箱等金属零部件。随着 3D 打印机的不断升级,金属材料在零件修理方面的应用会越来越广。

2. 陶瓷材料

陶瓷材料强度高、硬度大、绝缘性好、耐腐蚀性强,经常应用于车辆装备关键部件,如发动机、柴油机转子、滚柱轴承等。适合 3D 打印的陶瓷材料有 Si_3N_4、

SiC、Al_2O_3、AlN、ZrO_2 等修复和制造发送机活塞、活塞环、气缸套、气门座、气门挺杆、预燃烧室等部件。近年来，新型纳米陶瓷材料应用于 3D 打印，打印制造出的零部件具有极强的超塑特性，解决了陶瓷材料韧性不够的缺点。

3. 高分子材料

高分子材料因其质量小、耐腐蚀、经济性好等特点在车辆装备零部件中大量应用。目前，3D 打印的高分子材料主要有 ABS、PC、PLA、人造橡胶、尼龙玻纤以及 PA66 加玻纤的增强塑料等。低气味 ABS 材料中的小分子不易挥发到空气中，主要用于生产车辆装备的门板、仪表板饰框、手套箱、中控仪表板等内饰面积大、暴露在空气中的部件。PC 材料具有良好的抗冲击性能，硬度高、耐热畸变性能和耐候性好，因此用于生产轻型运输车的各种零件，如保险杠、照明系统、仪表板、除霜器、加热板等。尼龙材料可以用来制造和修复各种油管、气管、水管、阀门、齿轮、轴承、压力调节器等树脂零部件。

4. 复合材料

由于复合材料具有特殊的振动阻尼特性，可减振和降低噪声，抗疲劳性能好，损伤后易修理，便于整体成形，故可用于制造车辆装备车体、受力构件、传动轴、发动机架及其内部构件。碳化硅纤维与钛复合，不但钛的耐热性提高，而且耐磨损，可用作发动机风扇叶片。碳化硅纤维与陶瓷复合，使用温度可达 1500℃，比超合金涡轮叶片的使用温度（1100℃）高得多。非金属复合材料由于密度小，用于车辆装备可减轻重量、提高速度、节约能源。用碳纤维和玻璃纤维混合制成的复合材料弹簧片，其刚度和承载能力与重量大 5 倍多的钢片弹簧相当。

8.3.2 3D 打印材料发展举措

3D 打印材料是 3D 打印技术发展的重要物质基础，也是当前制约 3D 打印发展的瓶颈，在某种程度上，打印材料的发展决定着 3D 打印在车辆装备战场抢修中能否有更广泛的应用和发展。因此，需要采取举措突破 3D 打印材料的制约和瓶颈。

1. 加强抢修条件下 3D 打印材料标准的制定

抢修条件下，3D 打印材料标准的制定决定着 3D 打印材料的发展质量、效率、速度和空间，可以提高 3D 打印材料性能以满足生产需要，是 3D 打印材料发展的重中之重。建立并完善战场抢修条件下 3D 打印材料技术标准体系，提升标准技术水平，完善标准审核制度，是实现 3D 打印材料行业标准审核的制度化和常态化的重要手段，也是打印材料的稳定性和可靠性发展的重要保证。

2. 根据战场抢修特点研发高性能材料

战场抢修的特点是时间紧迫、维修任务重、操作环境恶劣，对 3D 打印材料的成形时间、便携性、性能都提出了很高的要求。根据战场抢修特点,开展高性能3D打印材料的研发与应用,加大3D打印材料的研发投入,充分发挥军队科研机构的科研优势,加强与企业的交流合作,尽快研发出高性能的3D打印材料。

3. 推动3D打印材料在车辆装备领域的应用

鉴于3D打印材料对生产产品的专用性,在完成打印材料的可靠性验证的前提下,通过加强3D打印材料与车辆装备领域产品的交流合作,推动3D打印在车辆装备领域规模化生产,可以带动打印材料的应用,降低材料成本。应加强3D打印材料生产企业与车辆装备生产商的交流合作,以车辆装备需求为导向,形成"材料—制造—装备—应用"协同发展的生产模式,推动3D打印材料在车辆装备领域的应用。

4. 建立健全3D打印材料数据库

3D打印材料数据库可以准确地收集打印材料的性能,如强度、硬度、韧性、变形温度等。分析现有车辆装备各典型部件所用材料的性能,找到相应的3D打印材料,在紧急情况下,如战场环境,可以使用相应的3D打印材料打印出破损的部件,进行换件修理。建立健全3D打印材料数据库需要专门的机构,收集整理现有的3D打印材料数据,对新研发的3D打印材料进行测试、记录,使得3D打印材料数据库逐步完善。

5. 提高3D打印材料的供给保障能力

目前,我国很多高性能的3D打印材料还主要依靠进口,加强3D打印材料的供给保障能力是3D打印材料在战场抢修中应用不可缺少的环节。应充分发挥政府的引导调控功能,通过减免税收等政策优惠,吸引优秀企业加入3D打印材料生产领域,扶持国内3D打印材料企业的成长和壮大,逐步降低对高性能关键材料的进口依赖,提高国内3D打印材料的供给保障能力。

第 9 章　车辆装备战场抢修 3D 打印系统构建技术

随着制造业的迅速发展,3D 打印的概念不仅仅停留在工业设计阶段,在越来越多的领域已经实现了应用。3D 打印技术在军事装备的应急维修保障领域同样拥有良好的发展前景,其广泛应用必将给未来的装备保障体系带来革命性的变化,因此,构建车辆装备战场抢修 3D 打印系统就显得尤为迫切和重要。

9.1　车辆装备战场抢修 3D 打印系统可行性

战场抢修与普通维修是不同的,战场抢修通常是通过应急诊断和修复技术,迅速对装备进行评估并根据要求快速修复损伤部位,使装备能够完成某项预定任务或实施自救撤出战场。考虑战场环境的复杂性与战场抢修的目的,需要从打印项目、打印方式、抢修方法、战场(野战)条件上分析 3D 打印系统的可行性。

9.1.1　打印项目的可行性

1. 3D 打印适合制造部分零部件

通常情况下,个别零部件存在需求量大、易受损、不便于携带等特点,战时车辆武器装备更易损伤、故障率高,而 3D 打印能解决这类问题,能制造以下特点的零部件:

(1) 不易损,平时不携带的器材。
(2) 携带但不通用。
(3) 故障率高,备件需求量大。
(4) 占空比大。
(5) 异形件,工艺复杂,按破损尺寸和形状定制。

2. 3D 打印是定制维修工具的一种方式

战场环境下,维修工作难免会遇到维修工具准备不到位的情况。利用 3D 打印技术,战场一线维修人员可根据预先准备的图纸,现场打印维修所需的维修工具或设备,必要时还可由后方设计人员根据前线维修需求临时设计新的维修工具和设备,再利用前线部署的 3D 打印机制造定制的维修工具。

3. 3D打印可以快速制造车辆毁伤部件,减少备件等待时间

在未来信息化高技术战争中,战场上如果需要更换毁损部件,采用3D打印设备直接在战场上把所需要的部件制造出来,装配后重新投入战场,使毁伤的武器装备得到再生,避免出现装备某个零部件出现故障却无法维修的窘境。

考虑战场抢修的要求,可以适当降低维修的标准,保证车辆装备能够完成作战任务或实现短时间工作,打印装备可以灵活多样,通过简化结构或使用替代材料来降低打印时间,提高抢修效率。

9.1.2 打印方式的可行性

按照3D打印系统的位置是否固定,打印可以分为固定式打印和移动式打印两种。

1. 固定式打印

将3D打印系统固定在后方维修基地进行定点打印保障,或安装于抢修车上,进行伴随保障或巡回修理。

2. 移动式打印

当车辆损坏时,有些损坏部件不宜拆卸,则可在不解体损坏件的情况下,采用可以移动的自由臂打印,在车辆损坏的现场打印修补损坏部位。

9.1.3 抢修方法的可行性

车辆装备战损后,应当按照流程进行评估,如图9-1所示。

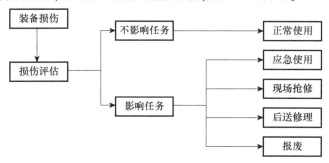

图9-1 战场损伤及评估流程

评估装备损伤,若损伤不影响装备执行当前任务,不予以抢修,正常使用。若损伤影响装备执行当前任务,则需要进行修复。按照损伤程度,可以依次采取应急使用、现场抢修、后送修理和报废4种处理方式。

若装备损伤程度不高,能够带伤使用、降额使用、改变操作方式和冒险使用,则可以进行临时的应急使用。例如,车辆轮胎漏气(不严重)、外壳、驾驶室、车

厢损坏等不影响执行任务的,若情况紧急可继续带伤使用,推迟维修;或者发动机启动系统损坏(如蓄电池、发动机等),无法启动发动机,则可采用手摇柄或推车、牵引等方式启动;或者采用减速行驶、降低装载量、不连接分动器等方式临时使用。

若装备损伤程度较高,不具备应急使用条件,而且可以通过一些快速抢修方式现场抢修的装备,则进行现场应急抢修。现场抢修中换件修理是优先采用的方法,但是当没有备件或条件不允许时,可以按照维修工作由易到难、资源消耗由少到多、抢修时间由短到长的顺序,依次选择切换、切除、重构、拆拼、替代、原件修复、制配的方式予以抢修。

若装备不能通过现场抢修使其恢复任务功能,则需要后送到后方维修基地予以修理。若装备损伤程度较重且不具备修复价值的,则直接现场报废处理。

因此,通过上述分析可知,在现有的抢修方式中,3D 打印技术在以下方面大有用途。

1. 现场抢修的换件修理

在现场抢修中,最优先使用的是换件修理。在战场上,能否获取备件往往成为制约抢修效率的关键因素,传统的备件供应方式是从工厂到现场,其供应链之长往往成为敌方打击的重点,也成为部队机动性的沉重负担,同时车辆零部件众多,数量庞大,很难保证备件的充足性及完备性。3D 打印技术则有望解决这一问题,将 3D 打印系统部署在战场前线,随时根据需求打印损坏备件,再更换使用,不仅缩减所携带零部件的规模,还能缩短后勤供应链,有助于提高抢修效率,提高部队机动性。

2. 现场抢修中的重构

重构是指系统损伤后利用抢修器材或方便物资重新构成能完成其基本功能的系统,如杆类零件折断后的焊修、表面裂纹的黏结、焊修、管类零件的修复。利用 3D 打印系统,可以对折断、裂纹等进行原位修复,也可以现场打印更换损坏部分,如现场打印一段油管替换破损段。

3. 现场抢修中的原件修复

原件修复即利用在现场上实用的手段恢复损伤单元的功能或部分功能,以保证装备完成当前任务或自救,如黏结、封堵、喷涂等。3D 打印系统可以打印完整的器材,也可以采用重构的方式打印破损段,完成原件修复。

4. 现场抢修中的制配

制配(即自制)元器件和零部件,分为按图制配、按原件(品)制配、无样件(品)制配等。利用 3D 打印系统,可以对破损件进行现场制配。对于有三维数据的部件,则可以按照三维数据进行原件打印制配;对于没有三维数据的部件,则可以利用3D打印系统中的三维扫描系统快速扫描原件,通过逆向工程获取三维数据再进行打印;对于没有三维数据的部件,还可以利用三维设计软件现场设计后再进行打印。值得注意的是,由于战场上时间因素的约束,可以简化损伤部件设计,只保留元器件和零部件的主要功能。

5. 后送修理

在后方保障机构配置3D打印系统,对战场上后送的损坏件进行打印和更换。

3D打印在战场抢修中具有非常重要的地位和作用,随着3D打印技术的发展,这种优势会越来越明显。

9.1.4 战场(野战)条件的可行性

3D打印可以在战场条件下通过伴随保障、巡回修理、驻地维修和远程维修等方式发挥作用。

1. 伴随保障

将3D打印机安装在抢修车上伴随转场,当车辆装备出现故障或损坏时,视情打印元器件或零部件,然后进行换件或维修。

2. 巡回修理

在两车一组的巡回修理中,可在修理车或保养车上安装一台3D打印机,当配件不足或不匹配时,可采用3D打印进行维修。

3. 驻地维修

对于后送的战损装备,当配件储存量不足或有特殊件损坏不易维修时,可使用3D打印系统打印配件。

4. 远程维修

与远程诊断相结合,采用前方诊断、数据传回、后方打印配件、配送配件提供远程维修保障。

9.2 车辆装备战场抢修3D打印系统构建方法

车辆装备战场抢修3D打印系统是战场环境下运用3D打印技术实现战场抢修的重要物质基础,下面从系统构建的基本原则、原理与方法进行阐述。

9.2.1 系统的基本概念及原理

9.2.1.1 系统的概念

"系统"这个名词最早出现于古希腊语中,原意是指事物中共性部分和每一事物应占据的位置,也就是部分组成整体的意思。"系统"的拉丁语表达为"systema",是"在一起""放置"的意思,很久以前就用来表示群体、集合的概念。但作为一个科学概念,20 世纪以来科学技术发展的结果,才使它的内涵逐步明确起来。

系统是由两个以上有机联系、相互作用的要素所组成,具有特定功能、结构和环境的整体。车辆装备战场抢修 3D 打印系统就是将与 3D 打印相关的硬件、软件及其控制系统组合在一起,满足车辆装备在战场复杂情况下能够快速得到维修的一种系统。

9.2.1.2 系统的结构和功能

各种系统的具体结构是大不一样的,许多系统的结构是很复杂的。从一般的意义上说,系统的结构可以用公式表示为

$$S=\{E,R\} \text{ 或者 } \{E\mid R\}$$

式中:S 表示系统;E 表示要素的集合;R 表示由集合 E 产生的各种关系的集合。由公式可知,作为一个系统,必须同时包括要素的集合及其关系的集合,两者缺一不可。

各种系统的具体功能有很大差异,从一般意义上讲,系统的功能包括接受外界的输入物质、能量、信息等,在系统内部完成处理和转换(加工、组装),向外界输出产品、人才、成果等,如图 9-2 所示。

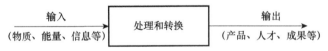

图 9-2 系统的功能

9.2.1.3 3D 打印系统的基本要素

系统用数学语言可以用一个五元组来表示:

$$\{S,R,J,G,H\}$$

式中:$S=\{s_i,i=1,2,\cdots,n\}$ 表示系统要素集合;R 表示系统间的关系集合;J 表示由具体的要素和关系决定的系统结构;G 表示系统功能;H 表示系统的环境。

从这个五元组可以看出,要构建一个 3D 打印系统,不是把它的各要素 $s_i(i=1,2,\cdots,n)$ 简单地相加,而是把各要素有机地组织起来,即 3D 打印系统必须含有系统的要素、系统的环境、系统的结构、系统的功能 4 个基本要点。

9.2.2 车辆装备战场抢修3D打印系统构建的基本原则

在系统构建时,通常要遵循以下4个原则:

(1)系统的结构性。根据系统的层次性,一个系统是由许多子系统组成的。

(2)信息的相关性。在构建的系统中一般只应包括系统中与业务目的有关的信息。

(3)信息的准确性。在构建系统时,对所收集的信息还要考虑其准确性。

(4)系统的集结性。构建系统时还要考虑实体划分的粒度,即系统的集结程度。

9.2.3 车辆装备战场抢修3D打印系统构建的原理与方法

9.2.3.1 系统构建的结构形式

系统的结构具有不同的形式,系统的并列与层次结构是系统结构的普遍形式。并列系统是系统下属的子系统,是为了完成系统的共同目的而协同配合的;层次结构既包括结构上的层次性,又包括功能上的层次性,各层次都有其自身的最佳规模,可以按照系统中各要素联系的方式、系统运动规律的类似性等特点来划分。

为了保证车辆装备战场抢修3D打印系统,既能发挥其最大的工作性能满足战场复杂环境的紧迫性,又能简化工作程序满足应对车辆维修的及时性,车辆装备战场抢修3D打印系统采取并列和层次并存的结构形式组成。

9.2.3.2 系统构建的控制方法

系统的结构形式确定后,为了全面处理各分系统的相互作用,需通过控制调节让系统整体最优。只有选择合适的控制系统,才能使系统达到整体上的步调一致,充分发挥系统功能,实现系统的总目标。结构控制系统主要有集中控制系统、分散控制系统、等级结构控制系统,车辆装备战场抢修3D打印系统采用集中控制系统中的集中分解-协调结构控制系统,结构如图9-3所示。

集中的分解-协调的结构形式,是指一个大系统分解为各个分系统,由一个控制中心来协调各个分系统的关系。它能高度集中地对分系统进行协调,但是也有一定的缺点,若过分集中系统缺乏灵活性,对于结构复杂的大系统,其协调、控制的可靠性难以保证。

因此,针对战场环境的复杂性,车辆装备战场抢修3D打印系统将在集中的分解-协调控制系统结构的框架下,不会过分集中各分系统,将根据实际情况对个别分系统实行分散控制,提高系统的可靠性。

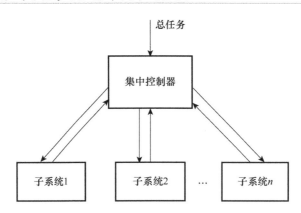

图 9-3 集中的分解——协调结构

9.2.3.3 系统的基本组成

车辆装备战场抢修 3D 打印系统由控制器、信息传输装置、组成分系统的硬件和软件组成。控制器对各个分系统集中控制,信息传输和处理系统用于各个分系统间以及总系统和分系统间的信息传输。

9.2.3.4 硬件及其工作原理

车辆装备战场抢修 3D 打印系统主要的硬件包括 3D 扫描仪、3D 打印机、3D 打印材料和载具。

1. 3D 扫描仪

3D 扫描仪采用一种集结构光技术、相位测量技术、计算机视觉技术于一体的复合三维非接触式测量技术,又称为"三维结构光扫描仪"。这种测量技术可以对物体进行照相测量,照相测量类似于照相机对视野内的物体拍照,照相机只摄取物体的二维图像。3D 扫描仪获得的是物体的三维信息,能同时测量几个面。测量时光栅投影装置照射数幅特定编码的结构光到待测物体上,成一定夹角的两个摄像头同步采得相应图像,然后对图像进行解码和相位计算,并利用匹配技术、三角形测量原理,解算出两个摄像机公共视区内像素点的三维坐标,工作原理如图 9-4 所示。

现在较为先进的扫描技术是结构光式的 3D 扫描。和激光线式的 3D 扫描一样,结构光也属于主动式测量方法,利用投影或者光栅同时向物体的一个表面投射多条光线来完成该面的外形信息的采集,这样就可以只对物体的几个面进行扫描,获得整个物体的外形三维信息,这种扫描的一个最大特点就是快速。

2. 3D 打印机

3D 打印机是可以"打印"出真实 3D 物体的一种设备,功能上与激光成形技术一样,采用分层加工、叠加成形,即通过逐层增加材料来生成 3D 实体,与传统的减材制造加工技术完全不同,3D 打印机具有速度快、价格便宜、高易用性等优点。

第9章 车辆装备战场抢修3D打印系统构建技术

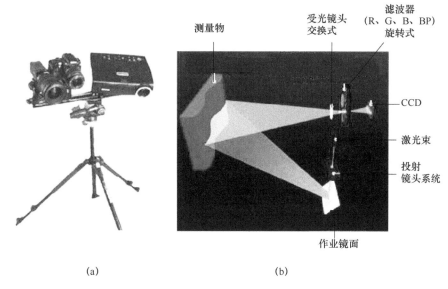

图 9-4 3D 扫描仪的工作原理

3D打印机的工作原理:首先在电脑上设计一个完整的三维立体模型(也称为计算机辅助性设计),然后把胶体或粉末等"打印材料"装入打印机,再将打印机与电脑相连接,通过电脑控制把"打印材料"和三维立体模型一层层地叠加,最终把计算机上的蓝图变成实物。这种通过连续的物理层创建出三维对象的3D打印技术是叠加式制造工序的一种形式,与传统的叠加式制造工序相比,具有速度快、价格便宜等优点。打印设备软件可以读取大部分的3D文件格式数据。这种软件的作用就是将数据传输至3D打印设备,从而控制印刷头的移动与材料输出。在3D打印设备工作时,塑性模型材料细丝与可溶性支撑材料加热至半液体状态,然后通过挤压头输出,精确地沉积成极其细微的分层。分层的厚度范围在 0.005~0.013 英寸(即 0.127~0.33mm),具体数值取决于打印设备性能。

印刷头只沿水平方向或垂直方向移动,模型与支撑材料将自下而上地构造,压盘根据实际情况上下移动。在构造模型时,有了支撑材料的承托,模型的悬挂部分能够顺利完成材料沉积。支撑材料还有助于构造结构复杂的模型,如嵌套结构以及具有移动部件的多重组件。打印工作完成后,可以将模型置于水中,支撑材料将会自行溶解,还可以为模型涂上颜料,或者进行其他处理。每层的打印过程分为两步:首先在需要成形的区域喷洒一层特殊胶水,胶水液滴本身很小且不易扩散;其次是喷撒一层均匀的粉末,粉末遇到胶水会迅速固化黏结,而没有胶水的区域仍保持松散状态。这样在一层胶水一层粉末的交替叠加下,实体模型将会"打印"成形,打印完毕后只要扫除松散的粉末即可"刨"出模型,剩余粉末还可循环利用。

目前,3D打印机的技术原理主要分为熔融沉积成形、烧结和熔融、高分子聚合和聚合物喷射技术(PolyJet)等,根据打印材料和打印方式的不同,3D打印机可分为熔融沉积原理的打印机、高分子聚合反应原理的打印机、熔融和烧结原理的打印机三种。

3. 3D打印材料

目前,3D打印材料主要包括ABS塑料、PLA塑料、工程塑料、光敏树脂、橡胶类材料、金属材料和陶瓷材料等。

1) ABS塑料

ABS塑料是目前产量最大,应用最广泛的聚合物,它将PS、SAN、BS的各种性能有机地统一起来,兼有韧、硬、刚的特性。ABS是丙烯腈、丁二烯和苯乙烯的三元共聚物,A代表丙烯腈,B代表丁二烯,S代表苯乙烯。

ABS塑料一般是不透明的,外观呈浅象牙色,无毒、无味,有极好的冲击强度、尺寸稳定性好、电性能、耐磨性、抗化学药品性、染色性、成形加工和机械加工都比较好。

2) PLA塑料

PLA(聚乳酸)是一种新型的生物降解材料,使用可再生的植物资源(如玉米)所提出的淀粉原料制成。聚乳酸的相容性、可降解性、力学性能和物理性能良好,适用于吹塑、热塑等各种加工方法,加工方便,应用十分广泛。同时,也拥有良好的光泽性、透明度、抗拉强度及延展度。

PLA和ABS材料可以制作的物品多种多样,有很多交集。因此,从普通产品本身很难判断,对比观察ABS为亚光,而PLA很光亮。加热到195℃,PLA可以顺畅挤出,ABS不可以。加热到220℃,ABS可以顺畅挤出,PLA会出现鼓起的气泡,甚至被炭化。炭化会堵住喷嘴,非常危险。

3) 工程塑料

工程塑料是指用作工业零件或者外壳材料的工业用塑料。相比其他材料,兼有强度、耐冲击性、抗老化、硬度等多种性能兼顾的优点。它也是目前3D打印中应用最为广泛的材料。常见的工程塑料种类包括工业ABS材料、PC类材料、尼龙类材料等。

4) 光敏树脂

光敏树脂是由聚合物单体与预聚体组成的,具有良好的液体流动性和瞬间光固化特性,液态光敏树脂成为高精度制品打印的首选材料。光敏树脂因具有较快的固化速度,表干性能优异,成形后产品外观平滑,可呈现透明至半透明磨砂状。

尤其是光敏树脂具有低气味、低刺激性成分,非常适合个人桌面3D打印系统。

常见的光敏树脂有 SOMOS NEXT 材料、树脂 SOMOS 11122 材料、SOMOS 19120 材料和环氧树脂。

5) 橡胶类材料

橡胶类材料具备多种级别弹性材料的特征,这些材料所具备的硬度、断裂伸长率、抗撕裂强度和拉伸强度,使其非常适合于要求防滑或柔软表面的应用领域。3D打印的橡胶类产品主要有消费类电子产品、医疗设备,以及汽车内饰、轮胎、垫片等。

6) 金属材料

3D打印所使用的金属粉末一般要求纯净度高、球形度好、粒径分布窄、氧含量低。目前,应用于3D打印的金属粉末材料主要有钛合金、钴铬合金、不锈钢和铝合金材料等,此外,还有用于打印首饰用的金、银等贵金属粉末材料。

7) 陶瓷材料

陶瓷材料具有高强度、高硬度、耐高温、低密度、化学稳定性好、耐腐蚀等优异特性,在航空航天、汽车、生物等行业有着广泛的应用。3D打印的陶瓷制品不透水、耐热(可达600℃)、可回收、无毒,但其强度不高,可作为理想的炊具、餐具(杯、碗、盘子、蛋杯和杯垫)和烛台、瓷砖、花瓶、艺术品等家居装饰材料。

陶瓷材料硬而脆的特点使其加工成形尤其困难,特别是复杂陶瓷件需通过模具来成形。模具加工成本高、开发周期长,难以满足产品不断更新的需求。

4. 载具

载具采用某型维修方舱为模型的汽车修理车。

9.2.3.5 软件及其工作原理

目前,3D打印市场存在着各种各样的3D打印应用软件,3D打印技术也逐渐成为当今智能化发展的一个重要领域,一些公司正不断开发和升级3D打印软件。按功能主要分为3D建模软件和模型切片软件。

1. 3D建模软件

目前,市场上流行的3D建模软件主要有 3DS Max、UG、ProE 和 SolidWorks,建模软件的功能要不仅能建立三维模型,而且能输出 STL 格式文件。SolidWorks 软件是世界上第一个 Windows 系统开发的三维 CAD 系统,其技术创新符合 CAD 技术的发展潮流和趋势,具有功能强大、组件繁多、易学易用等优点,已成为领先的主流三维 CAD 解决方案。从实用性和操作性角度考虑,车辆装备战场抢修 3D打印系统选用 SolidWorks 为建模软件。

2. 模型切片软件

切片处理是快速成形软件系统的关键内容之一。目前,常用的切片软件按照其数据来源可分为基于 STL 数据模型的切片和基于 CAD 精确模型的直接切片两大类。

1)基于 STL 数据模型的切片

STL(Stereolithography)数据格式是由 3D Systems 公司于 1988 年制定的,类似于有限元网格划分,用一系列小三角形平面逼近自由曲面,从而近似表示原 CAD 模型,用于从 CAD 系统到 3D 打印系统的数据交换。每个三角形由三个顶点坐标和一个法矢量(Normal Vector)来描述。三角形大小可选,三角形面片(Triangle Facets)划分得越小,对实体的表面逼近精度就越高。因 STL 数据格式简单,在数据处理上较为方便,所以目前广泛采用的大多数 CAD 系统都提供了 STL 文件接口。

2)基于 CAD 精确模型的直接切片

基于 CAD 精确模型的直接切片(Direct Slicing)所处理的对象来自 CAD 系统的三维精确模型,该方法可以避免由于 STL 格式的局限性带来的缺陷,如精度低、数据量相对较大及自身的算法等。但是,大型复杂 CAD 模型由于切片耗时过长,而且各类 CAD 系统之间的相互兼容性问题导致该类切片软件通用性差,所以目前直接切片方法还在广泛研究中。

车辆装备战场抢修 3D 打印系统在 3D 打印建模时,通常采用 STL 数据格式文件。基于 STL 模型切片算法的基本思路是在计算每层的截面轮廓时,先分析各个三角面片和切片平面的位置关系,若相交则求交线。求出模型与该切片平面的所有交线后,再将各段交线有序地连接起来,得到模型在该层的截面轮廓。运用这种方法计算每层轮廓时,要遍历所有的面片,其中可能绝大多数三角面片与切片平面不相交,查找效率很低。对与切片平面相交的每条边都要求两次交点,运算量较大。另外,在每层对计算的所有交线排序也是个费时的过程。因此,很多研究者提出了多种改善措施,对 STL 模型先做预处理再做切片处理,可以极大提高切片的效率。这样的预处理方法主要有两类思路:一类是基于几何拓扑信息提取的切片算法,即先建立 STL 模型的几何拓扑信息,然后再切片处理;另一类是基于三角面片几何特征的切片算法,即先对三角面片按照一定的规则排序,然后再进行切片处理。

车辆装备战场抢修 3D 打印系统采用的是第一类切片算法,工作原理为 STL 数据是没有模型的几何拓扑信息,因此在算法中要先建立,如通过三角形网格的点表、边表和面表来建立 STL 模型的整体拓扑信息,在此基础上实现快速切片。在此类算法的求解过程中,对于一个切片平面 Z_i,首先计算第一个与该切片平面相交的三角面片 T_1,得到交点坐标;然后根据局部邻接信息找到相邻的三角面片并求出交点,依次追踪直至回到 T_1,并得到一条有向封闭的轮廓环。重复上述过程,直到所有轮廓环计算完毕,并最终得到该层完整的截面轮廓。

9.3 车辆装备战场抢修3D打印系统组成

根据3D打印的流程,车辆装备战场抢修3D打印系统可划分多个子系统,即装备零部件模型获取系统、模型数据处理系统、多功能打印系统、精加工系统、载具系统,如图9-5所示。

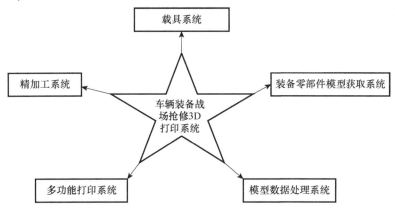

图 9-5　车辆装备战场抢修3D打印系统组成

9.3.1　装备零部件模型获取系统

装备零部件模型获取系统主要是获取车辆装备零部件的三维立体模型和STL格式文件,模型的获取有两种方式:一种是用3D扫描仪扫描零部件,另一种是通过SolidWorks等绘图软件绘制零部件的模型。为了满足战场环境下修复车辆装备的紧迫性,快速得到损坏零件的3D模型,平时可收集积累车辆装备部件的3D模型到数据库,战时用3D扫描仪和SolidWorks等绘图软件得到的3D模型补充到数据库,不断完善数据库的存储信息,在紧急情况下直接调用数据库的模型,减少现场扫描或者制作模型的环节,提高车辆装备的抢修效率。装备零部件模型获取系统功能示意图如图9-6所示。

9.3.2　模型数据处理系统

模型数据处理系统主要是用来处理车辆装备零部件的3D模型,先对3D模型切片分层处理,再根据其中的3D数据,自动生成满足实际需求的打印方案,其功能示意图如图9-7所示。

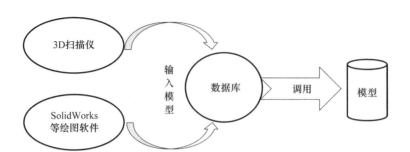

图 9-6 装备零部件模型获取系统功能示意图

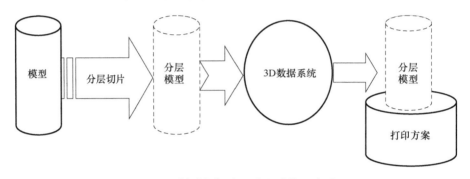

图 9-7 模型数据处理系统功能示意图

1. 分层切片算法

3D 打印机通常逐层打印零部件,所以需要对目标零部件的 3D 模型预先分层切片处理,分层切片处理是要获取三维模型在某一平面上的轮廓信息。目前,常用 STL 格式文件对目标零部件三维模型存储,并且 STL 文件是保存若干三角形面片来趋近模型表面,所以计算切割平面与 STL 文件中三角形边的交点,即可获取轮廓信息。Cura 软件是当前市场上的主流切片软件,一般情况下,CuraEngine 切片处理分为以下 5 个步骤。

1)模型载入

CuraEngine 用三角形组合来表示模型,不过同样一个三角形组合,却有多种数据结构来存储。CuraEngine 切片的第一步,就是从外部读入模型数据,转换成 CuraEngine 内部数据结构所表示的三角形组合。除了三角形组合,CuraEngine 在载入模型阶段还要对三角形进行关联。若两个三角形共有一条边,则它们为相邻三角形,一个三角形有三条边,最多有三个相邻三角形。一般而言,如果模型是封闭的,那么它的每一个三角形都会有三个相邻三角形。有了三角形的相邻关系,可以大幅提高分层过程的处理速度。Cura 之所以成为当前市场上切片速度最快的软件,这就是其中最显著的优化之一。

2) 分层

如果把模型放在 XY 平面上，Z 轴对应的就是模型高度。把 X 平面抬高一定高度，与模型表面相交，就可以得到模型在这个高度上的切片。分层是每隔一定高度用一个 XY 平面去和模型相交做切片，层与层之间的距离称为层高。全部层高切完后就可以得到模型在每个层上的轮廓线。分层本质就是将 3D 模型离散为一系列 2D 平面的过程，自此之后的所有操作都基于 2D 图形。

3) 划分组件

3D 模型经过分层之后，便可得到一系列 2D 平面图形。接下来需要遍历每一层的平面图形，标记出外墙、内墙、填充、上下表面、支撑等。3D 打印在每一层都是以组件为单位的，组件是指每一层 2D 平面图形里可以连通的区域。在 2D 平面图形里，打印的顺序是打印完一个组件，再打印距离前一个组件最近的一个组件，如此循环，直至该层的组件全部打印完成。一层打印完成后，模型会沿 Z 轴上升，重复上述步骤，打印下一层的所有组件。

打印组件时先打边线再对内部填充。边线可以打印多圈，最外层圈边线称为外墙，其他的统称为内墙，CuraEngine 之所以区分内外墙，是为了给它们定制不同的打印参数，以便更容易观察到外墙，所以采用低速以提高表面质量；内墙只是起增加强度的作用，可以稍稍加快打印速度以节省时间。这些都可以在 Cura 界面的"高级选项"进行配置。CuraEngine 在处理过程中大量用到了 2D 图形运算操作。CuraEngine 首先把整个打印空间在 XY 平面上分成 $20\mu m \times 20\mu m$ 的网格。每个网格的中心点再沿 Z 轴向上作一条直线，这条直线可能会与组成 3D 模型的三角形相交。三角形与直线的交点及这个三角形的倾斜度会记录到网格里面。Cura 界面的"专家设置"中有支撑角度的设置，如果某个点处于模型悬空部分以下，并且悬空点倾斜度大于支撑角度，那这个点就是需要支撑的。将一个平台上所有需要支撑的点连接起来，围成的 2D 图形就是支撑区域。CuraEngine 所使用的支撑算法比较粗糙，但速度很快。

4) 路径生成

路径按大类可以分为轮廓和填充两种。轮廓很简单，沿着 2D 图形的边线走一圈即可。第 3) 步所生成的外墙、内墙都属于轮廓，可以直接把它们的图形通过"设置"中的线宽转换为轮廓路径。填充则稍微复杂一些，2D 图形指定的只是填充的边界，而路径是在边界范围内的条纹或网格结构，就像窗帘或者渔网，这两种就是最基本的结构，还可采用其他花式填充，如蜂窝状或者 S 形，这些在 Cura 或者其他切片软件里也可能会出现。

CuraEngine 在"专家设置"中可以选择填充类型，除了条纹和网格，还有一个自动选项，默认值是"自动"，自动模式会根据当前的填充率进行切换，当填充率小于20%时用条纹填充,否则用网格填充。虽然网格结构更为合理,但它存在一个问题,就是交点的地方会打印两次。填充率越高,交点越密,对打印质量的影响也会越大。众所周知,表面就是100%的填充,如果表面用网格打印,不但无法打印密实,还会坑坑洼洼,所以100%填充只能用条纹打印,这就是CuraEngine推荐自动模式的原因。至于填充率,就反映在线与线的间距上。100%填充率间距为0,0%填充率间距无限大,一根线条也不会有。每个组件独立的路径生成后,还要确定打印的先后顺序。选好顺序,打印速度和质量都会有明显提升。

路径的顺序以先近后远为基本原则:每打印完一条路径,当前位置则为前一条路径的终点。在当前还没打印的路径中挑选起点离当前位置最近的一条路径,路径的起点可以是路径中的任意一个点,程序会自行判断。而路径的终点有两种可能:对于直线,图形只有两个点,终点就是除起点之外的那个点;对于轮廓,终点就是起点,因为轮廓是一个封闭图形,从它的起点开始沿任意方向走一圈,最后还会回到起点。CuraEngine对路径选择做了个估值,除了考虑先近后远,还顺便参考下一个点相对于当前点的方向,它的物理意义就是减少喷头转弯。

5) Gcode 生成

生成路径后,需要翻译成打印设备可识别的 Gcode 格式。首先让打印机做一些准备工作:归零、喷头和平台加热、抬高喷头、挤一小段丝、设置风扇。然后从下到上逐层打印,每层打印之前先用 G_0 抬高 Z 坐标到相应位置,按照路径,每个点生成一条 Gcode。其中空走 G_0,边挤边走用 G_1,Cura 软件界面的设置选项中有丝材的直径、线宽,可以算出走这些距离需要挤出多少材料;G_0 和 G_1 的速度也都在设置里可以调整。若需回抽(Retraction),用 G_1 生成一条 e 轴倒退的代码。在下一条 G_1 执行之前,再用 G_1 生成一条相应的 e 轴前进的代码。所有层都打完后让打印机做一些收尾工作:关闭加热、xy 归零、电机释放。在生成 Gcode 的过程中,CuraEngine 也会模拟一遍打印过程,用来计算打印所需要的时间和打印材料的长度。

2. 数据提取

3D 数据系统用于 3D 打印的项目清单,包括零部件的名称编号、三维模型和打印方案。打印时将 3D 打印机连接到 3D 数据系统,在 3D 数据系统中选取零部件进行打印。也可以构建一个 3D 数据系统云盘,在具备网络连接功能的车辆装备中可从 3D 数据系统云盘中打印。

9.3.3 多功能打印系统

由于装备零部件种类和材质繁多,必须根据种类或类型确定零部件的打印方式,多功能打印系统根据不同零部件的打印材料和打印方式选择不同的 3D 打印机,设置三种打印系统即激光金属 3D 打印系统、金属弧焊 3D 打印系统、高分子材料 3D 打印系统。多功能打印系统的功能示意图如图 9-8 所示。

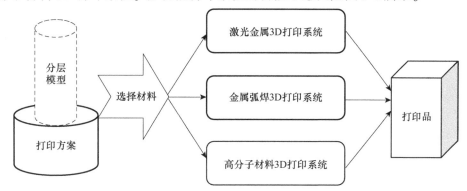

图 9-8　多功能打印系统的功能示意图

1. 激光金属 3D 打印系统

激光金属 3D 打印系统可以对精度要求较高的小型零件进行精确修复和直接成形,如齿轮及齿轮轴等零件,修复时必须控制热输入量不能过大,热输入量过大会致使热影响区越大,产生内应力越大。激光金属 3D 打印系统采用小光斑进行熔覆,热输入量小,热影响区小,产生内应力小,修复零件的变形小,同时小光斑也有利于提高修复或直接打印成形的精度。

2. 金属弧焊 3D 打印系统

金属弧焊 3D 打印系统可以对大型零部件进行修复或直接成形。金属弧焊 3D 打印系统具有较高的打印效率,但如果热输入量较大,易产生较大内应力,修复或成形的变形要大于小光斑激光修复或成形的变形。金属弧焊 3D 打印系统适合修复或成形精度要求不高的零部件,如坦克主驱动齿轮、坦克轮带导向齿等,其效率较高,能快速完成修复,使装备迅速投入战场之中。

3. 高分子材料 3D 打印系统

高分子材料 3D 打印系统可以对塑料及类橡胶件直接打印,武器装备种类众多,高分子材料零件如塑料件或橡胶件不可或缺,采用高分子材料 3D 打印系统在野外现场可直接成形的高分子材料零件,如油壶、密封圈、密封垫等零件。

9.3.4　精加工系统

由多功能打印系统直接打印出来的打印品并不能完全符合车辆装备实际需求的工作标准,需要对打印品精加工,使打印品满足实际应用的强度、硬度、抗弯曲、抗腐蚀等条件。

近年来,随着汽车和模具工业的技术进步,零件的结构和形状越来越复杂,材料越来越难加工,传统的金属切削加工方法受到严峻的挑战。为了使打印品能够在有限的时间内快速达到加工标准,精加工系统采用混合加工的方法对打印品进行精加工,其加工类型如图9-9所示,主要采用新一代的电加工和磨削的混合加工、激光烧结3D打印和铣削混合加工、激光堆焊3D打印和铣削混合加工。

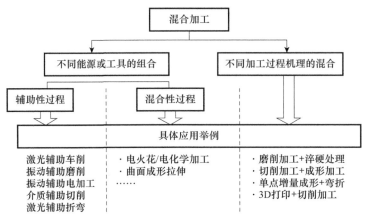

图9-9 混合加工的类型

1. 激光烧结和铣削的混合加工

激光烧结和铣削的混合加工机床借助高速铣削精加工整个零件或其部分表面,以获得高精度和高表面品质。其原理是每打印10层(0.5~2mm)形成一金属薄片后,用高速铣削(主轴45000r/min)对其轮廓精加工一次,再打印10层,再精铣轮廓,不断重复,最终叠加成为高精度、结构复杂的零件,其过程如图9-10所示。

2. 电加工和磨削混合加工

在一台机床上用旋转电极加工PKD/CBN刀具和砂轮磨削硬质合金/高速钢刀具。机床为龙门结构,X、Y、Z轴的移动皆采用直线电机,A、C轴由力矩电机驱动,机床两外侧可分别配置电极/砂轮和刀具工件的交换系统。机床用于加工结构对称而形状复杂的刀具,采用中间皮带驱动的轴,两端可分别安装1~3个旋转电极和砂轮,回转180°切换;采用电主轴时只能在一端安装1~3个旋转电极或砂轮。机床的外观和加工实况如图9-11所示。

3. 激光堆焊和铣削混合加工

颗粒大小为50~200μm的粉末通过激光头中的管道输送到工件表面,与此同时,激光束将金属粉末堆焊在基体材料(工件)的表层,与基体材料结合在一

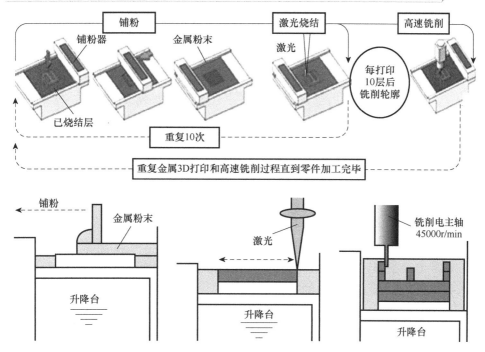

图 9-10 激光烧结和铣削的混合加工过程

图 9-11 电加工和磨削的混合加工的刀具机床

起,中间既无空洞也无裂纹,结合强度很高。在堆焊过程中,同时提供惰性保护气体,避免熔覆的金属氧化。金属层冷却后,即可进行机械加工。LASERTEC653D 激光堆焊头的工作原理和运行实况如图 9-12 所示。

这种混合加工方法的突出优点是允许堆焊多层不同材料。根据选用的激光器与喷嘴几何参数,堆焊的壁厚为 0.1~5mm,能生成复杂的 3D 轮廓和几何形

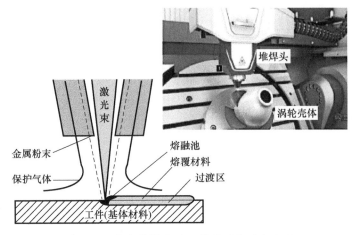

图 9-12 激光堆焊头的工作原理和运行实况

状。零件堆焊成形过程中,激光堆焊和铣削加工可方便地切换和交替进行,能精铣工件成形后刀具无法到达的部分。

9.3.5 载具系统

车辆装备战场抢修 3D 打印系统的构建是在战场环境下的,各个分系统的工作环境也都要面临复杂的战场环境,这就要求载具系统不仅能实现运载,更能满足各个分系统的工作需求以及提供各个分系统可靠的工作环境,最大限度地抵制外界的一切干扰。结合各系统的运行工作特点和影响因素,载具系统需要满足以下要求:

(1)持续的供电能力。由于 3D 打印机不具备断电续打能力,导致其在各种外部环境变化时,都不得不重头开始,严重影响打印效率;不仅是 3D 打印机,各个分系统的运作都需要源源不断的电能供应,才能保持整个系统高效快速的运转。

(2)优良的机动性。战场环境千变万化,任何一辆车辆装备都可能发生故障和损伤,这就要求载具系统在接收车辆装备故障信号时,能够快速抵达事发地,及时抢修车辆装备。

(3)一定的防护性。在战场上,每件装备都有可能遭到意想不到的袭击,包括车辆装备战场抢修 3D 打印系统,作为一个为车辆装备维修的抢修工具,其载具系统必须能够为总系统提供强有力的防护,要有一定的抗打击能力,方能有效地为其他车辆装备提供保障。

(4)维修性和抢修性。载具系统除了能承载车辆装备战场抢修 3D 打印系统及其相关设备,还应承载其他多样性的维修设备,以应对可能出现的故障,并且具有可替代性。

(5)防电磁等信号干扰。现如今的战争是信息化战争,敌方往往会利用电磁波信号干扰我方信息设备,意图瘫痪我军信息系统,这就要求载具系统具有一定的防电磁干扰能力,防止因电磁干扰致系统瘫痪无法完成抢修任务。

(6)防震减震性。战场路况较为复杂,面对崎岖坎坷的路况发生强烈的颠簸极易影响打印程序的进行和打印品的质量,打印机和精加工系统的运行都需要一个平稳的工作台。

9.4 车辆装备战场抢修3D打印系统论证与试验

9.4.1 试验件的选取

试验件选取可以考虑下列原则,可以是其中的一个或多个。

1. 试验件选取的原则

(1)试验件必须是车辆的易损件。零部件是车辆装备的重要功能件,故障或毁伤会影响车辆装备的使用或作战任务,包括自然故障件以及战场的常用易毁伤件,如输油管、皮带等。

(2)试验件的加工工艺复杂,战场条件下实施传统抢修比较困难,借助3D打印可以改进或简化其加工工艺,如进气歧管、散热器等。

(3)大型不易携带的易损件,即占空比较大的易损件。这类零部件不易携带,如果采用现场打印,就需要携带一定的材料,这将大大节省运输空间,从而可以多携带其他备品备件,如油底壳、油箱等。

(4)试验件可以是材料可替代的金属件,故障时可通过暂时使用低强度材料替代,由于金属打印机较大,且打印速度较慢,如果可以采用塑料等材料来替代,便可提升打印的效率,如进气歧管、水管等。

(5)空间要求不高,可改变壁厚的零部件。当零部件所处位置的周围有多余空间时,便可以改变零部件的壁厚,增强打印件的力学性能等。

(6)停产件。已停止生产的零部件可以通过3D打印来实现小批量生产。

2. 试验件的确定

经过论证和可行性分析,结合战场抢修的特点和试验的实际条件,初步拟选择中冷器进气管。

中冷器的进气管的作用是将在涡轮增压器中压缩的高温空气送入中冷器,因此要有一定的耐热性。另外,由于窜缸混合气还原装置中的机油等需要还原至吸气一侧,所以需要一定的耐油性;中冷进气管的常用材质有 AEM、ACM、氟橡胶、硅橡胶等,其结构一般为增强爆破压力,采用芳纶线作为加强层,其实体图如图 9-13 所示。

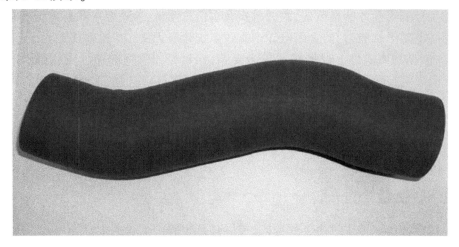

图 9-13　中冷器进气管

9.4.2　试验件打印方案分析论证

利用车辆装备战场抢修 3D 打印系统实施低压水管的抢修,首先要设计 3D 打印系统抢修方案,包括设计抢修方法、选择打印材料、选择打印设备、设置打印参数等。

9.4.2.1　设计抢修方法

中冷器进气管的材料是橡胶,有较高的耐热温度和优良的弹性、拉伸强度,与中冷器的进气口能够比较紧密地配合。考虑中冷器进气管的工作环境,初步拟订以下两种抢修方案:

(1)选取合适的柔性材料打印整个进气管。通过 3D 打印技术加工与原件相同尺寸的进气管,保证能够与中冷器接口相配合。由于打印材料和加工方法的原因,这种方案的成本相对较高。

(2)区分部位选用不同材料打印。与中冷器配合的部分选用柔性材料加工成套筒进气管的主体部分选用满足耐热性能的材料。套筒内径与进气管主体的外径相同,装配时用管箍紧固。这种方案的成本相对较低。

9.4.2.2　选择打印材料

材料性能是进气管最重要的指标,它决定了进气管能否适应复杂的工作环境。材料选择在产品设计中处于极其重要的地位。传统设计中材料的选择主要考虑材料的物理-力学性能、产品的基本性能等因素,往往很少考虑产品与环境的和谐相处问题。因此,传统的材料选择已不能充分满足现代设计的要求。

综合考虑材料的基本性能、使用性能和工艺性能、经济性能和环境性能三大要素,最佳的材料应该是 PLA。

9.4.3 打印设备选择

PLA 材料一般以 FDM 成形方法进行 3D 打印,与 SLA、SLS 等方法相比,FDM 打印技术成形速度快、成本低,打印设备的体积相对较小,而且使用维护简单,非常适用于战场复杂环境。因此,选择基于 FDM 原理的 SoftSmart-40s 型打印机作为打印设备。

9.4.4 车辆装备战场抢修 3D 打印系统的试验

9.4.4.1 试验背景

在某次试验行动中,一辆负责物资运输的模型车辆遭到攻击,发生炮火损伤。经检测,中冷器的进气管破裂,需立即抢修。

9.4.4.2 试验论证

1. 模型获取

利用装备零部件模型获取系统可获得打印件的模型,在已建立模型数据库的基础上,可直接调用损坏部件的模型,若数据库未录入该损坏部件的立体模型,可通过 3D 扫描仪或利用 SolidWorks 等绘图软件现场获得中冷器进气管的模型。考虑战场环境的突发性和复杂性,损坏部件不方便利用 3D 扫描仪扫描,本次试验运用 SolidWorks 现场制作中冷器进气管的模型,如图 9-14 所示。

2. 模型处理

将三维模型输入模型数据处理系统分层处理,把 3D 模型转换成 3D 打印可识别的 STL 文件格式,如图 9-15 所示,调整误差,然后利用分层控制软件 Cura 调整 3D 模型文件的位置和尺寸,选择成形方式并设置相关参数,完成切片处理,生成打印机可以识别的数据文件(如 Gcode 文件),如图 9-16 所示。

3. 实施打印

根据选取的打印材料和损坏件的损坏特点,选择多功能打印系统中的高分子材料打印系统打印,该系统选用哈尔滨工业大学研发的 SoftSmart-40s 型打印机,如图 9-17 所示,该打印机的最小尺寸分辨率是 0.6mm,可以满足中冷器进气管的打印要求。

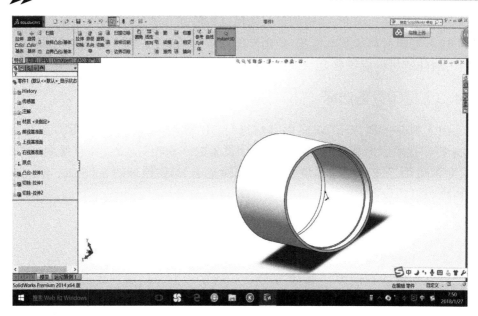

图 9-14　中冷器进气管的三维模型

图 9-15　STL 数据转换过程

第 9 章　车辆装备战场抢修 3D 打印系统构建技术

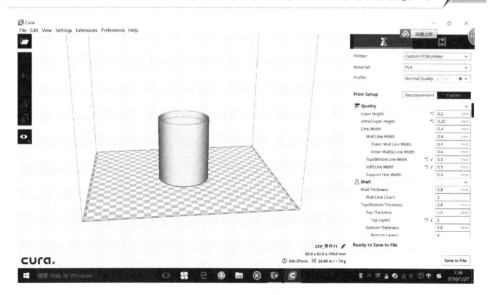

图 9-16　分层切片过程

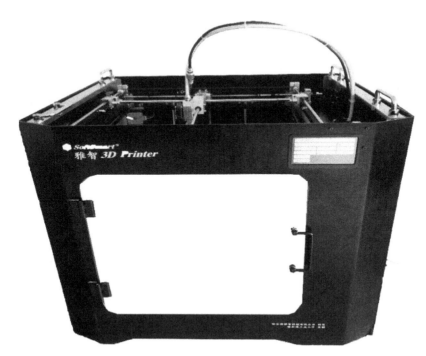

图 9-17　SoftSmart-3 型 3D 打印机

表 9-1　SoftSmart-S 型 3D 打印机规格参数

打印机尺寸	620mm×600mm×850mm
打印机质量	40kg
电源	220V,50Hz,350W
最大成形尺寸	300mm×300mm×300mm
尺寸分辨率(层厚)	0.06~0.25mm
最高实用打印速度	6m/min
最高实用成形流量	30g/h(使用高速打印头)
打印材料	3mm 直径 PLA 线材
操作系统	Windows XP、Windows Vista、Windows 7

按照打印方案,设置打印机的打印温度、分层厚度、填充率等基本参数。

1)打印温度

打印温度与 PLA 材料的基本性能和喷头的相关设置有关。PLA 材料流动性最好的温度范围为 210~225℃,因此,选择打印温度为 220℃。

2)分层厚度

层厚的选择对成品的拉伸强度和打印品质有直接关系,分层厚度越小,成品纵向的拉伸强度越大,结构越致密。一般而言,对于熔融沉积成形技术而言,打印分层厚度的设置值一般为 0.15~0.3mm,不同层厚对打印误差影响也存在差异。综合考虑,选择 0.15mm 的层厚,以保证较高的打印品质。

3)填充率

为了保证打印件结构的稳定性,将填充率设置为 100%。

选取模型文件,3D 打印机主板中固化的软件开始读取文件,并控制逐层打印。

4. 精加工

直接由打印机打印出来的部件并不适合直接代替损坏件,还需进行强度、硬度、抗弯曲等条件的处理和尺寸结构上的配合,将打印件输送到精加工系统中,完成电加工和磨削的混合加工,使打印件满足使用条件。

5. 实车装配

将车辆上损坏的中冷器进气管取下,清洁中冷器的进气口,将配合后的进气管与中冷器的金属口装配,用管箍密封连接部分。试验表明,3D 打印的中冷器进气管工作正常,3D 打印件适用于战场维修,打印件如图 9-18 所示。

图 9-18 中冷器进气管 3D 打印件

9.4.4.3 试验结论

本次 3D 打印系统打印中冷器进气管的试验,证明了 3D 打印件的性能符合使用要求;3D 打印技术在战场抢修中的作用非常明显,尤其是对于异形件和占空比大的零配件来说,使用 3D 打印更加方便。3D 打印技术与传统的战场抢修技术有很强的可融合性。例如,在切换方法中,可以利用 3D 打印技术来制造换件;在重构方法中,利用 3D 打印技术构造零部件等。

但本次试验表明,中冷器进气管的 3D 打印也存在需要改进的地方,以便更好地满足战场抢修的时效性:在使用过程中,中冷器进气管的端部可打印成锥形,以便于安装使用。在野外条件下,3D 打印系统供电不方便,较难保证打印机要求的 500V 电压,需要便携式储电设备,以备不时之需。

第 10 章 车辆装备战场抢修 3D 打印实例验证

低压油管、动力转向油管、气门室罩盖、放油螺塞、中冷器进气管、散热器进水管和齿轮是影响车辆装备行驶的常用重要部件。本章从部件的技术特性和损伤模式出发,提出相应的 3D 打印抢修方案,开展 3D 打印抢修试验,验证战场抢修 3D 打印的可行性。

10.1 低压油管

10.1.1 低压油管技术特性与损伤模式

1. 技术特性

车辆的低压油管包括燃油输油管和部分液压油管,是车辆装备中重要的安全件。车辆运行时对低压管路的压力载荷要求并不高,但随着环保要求的提高及电喷等装置在车辆上的使用,对低压油管的材料特性提出了越来越高的要求。

传统燃油胶管使用内层胶/中间层/外层胶三层结构复合胶管,内层为丁腈橡胶(NBR),中间层以缠绕或编织纤维做骨架,外层为氯丁橡胶(CR)。为改善耐老化性能,外层胶可也用氯磺化聚乙烯橡胶(CSM)。

车辆装备在正常行驶中,燃油胶管的使用温度为 60℃,停车时温度可达 120℃,这就要求油管材料有优秀的耐油性、较高的使用温度及其他综合特性。参考德国 TL-VW52424 标准,低压油管的性能要求如表 10-1 所列。

表 10-1 低压油管 TL-VW52424 标准

性能	胶层	邵氏硬度	断裂伸长率/%	拉伸强度/(N/mm)
原始	内层	介质决定	≥250	≥8
	中间层	68±5	≥250	≥10
	外层	68±5	≥250	≥10
成品性能:爆破压力 ≥7MPa;压缩变形(135℃×22h)≤60%;耐低温性:-25℃×22h 无裂纹;耐臭氧性 200×10,40℃×46h 无裂纹				

2. 损伤模式

在战场环境下,低压油管暴露在车辆装备的外部,一般很少有相应的防护装置,很容易受到弹片、炮火的毁伤而失去工作能力。其损伤模式一般有以下几类:

(1)弯曲。管路在外力作用下发生弯曲变形,会导致输油不通畅而引起供油不足。

(2)压扁。管路受到过应力挤压而被压扁,会导致供油不足或中断。

(3)断裂破损。管路受到弹片、炮火毁伤而发生破损或断裂,会导致漏油现象。

10.1.2 低压油管战时破损3D打印抢修

10.1.2.1 3D打印抢修方案

利用3D打印技术实施低压油管的抢修,首先设计3D打印抢修方案,包括抢修方法、3D模型、打印材料、打印设备及打印参数等。

1. 抢修方法

3D打印技术应用于抢修的优势在于可以根据损伤程度灵活地调整模型尺寸,实现按需订制。结合传统抢修方法,拟定以下两种抢修方法:

(1)对于损伤尺寸相对较长(一般>15cm)的油管,可打印外径与损坏的低压油管外径相同的管件,利用快速接头,将打印管件与破损的低压油管两端固定。

(2)对于损伤尺寸较短(一般≤15cm)的油管损伤,可打印内径与损伤的低压油管外径相同的管件,利用密封胶或采用加热膨胀方式,将打印件与破损的低压油管两端固定。应用此种方法时要注意两点:一是要考虑材料的收缩比,将内径稍减少1mm;二是考虑两端插入的深度,将长度增加约2cm。

低压油管抢修的两种装配方法如图10-1所示。

2. 3D模型

1)三维几何模型设计

采用SolidWorks或其他三维构图软件对油管进行建模,建立相应尺寸的三维模型。油管模型的内径、长度可根据破损管路的尺寸做相应调整,如图10-2所示。

2)切片处理

将3D模型转换成3D打印可识别的STL文件格式,如图10-3所示。调整误差,利用分层控制软件调整3D模型的位置和尺寸,完成切片处理,并生成打印机可以识别的数据文件(如Gcode文件),选择成形方式并设置相关参数。分层

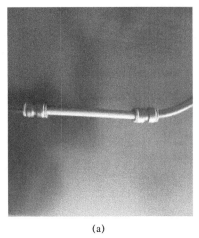
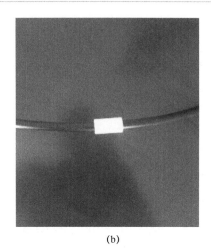

(a)   (b)

图 10-1 低压油管抢修的两种装配方法

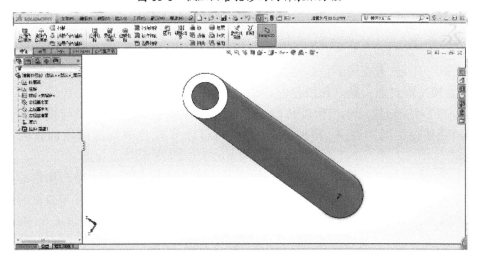

图 10-2 低压油管的三维模型

切片过程如图 10-4 所示。

3. 打印材料

材料性能是低压油管最为重要的指标,决定了低压油管能否适应复杂的工作环境。综合分析现有打印耗材与低压油管的技术特性指标,尼龙、碳纤维、以 PLA 材料为代表的工程塑料都可以作为低压油管的暂时代用材料。

尼龙、碳纤维材料一般是采用激光烧结的成形方法,成本相对较高而且打印设备较为庞大。PLA 材料力学性能及物理性能优异,具有良好的流动性、快速凝固性、热稳定性,加工温度 170~230℃,打印成品成形好、不翘边、外观光滑。因此,综合考虑材料特性以及战场抢修的时效性要求,选择 PLA 材料作为低压油

图 10-3 STL 数据转换过程

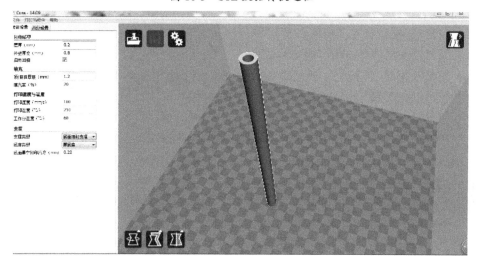

图 10-4 分层切片过程

管 3D 打印抢修的耗材。

4. 打印设备

PLA 材料一般以 FDM 方法进行 3D 打印,与 SLA、SLS 等方法相比,此种打印技术成形速度快、成本低、打印设备的体积相对较小,而且使用维护简单,非常适用于战场复杂环境。因此,选择基于 FDM 原理的 SoftSmart-40s 型打印机作为打印设备。

5. 打印参数

打印过程中的参数设置对打印件的质量影响较大,主要选取成形方向、打印温度、填充率和分层厚度 4 个参数,其他参数对打印精度和质量影响不大。

(1) 成形方向。成形方向的选择对尺寸精度有极大影响,通常成形方向范围为 0°~180°。经过大量简单并具有代表性的试验,在 0°、90°、180°三个方向分别打印,对比结果得到 90°时打印效果最好。所以可直接选择 90°作为油管的标准成形方向。

(2) 打印温度。打印温度与 PLA 材料的基本性能和喷头的相关设置有关。PLA 材料流动性最好的温度范围为 210~225℃,因此选择打印温度为 215℃。

(3) 填充率。打印机的默认值为 20%,为了保证低压油管的使用性能,填充率设为 100%,以保证较好的打印强度。

(4) 分层厚度。分层厚度的选择对成品的拉伸强度和打印品质有直接关系,分层厚度越小,成品纵向的拉伸强度越大,结构越致密。一般而言,对于熔融沉积成形技术而言,打印分层厚度的设置值一般为 0.15~0.3mm,不同层厚对打印误差影响也存在差异,如图 7-3 所示。

综合考虑,选择 0.15mm 的分层厚度以保证较高的打印品质。

10.1.2.2 低压油管 3D 打印抢修试验

某次军事演习行动,一辆负责物资运输的某型车辆遭到埋伏发生损伤,油箱出油管出现破裂漏油情况,亟待抢修。抢修过程如下:

1. 损伤评估

通过战场损伤评估,油管的断裂部分尺寸大约为 100mm,演习现场没有配备相应的替换件及器材,无法按传统的抢修方法进行维修。因此,拟采用抢修车上的 3D 打印机实施抢修,考虑断裂尺寸较小,选取第二种抢修方法。

2. 提取 3D 打印模型

调取第二种抢修方法相应的油管 3D 模型文件,并将其按 12cm 的尺寸予以调整。通过 SD 卡将 Gcode 文件导入 3D 打印机准备实施打印。

3. 实施打印

选取由哈尔滨工业大学研发的 SoftSmart-40s 型打印机,该打印机的最小尺寸分辨率是 0.6mm,可以满足低压油管的打印要求,其规格参数如表 9-1 所列。

按照打印方案中的参数设置,设置打印机的打印温度、分层厚度、填充率等参数,选取模型文件。

4. 打印成品

经过约 30min 的打印,获取了成形的 3D 打印油管,如图 10-5 所示。

5. 实车装配

切除车辆上低压油管的破损部位,清理毛刺,清洁切除处。将打印成品两端套在破损低压油管上使其紧密配合,并用密封胶密封连接部分,如图 10-6 所示。

第 10 章　车辆装备战场抢修 3D 打印实例验证

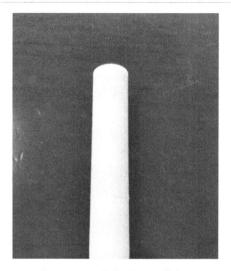

图 10-5　3D 打印低压油管成品

图 10-6　打印件实车安装试验

6. 实车运行

启动车辆并试运行,抢修的低压油管恢复正常供油,经过长时间行驶(从损伤地点回营地),没有发现漏油现象及其他故障,车辆恢复正常。

从上述试验来看,在缺乏抢修备件和器材的情况下,利用 3D 打印技术临时制配,能够有效地完成抢修工作,实现恢复功能的目的。

10.2 动力转向储油罐

10.2.1 动力转向储油罐技术特性与损伤模式

1. 技术特性

动力转向储油罐一般位于车辆前端,不仅经受风吹雨淋和车辆行驶时沙土、泥浆的污染,还要反复循环油液、承受车辆震动。另外,动力转向油液长期循环流动,对动力转向储油罐有锈蚀及腐蚀作用。因此,为保证动力转向储油罐的过滤和储油功能,对动力转向储油罐性能有如下要求:

(1)具有良好的密封性。

(2)具有一定的强度。

(3)具有较强的耐腐蚀性。

(4)具有良好的加工性。

2. 损伤模式

在战场环境下,动力转向储油罐受震动、过热、弹片穿透或爆炸冲击波的影响会产生小的孔径或裂纹,不损害结构强度的裂纹和空洞可以暂缓修理,但引起油液渗漏的裂纹必须马上修复。

10.2.2 动力转向储油罐3D打印抢修

10.2.2.1 3D打印抢修方案

1. 打印方式

综合分析抢修时间的紧迫性、经济性及效果的可靠性,打印件选取 FDM 打印方式。

FDM 是将丝状的热熔性塑料加热融化,三维喷头在计算机的控制下,根据截面轮廓信息,将材料选择性地涂敷在工作台上,快速冷却后形成一层截面。一层成形完成后,机器工作台下降一个高度(即一个分层厚度),再成形下一层,直至形成整个实体造型。

FDM 操作环境干净、安全,没有毒气或化学物质的危险,不使用激光,可在办公室环境下进行操作。原材料以卷轴丝的形式提供,成本较低,易于搬运和快速更换。可选用的材料有 ABS、PC、PPSF、浇铸用蜡和人造橡胶等。

目前,FDM 精度可达 0.127mm,做小件或精细件时精度相对较高,与截面垂直的方向强度小,成形速度较快,适合小型简单塑料模型和零件的加工。

2. 打印材料

FDM 的打印材料主要为热塑性材料,且要求熔融温度低、黏度低、黏结性好、收缩率小。

本案例选取 PLA 材料,PLA 材料具有良好的加工性,更易塑型;产品强度高,韧性好,线径精准,色泽均匀,熔点稳定;PLA 材料的热稳定性好,加工温度 170~230℃,有良好的抗溶剂性,性能参数如表 10-2 所列。

表 10-2 PLA 材料性能参数

物理性能		力学性能	
密度/(kg/L)	1.20~1.30	拉伸强度/MPa	40~60
熔点/℃	155~185	断裂伸长率/%	4~10
特性黏度 IV/(dL/g)	0.2~8	弹性模量/MPa	3000~4000
玻璃化转变温度/℃	60~65	弯曲模量/MPa	100~150
传热系数/(W/(m²·K))	0.025λ	Rockwel 硬度	88

3. 打印方法

3D 打印新的储油罐后可以使用旧储油罐的滤芯,也可以使用携带的替换滤芯。如果抢修现场没有可用的滤芯备件,储油罐上也可以不用滤芯,短时间内不影响车辆正常行驶,当车辆完成任务或转移到安全地域后再安装滤芯。若仅考虑动力转向储油罐的储油功能,打印动力转向储油罐时,为节省打印时间可适当缩小尺寸。

4. 3D 模型

动力转向储油罐三维图形主要由 7 部分组成,包括盖子、瓶口、罐体、小支撑(2 个)、大支撑、进油管和出油管,如图 10-7 所示。

5. 打印机及参数设置

本次试验采用哈尔滨工业大学研发的 SoftSmart-3 型 3D 打印机,具体参数设置如表 10-3 所列。

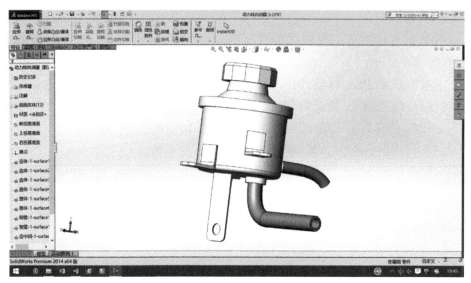

图 10-7 动力转向储油罐的三维模型

表 10-3 打印机参数设置

质量	层厚	0.2mm
	初始层厚度	0.25mm
	线宽	0.4mm
	顶/底层线宽	0.5mm
	支撑线宽	0.4mm
墙	壁厚	0.8mm
	壁行数	2
	顶/底层厚度	0.8mm
	顶层数	5
	底层数	4
填充	填充密度	50.00%
	填充线距离	7.5mm
	填充重合率	10%
	填充重合	0.05mm
	表层重合率	5%
	表层重合	0.025mm

第10章 车辆装备战场抢修3D打印实例验证

续表

材料	打印温度	215℃
	打印平台温度	45℃
	直径	1.75mm
	回缩距离	2.5mm
	收缩率	40mm/s
速度	打印速度	100mm/s
	填充速度	90mm/s
	壁速度	50mm/s
	外壁速度	40mm/s
	内壁速度	70mm/s
	空驶速度	120mm/s
空驶	梳理模式	All
	空驶时避开已打印部分	√
	空驶回避距离	0.625mm
冷却	最小速度	0.15mm
	风扇速度	100%
	常规/最大速度阈值	10s
	每层最少时间	5s
支撑	I轴交撑与模型间距	0.15mm
	支撑放置	Everywhere
	支撑临界角	57°
	支撑密度	15%
	支撑线宽	3mm
打印平台	附着类型	Raft（带有顶板的网络类型）
	Raft下外加边线	4mm
	Raft下气隙	0.2mm
	Z轴方向首层重合	0.1mm
	Rafe下中间层线宽	0.8mm
	Raft下中间层间距	1.0mm

续表

打印设置	Raft下中间层打印速度	40mm/s
	Raft下底座打印速度	25mm/s
	Raft下风扇速度	0%
网格修复	拼接	√
特殊模式	打印顺序	同时打印
	表面模式	正常

10.2.2.2 动力转向储油罐3D打印抢修试验

1. 实物打印

按照打印方案中的参数设置对打印机进行打印温度、分层厚度、填充率等基本的参数设置,选取模型文件,打印成品如图10-8所示。

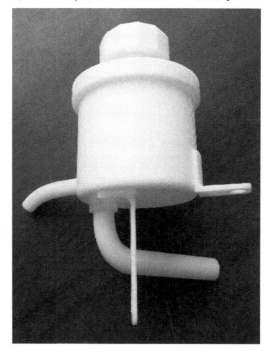

图10-8 动力转向储油罐打印成品

2. 实车验证

将打印好的动力转向储油罐装在实车上验证,发现可以代替原件,能保障车辆行驶功能,说明此3D打印件适用于战场抢修。

10.3 气门室罩盖

10.3.1 气门室罩盖技术特性和损伤模式

1. 技术特性

气门室罩盖位于发动机之上,需有一定的防震动性能,考虑气门室罩盖的保护作用,其设计应满足以下要求:

(1) 刚度大、抗变形和承受能力强。

(2) 整体性强,以提高防振性能。

(3) 合理安装,避免润滑油外泄。

(4) 具有一定的耐腐蚀性能。

2. 损伤模式

气门室罩盖的主要损伤模式是破损。

10.3.2 气门室罩盖战时破损 3D 打印抢修

10.3.2.1 3D 打印抢修方案

打印方式、打印材料、打印参数同动力转向储油罐,下面重点阐述打印方法和三维模型。

1. 打印方法

在战场环境下,若气门室罩盖损坏,需进行换件修理。应利用 3D 打印机按原尺寸进行打印,但是考虑可靠性,六缸气门室罩盖的机油加注盖螺纹需适当扩大。

2. 三维模型

气门室罩盖的三维模型如图 10-9 所示。

10.3.2.2 气门室罩盖 3D 打印抢修试验

1. 实物打印

按照打印方案中的参数设置对打印机进行打印温度、分层厚度、填充率等基本的参数设置,选取模型文件,3D 打印机主板里固化的软件开始读取文件,并控制逐层打印,其打印成品如图 10-10 所示。

2. 实车验证

将打印好的气门室罩盖装在实车上验证,发现可以代替原件,能保障车辆行驶功能,说明此 3D 打印件适用于战场抢修。

图 10-9　气门室罩盖的三维模型

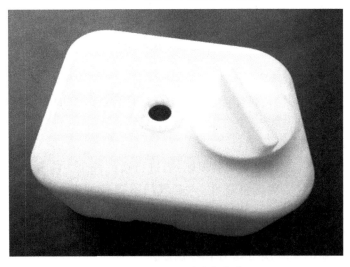

图 10-10　气门室罩盖打印成品

10.4　放油螺塞

10.4.1　放油螺塞技术特性和损伤模式

1. 技术特性

放油螺塞是车辆上不可或缺的一种零件,在车辆许多总成、部件中都有应用,如发动机油底壳、变速箱箱体以及燃油箱等。它一般位于各种箱体、壳体的下端,起着排放杂质、沉积物的作用。

车辆发动机和底盘各总成都是通过机械运动实现动力传递的,不可避免地会产生摩擦,必须通过机油进行润滑和降温。机油在各传动部件之间流动带走了摩擦产生的各种碎屑、积炭以及外部进入的灰尘,沉积在油底壳壳底或变速箱箱底。同时,机油在不断循环的过程中,高温油的品质下降,需要通过定期更换发动机和各总成内的机油。放油螺栓就是在更换机油时将油底壳内的杂质和品质差的机油排出的通道。

2. 损伤模式

车辆各个部位的放油螺塞一般都不会承受太大的载荷,强度和韧性要求较低,但对密封性的要求会比较高。所以在使用过程中,经常会出现拧得太紧、螺纹滑丝的现象,这样就导致车辆在行驶的过程中可能会漏机油,使机件润滑不良、异常磨损,严重时可能导致发动机拉缸抱瓦、车辆熄火。

10.4.2 放油螺塞战时破损 3D 打印抢修

10.4.2.1 3D 打印抢修方案

1. 抢修方法

放油螺塞滑丝传统的抢修方法是换件修理,但当备件供应不足或者携带备件标准不匹配时,很难将油孔堵住,而 3D 打印可以利用现成的工具进行测量和快速打印,很好地解决了这一问题。现有两种抢修方法如下:

(1)对于已经损坏并且没有备用更换件,但是具有三维模型数据的放油螺塞零件,可根据三维模型数据进行直接打印,生成实物。

(2)对于数据库中并没有三维模型数据的放油螺塞零件,可利用现有工具或扫描仪,测量或扫描逆向得出已损坏螺塞尺寸或者螺塞孔直径、螺距参数等,进行三维建模,实现快速打印,解决抢修问题。

2. 油底壳放油螺塞的 3D 模型

1)三维几何模型

采用 SolidWorks 或其他三维构图软件对放油螺塞进行建模,建立相应尺寸的三维模型。螺塞模型的直径、长度可根据已损坏螺塞的尺寸做相应调整,如图 10-11 所示。

2)切片处理

将 3D 模型转换成 3D 打印可识别的 STL 文件格式,调整误差,然后利用分

图 10-11　放油螺塞的三维模型

层控制软件调整 3D 模型文件的位置和尺寸,选择成形方式并设置相关参数,完成切片处理,并生成打印机可以识别的数据文件(如 Gcode 文件)。分层切片过程如图 10-12 所示。

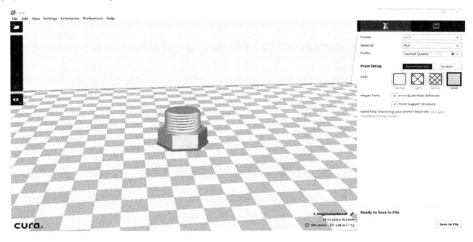

图 10-12　分层切片过程

3. 打印材料

综合分析现有打印耗材与放油螺塞的技术特性指标可知,尼龙、碳纤维、以 PLA 材料为代表的工程塑料都可以作为放油螺塞的暂时代用材料。其中,尼龙、碳纤维材料一般是采用激光烧结的成形方法,成本相对较高而且打印设备较为庞大。PLA 材料力学性能及物理性能优异,具有良好的流动性、快速凝固性、热稳定性,加工温度为 170~230℃,打印成品成形好、不翘边、外观光滑。因此,综合考虑材料特性以及战场抢修的时效性要求,选择 PLA 作为放油螺塞 3D 打印的材料。

4. 打印设备

PLA 材料一般以 FDM 方法进行 3D 打印,与 SLA、SLS 等方法相比,此种打印技术成形速度快、成本低、打印设备的体积相对较小,而且使用维护简单,非常适用于战场复杂环境。因此,选择基于 FDM 原理的 SoftSmart-40s 型打印机作为打印设备。

5. 打印参数

主要选取成形方向、打印温度、填充率和分层厚度 4 个参数,其他参数对打印精度和质量影响不大。

(1) 成形方向。成形方向的选择对尺寸精度有极大影响,通常成形方向范围为 0°~180°。经过大量简单并具有代表性的试验,在 0°、90°、180°三个方向分别打印,对比结果得到 90°时打印效果最好。所以可直接选择 90°作为放油螺塞的标准成形方向。

(2) 打印温度。打印温度与 PLA 材料的基本性能和喷头的相关设置有关。PLA 材料流动性最好的温度范围为 210~225℃,因此选择打印温度为 215℃。

(3) 填充率。打印机的默认值为 20%,为了保证放油螺塞的使用性能,填充率设为 100%,以保证较好的打印强度。

(4) 分层厚度。分层厚度的选择与成品的拉伸强度和打印品质有直接关系,分层厚度越小,成品纵向的拉伸强度越大,结构越致密。一般而言,对于 FDM 技术而言,打印分层厚度的设置值一般为 0.15~0.3mm,不同层厚对打印误差影响也存在差异。

综合考虑,选择 0.15mm 的分层厚度以保证较高的打印品质。

10.4.2.2 放油螺塞 3D 打印抢修试验

1. 实物打印

选取某型车辆油底壳放油螺塞,按照打印方案中的参数设置对打印机进行打印温度、分层厚度、填充率等基本的参数设置,选取模型文件,打印成品如图 10-13 所示。

2. 实车验证

将打印好的放油螺塞装在实车上验证,发现可以代替原件,能保障车辆行驶功能,说明此 3D 打印件适用于战场抢修。

图 10-13 3D 打印放油螺塞成品

10.5 中冷器进气管

10.5.1 中冷器进气管技术特性和损伤模式

1. 技术特性

中冷器进气管的作用是将在涡轮增压器中压缩的高温空气送入中冷器,因此要有一定的耐热性;由于窜缸混合气还原装置机油等需还原至吸气一侧,所以需要一定的耐油性。中冷进气管的常用材质有 AEM、ACM、氟橡胶、硅橡胶等,结构一般为增强爆破压力,采用芳纶线作为加强层。

2. 损伤模式

在战场环境下,中冷器进气管受震动、过热、弹片穿透或爆炸冲击波的影响会产生小的孔径、裂纹或损坏。

10.5.2 中冷器进气管 3D 打印抢修

10.5.2.1 3D 打印抢修方案

1. 抢修方法

打印中冷器进气管的材料是橡胶,有较高的耐热温度和优良的弹性、拉伸强度,与中冷器的进气口能够比较紧密的配合。结合中冷器进气管的工作环境,初步拟订以下两种抢修方法:

(1)选取合适的柔性材料,通过 3D 打印技术,加工与原件相同尺寸的进气管,保证能够与中冷器接口相匹配。由于材料和加工方法原因,这种方法的成本相对较高。

(2)对与中冷器匹配的部分选用柔性材料加工成用于匹配的套筒,而对于进气管的主体部分只需选取满足耐热性能的材料即可。套筒的内径与进气管的外径相同,使用装配时用管箍紧固。这种方法的成本相对较低。

2. 打印材料

材料性能是进气管最为重要的指标,它决定了进气管能否适应复杂的工作环境。材料选择在产品设计中处于极其重要的地位。传统设计中产品材料的选择主要考虑材料的力学性能、产品的基本性能等因素的影响,而往往很少考虑产品的环境适应性问题。

综合考虑材料的基本性能(使用性能和工艺性能)、经济性能和环境性能三大要素,最佳的材料应该是PLA。

3. 打印设备

PLA材料一般以FDM的成形方法进行3D打印,与SLA、SLS等方法相比,此种打印技术成形速度快、成本低、打印设备的体积相对较小,而且使用维护简单,非常适用于战场复杂环境。因此,选择基于FDM原理的SoftSmart-40s型打印机作为打印设备。

4. 3D模型

1) 三维模型

利用装备零部件模型获取系统可打印的模型。在已建立模型数据库的基础下,可直接调用损坏部件的模型。若数据库未录入该损坏部件的立体模型,则可通过3D扫描仪或利用SolidWorks等绘图软件现场获得中冷器进气管的模型。为了体现战场环境的突发性和复杂性,考虑损坏部件不方便利用3D扫描仪进行扫描,本次试验运用SolidWorks现场制作中冷器进气管的模型,如图10-14所示。

2) 模型处理

利用装备零部件模型获取系统得到的三维模型,复制模型数据处理系统进行分层处理,将3D模型转换成3D打印可识别的STL文件格式,调整误差,利用分层控制软件Cura调整3D模型文件的位置和尺寸,选择成形方式,设置相关参数,完成切片处理,生成打印机可以识别的数据文件(如Gcode文件),如图10-15所示。

5. 打印参数

(1)打印温度。打印温度与PLA材料的基本性能和喷头的相关设置有关。PLA材料流动性最好的温度范围为210~225℃,因此选择打印温度为220℃。

(2)分层厚度。分层厚度的选择对成品的拉伸强度和打印品质有直接关系,分层厚度越小,成品纵向的拉伸强度越大,结构越致密。一般而言,对于

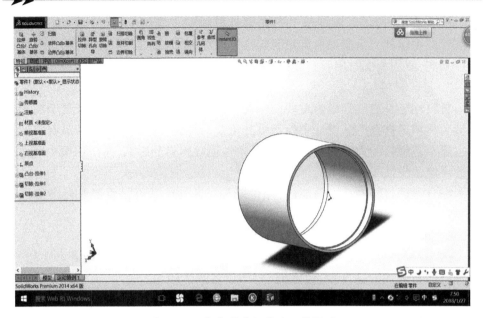

图 10-14　中冷器进气管的三维模型

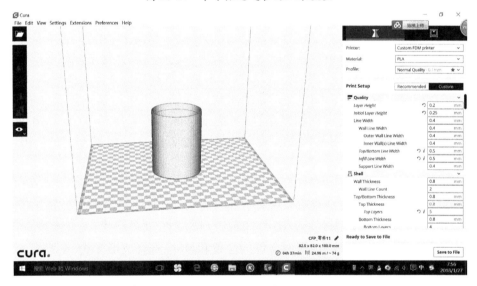

图 10-15　分层切片过程

FDM 技术而言,打印分层厚度的设置值一般为 0.15~0.3mm,不同层厚对打印误差影响也存在差异。综合考虑,选择 0.15mm 的分层厚度,以保证较高的打印品质。

(3)填充率。为了保证打印件结构的稳定性,将填充率设置为 100%。

10.5.2.2 中冷器进气管3D打印抢修试验

1. 实物打印

按照打印方案,设置打印机的打印温度、分层厚度、填充率等参数,选取模型文件,3D打印机主板中固化的软件开始读取文件,并控制逐层打印。其打印成品如图10-16所示。

图10-16　3D打印中冷器进气管成品

2. 实车验证

将打印好的中冷器进气管装在实车上进行验证,发现可以代替原件,能保障车辆行驶功能,说明此3D打印件适用于战场抢修。

10.6　散热器进水管

10.6.1　散热器进水管技术特性和损伤模式

1. 技术特性

车辆运行时,散热器进水管与出水管的压力载荷要求较低,但作为冷却系统的关键部件,其耐热和耐高温性能的要求较高。

散热器胶管又称为冷却液胶管或水箱弯管,属异型胶管,其耐热等级分为100℃、125℃、150℃和175℃。其中,100℃级的散热器胶管,使用温度不超过100℃,主体材料为SBR、NBR和CR,其中CR适用于对耐油性能要求较高的情况。

2. 损伤模式

低压水管一般采用耐热的硫化橡胶材料,没有相应的防护装置,战场环境下很容易受到弹片、炮火的毁伤。损伤模式一般是断裂破损：管路受到弹片、炮火毁伤而发生破损或断裂，导致漏水或渗水而无法正常工作。

10.6.2 散热器进水管战时破损 3D 打印抢修

10.6.2.1 3D 打印抢修方案

1. 抢修方法

打印散热器进水管的材料是橡胶，这种材料有较高的耐热温度和优良的弹性、拉伸强度，与散热器的进水口能够比较紧密的结合。考虑散热器进水管的工作环境，初步拟订以下两种抢修方法：

（1）选取合适的柔性材料，通过 3D 打印技术加工与原件相同尺寸的低压水管，保证能够与散热器和调温器的金属接口相结合。由于材料和加工方法的原因，这种方法的成本相对较高。

（2）与散热器配合的部分选用柔性材料，加工成用于衔接的套筒，水管的主体部分只需选取满足耐热性能的材料即可。套筒的内径与水管的外径相同，使用装配时用管箍紧固。这种方法的成本相对较低。

2. 打印材料

材料性能是低压水管最为重要的指标，决定了低压水管能否适应复杂的工作环境。材料选择在产品设计中处于极其重要的地位。传统设计中材料的选择主要考虑材料的力学性能、产品的基本性能等因素，往往很少考虑产品与环境的兼容问题。因此，传统的材料选择已不能充分满足现代设计的要求。

综合考虑材料的使用性能和工艺性能、经济性能和环境性能三大要素。用多目标决策分析的 AHP 方法，建立三维模型进行材料选择的三维思想图，如图 10-17 所示。

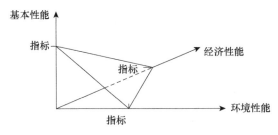

图 10-17　材料选择的三维思想图

根据材料选择的原则，建立材料选择的三维框架，如图 10-18 所示。
根据以上选材方法，进行材料的优化决策：
步骤 1：根据散热器进水管的工艺性能必须满足的技术指标值，取各技术指

第10章 车辆装备战场抢修3D打印实例验证

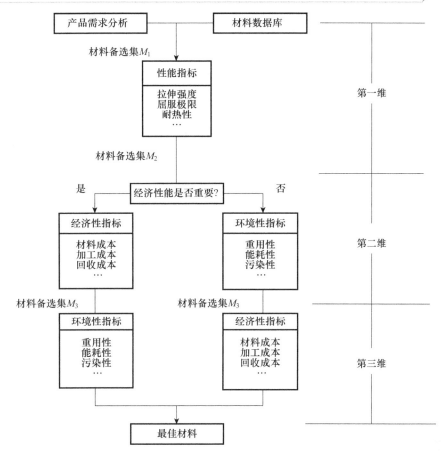

图 10-18 材料选择的三维框架

标的交集,从备选集 M_1 中初选出符合条件的材料,构成备选集 M_2。

步骤2:判断经济性和环境性的重要程度,根据环境相关的一些法律和法规以及战场抢修的要求,本案例认为选择环境性比经济性重要。

步骤3:计算环境性能指数。从备选集 M_2 中任意选取5种材料逐一求和,乘以质量系数,得出每种材料的环境性能指数,具体如表10-4所列。

表 10-4 材料的环境性指数

材料名称	环境性指数
PLA	7.86
ABS	6.57
尼龙	4.80

续表

材料名称	环境性指数
聚苯乙烯	4.10
碳纤维	5.78

从表 10-5 的环境性指数可以看出，PLA 的环境性指数最大。备选材料集 M_3 中就只包含 PLA 这种材料。

步骤 4：根据经济性指标，对备选材料集 M_3 中的材料进行经济性的比较与评判，选择经济性最好的一种。其中，尼龙材料和碳纤维材料的价格较好，激光烧结的加工成本也相对高昂。所以，最佳的材料应该是 PLA。

3. 打印设备

PLA 材料一般以 FDM 的成形方法进行 3D 打印，与 SLA、SLS 等方法相比，此种打印技术成形速度快、成本低、打印设备的体积相对较小，而且使用维护简单，非常适用于战场复杂环境。因此，选择基于 FDM 原理的 SoftSmart-40s 型打印机作为打印设备。

4. 打印参数

打印过程中的参数设置对打印件的质量影响较大，本节主要考虑打印温度和分层厚度两个参数。

(1) 打印温度。打印温度与 PLA 材料的基本性能和喷头的相关设置有关。PLA 材料流动性最好的温度范围为 210~225℃，因此选择打印温度为 215℃。

(2) 分层厚度。分层厚度的选择对成品的拉伸强度和打印品质有直接关系，分层厚度越小，成品纵向的拉伸强度越大，结构越致密。一般而言，对于 FDM 技术而言，打印分层厚度的设置值一般为 0.15~0.3mm，不同层厚对打印误差影响也存在差异。综合考虑，选择 0.15mm 的分层厚度，以保证较高的打印品质。

5. 3D 模型

1) 三维几何模型

采用 SolidWorks 或其他三维构图软件对低压水管进行建模，建立相应尺寸的三维模型。水管模型尺寸是 25cm×27cm，如图 10-19 所示。

2) 切片处理

将 3D 模型转换成 3D 打印可识别的 STL 文件格式，调整误差，然后利用分层控制软件调整 3D 模型文件的位置和尺寸，选择成形方式，设置相关参数，完成切片处理，生成打印机可以识别的数据文件 (如 Gcode 文件)，分层切片过程如图 10-20 所示。

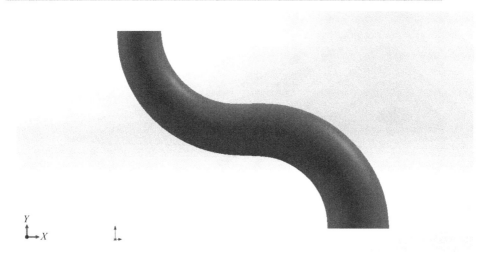

图 10-19　低压水管的三维模型

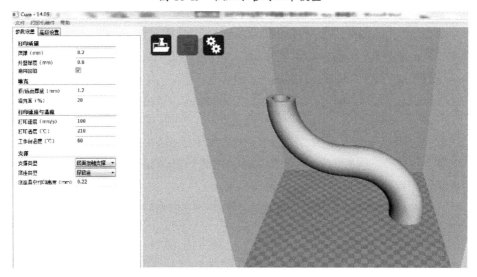

图 10-20　分层切片过程

10.6.2.2　散热器进水管 3D 打印抢修试验

1. 实物打印

经过约 2h 的打印,获取了成形的 3D 打印水管,如图 10-21 所示。

2. 实车验证

将车辆上散热器进水管取下,清洁散热器的进水口和调温器的出水口。把两个尼龙材料的管套分别套在 PLA 材料的两端,用管箍进行固定,利用尼龙材料的柔性特点,将水管与散热器和调温器的金属口相结合,用管箍密封连接

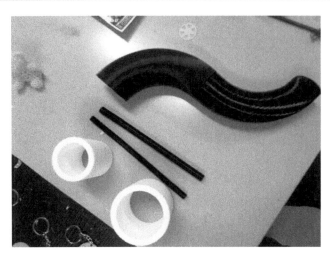

图 10-21　3D 打印低压水管与尼龙套筒成品

部分。

启动车辆并试运行,抢修过的低压水管恢复正常工作,短时间内没有出现漏水现象及其他故障,车辆可以正常运行。

10.7　齿轮

采用金属熔覆修复系统,该系统不仅适用于成批、小批及单件轴类齿轮类零件修复,而且适用于成批、小批及单件的零件成形整体熔覆打印加工。其外形图如图 10-22 所示。

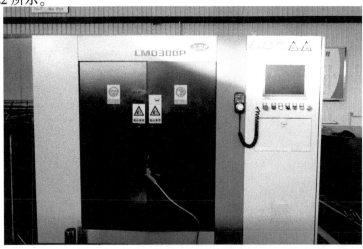

图 10-22　金属熔覆修复系统

10.7.1 齿轮技术特性与损伤模式

1. 技术特性

齿轮在车辆上有广泛的应用,例如发动机、变速箱、传动轴等多个系统内存在许多组合的齿轮。这些齿轮一般位于各种壳体、箱体内,是机械传动装置的重要组成部分,主要用于传递动力、改变扭矩。

齿轮传动装置由主动齿轮、从动齿轮和机架组成。主、从动齿轮直接接触(啮合),通过啮合处法向反力来推动从动轮转动。齿轮在动力传递中一般要承受一定的载荷,因此往往会造成齿轮的磨损或因其他故障而失效。

齿轮需要遵循相应的技术要求,主要如下:
(1)传递运动准确性;
(2)传递运动平稳性;
(3)载荷分布均匀性;
(4)传动侧隙的合理性。

2. 损伤模式

齿轮工作时的一般受力情况如下:
(1)齿部承受很大的交变弯曲应力;
(2)换挡、启动或啮合不均匀时承受冲击力;
(3)齿面相互滚动、滑动,并承受接触压应力。

所以齿轮的损坏形式主要是齿的折断和齿面的剥落及过度磨损。

10.7.2 齿轮战时破损 3D 打印抢修

10.7.2.1 三维数据获取

首先齿轮的断齿在断裂之后,截断的面呈不规则的形状,要进行增材修复的话需要获取断裂部分的三维数据,获取之后才能进行打印。这个过程中使用XTOM 三维扫描仪进行解决。首先对断面处做一个处理,使其光滑平整,这样增材也可以与齿轮进行很好的对接。然后对缺损的齿轮进行扫描,扫描时需要保证以下几点:

(1)齿轮断裂部分的数据需要扫描完整,否则在后期无法进行 bool 求差;
(2)工件的特征部分数据尽可能多,为后期对齐做准备;
(3)模型需要进行封闭处理,否则无法进行求差。

图 10-23 为齿轮扫描结果,图 10-24 为齿轮 CAD 模型。

图 10-23　齿轮扫描结果

图 10-24　齿轮 CAD 模型

10.7.2.2　缺损部分数据检测

在获取了破损齿轮的三维网格数据之后,接下来的目的是求出缺损的部分,这里需要用到齿轮原始设计的完整的 CAD 模型,将完整的齿轮 CAD 模型与破损齿轮的扫描数据进行求差,得出缺损部分的数据,如图 10-25 所示。

10.7.2.3　缺损部分打印

获取了破损齿轮的缺损部分模型之后,就可以通过 3D 打印机(图 10-26)将缺损部分的数据打印出来并与破损的齿轮合并。这一步需要对

网格-平面裁剪1

图 10-25　齿轮缺损部分数据

坐标系进行转换,将三维缺损部分模型的坐标系与 3D 打印机的坐标进行对齐,之后才可以实施打印,否则打印出的数据可能与齿轮对接不上。3D 打印结果见图 10-27。

图 10-26　3D 打印

图 10-27　3D 打印结果

10.7.2.4　性能测试

对缺损齿轮修复件进行了力学性能测试,其抗拉强度、屈服强度、延伸率和断面收缩率基本与锻造件相匹配,低于锻造件,测试数据见表 10-5。

表 10-5 齿轮修复件的测试数据

编号	材料名称	设备参数				成形参数						缺陷情况	热处理状态	取样方向	室温力学性能				来源文档
		设备名称	光纤芯径/μm	激光器型号	熔覆头型号	送粉器/粉槽宽度/mm	光斑直径/mm	激光功率/W	扫描速度 mm/min	送粉量(r/min)	保护气载气/(L/min)	成形道数	搭接率/%	抬升量/mm				抗拉强度/MPa	屈服强度/MPa	延伸率/%	断面收缩率/%	硬度
316L不锈钢	老三轴	400	锐科2000W	苏大	RC/6	3.2	900	180	1.2	20/3	—	50	1	存在气孔缺陷	沉积态	沉积方向	636.65	334.5	47	—	—	20180319-ZJCZ-GYYFZ-SCN《搭接斜墙力学性能分析》v1,20180416
														存在气孔缺陷、未融合缺陷	沉积态	扫描方向	573.85	365.55	36.5	—	—	
														存在气孔缺陷	退火态	沉积方向	557.5	336.1	56.5	—	—	ZJCZ-GYYFZ-SCN《热处理后搭接斜墙力学性能分析》v1
														存在气孔缺陷、未融合缺陷	退火态	扫描方向	477.8	356.2	13.3	—	—	

参 考 文 献

[1] 卢秉恒,李涤尘. 增材制造(3D 打印)技术发展[J]. 机械制造与自动化,2013,42(04):1-4.
[2] 石全,米双山,王广彦,等. 装备战伤理论与技术[M]. 北京:国防工业出版社,2007.
[3] 陈希林,肖明清,王学奇. 国内外战场抢修研究的现状和发展[J]. 兵工自动化,2006(09):14-17.
[4] 刘卫强,周斌,封会娟. 3D 打印制造工艺在车辆领域的发展及其应用[J]. 内燃机与配件,2019(03):190-192.
[5] 蔡冬根,周天瑞. 基于 STL 模型的快速成形分层技术研究[J]. 精密成形工程,2012,4(06):1-4.
[6] 江洪,康学萍. 3D 打印技术的发展分析[J]. 新材料产业,2013,(10):30-35.
[7] 中国汽车工程学会,3D 科学谷. 3D 打印与汽车行业技术发展报告[M]. 北京:北京理工大学出版社,2017.
[8] 吕福顺. 熔融增材与铣削减材复合加工研究[D]. 淄博:山东理工大学,2018.
[9] Siavash H. Khajavi, Jouni Partanen, Jan Holmstrom. Additive Manufacturing in the Spare Parts Supply Chain [J]. Computers in Industry, 2014, 65:50-63.
[10] János Plocher, Ajit Panesar. Review on Design and Structural Optimisation in Additive Manufacturing: Towards Next-generation Lightweight Structures[J]. Materials & Design, 2019, 183.
[11] GE Reports. An Epiphany of Disruption: GE Additive Chief Explains How 3D Printing Will Upend Manufacturing [EB/OL]. (201-06-21)[2017-7-10].
[12] 中国汽车工程学会. 节能与新能源汽车技术路线图[M]. 北京:机械工业出版社,2017.
[13] John Mark Mattox. Additive Manufacturing and Its Implications for Military Ethics[J]. Journal of Military Ethics, 2013, 12:3, 225-234.
[14] 祁萌,李晓红,徐林. 国外国防领域武器装备研制中增材制造技术应用现状分析[J]. 国防制造技术,2018,(1):13-19.
[15] 崔培枝,姚巨坤,李超宇. 基于信息流的装备维修备件精确保障模式与体系[J]. 设备管理与维修,2017,0(5).
[16] 邓启文,陈强,郭继周,等. 3D 打印技术对武器装备发展的影响[J]. 国防科技,2014,35(4):63-66.
[17] 向永华,徐滨士,吕耀辉,等. 发动机排气门等离子熔覆再制造[J]. 金属热处理,2010,35(7):66-69.
[18] 訾飞跃,李坡,张志雄. 3D 打印技术与装备快速维修保障[J]. 兵器材料科学与工程,2018,41(4):106-110.
[19] 王鑫,彭绍雄,卜亚军. 基于 3D 打印的备件保障系统可用度模型[J]. 兵工自动化,2016,(2):17-21.
[20] 栾振城. 基于 3D 打印技术的海军舰船器材保障能力研究[J]. 中国修船,2016,29(5):44-46.
[21] 欧阳治民. 3D 打印提升装备野战抢修效率[N]. 解放军报,2015-08-12(2).
[22] 李飞,王瑶. "增材再制造技术"走进装备保障体系[N]. 解放军报,2015-01-06(1).
[23] Mei Yang, Minle Wang. Architecture Design for Joint Operation and Command Information System-of-Systems[P]. 2013.
[24] J Wu, X S Shen. On the Complexity of Technology System-of-Systems[C]. Proceedings of the 2012

International Conference on system Science and Engineering,Dalian,2012:282-287.
[25]于永利,张柳.装备保障工程技术型谱[M].北京:国防工业出版社,2015.
[26]王志勇,游光荣.装备维修技术体系结构初探[J].航空科学技术,2010,(5):22-24.
[27]DoDAF Working Group. DoDAF(version2.0)[R]. USA:Department of Defense,2009.
[28]任长晟,葛冰峰,陈英武.武器装备技术体系结构描述方法[J].兵工自动化,2010,29(10):42-46.
[29]陈伟龙,陈春良,刘彦,等.战场抢修任务动态调度的研究综述[J].现代防御技术,2018,46(04):139-152.
[30]周斌,封会娟,杨万成,等.军用车辆维修工程[M].北京:兵器工业出版社,2016.
[31]S. Mohammad H. Hojjatzadeh, Niranjan D Parab , Wentao Yan, et al. Pore Elimination Mechanisms During 3D Printing of Metals[J]. Nature Communications,2019,10(1).
[32]陈宏庆,马志勇,张家彬,等.增材制造适用材料及产品机械性能研究[J].机械制造,2019,57(1):1-6.
[33]王春净,夏成宝,叶达飞.3D打印技术:如何颠覆传统制造业[J].机械制造,2014,52(3).
[34]张连重,李涤尘,崔滨,等.战场环境3D打印维修保障系统:装备快速保障利器[J].现代军事,2017(04):110-112.
[35]C. Lindemann, U. Jahnke, M. Moi, et al. Analyzing Product Lifecycle Costs for a Better Understanding of Cost Drivers in Additive Manufacturing [C]. the 23rd Annual International Solid Freeform Fabrication Symposium, 2012.
[36]常雷雷,李孟军,汪刘应,等.装备技术体系设计与评估[M].北京:科学出版社,2018.
[37]水藏玺,吴玉新,刘志坚.流程优化与再造[M].北京:中国经济出版社,2013.
[38]郝杰忠,杨建军,杨若鹏.装备技术保障运筹分析[M].北京:国防工业出版社,2006.
[39]蒋跃庆.军事装备保障[M].北京:中国大百科全书出版社,2007.
[40]费韬,戴恒毅,刘智勇.再制造的军事应用探讨[J].国防技术基础,2010(3):55-58.
[41] Thomas Schopphoven, Andres Gasser, Gerhard Backes. EHLA:Extreme High Speed Laser Material Deposition[J]. Laser Technik Journal,2017,14(3).
[42]高超峰,余伟泳,朱权利,等.3D打印用金属粉末的性能特征及研究进展[J].粉末冶金工业,2017,27(5):53-58.
[43]文怀兴,刘杏,陈威.聚醚醚酮复合材料的改性研究及应用进展[J].工程塑料应用,2017,45(01):123-127,136.
[44]王亚萍,周蓓,张彤,等.面向再制造的零件缺损部分模型重建方法[J].哈尔滨理工大学学报,2018,23(6):7-12.
[45]朱曙光,余平洋.基于Geomagic Studio的三维快速建模研究[J].内江科技,2018,39(09):113-114.
[46]宋苗锐,贺成柱,龙华,等.基于网络平台的三维模型数据库关键技术研究[J].机械研究与应用,2014,27(05):52-56. 2-55.
[47]罗九林,魏兆磊,潘洪平.熵权-集对分析方法在抢修效能评估中的应用[J].兵工自动化,2013(5):10-12.
[48]王海涛,朱春生,安立周,等.野战机场抢修抢建施工方案决策与自动生成系统的研究[J].机械设计与制造工程,2012,41(13):69-72.
[49]罗九林,魏兆磊,李爱民,等.熵权-集对分析方法在抢修方案优选中的应用[J].车辆与动力技术,2012(3):29-32.
[50]刘忠敏,张德宝,贾云非.美军装备维修的管理体制及特点探析[C].装备维修工程研究学术会议论文

集,北京:解放军出版社,2007.
[51] 李执力,杨华冰,张进.浅谈美军的战场抢修[J].国防科技,2005(3):71-75.
[52] 李建平,石全,甘茂治.装备战场抢修理论与应用[M].北京:兵器工业出版社,2000.
[53] 许国银,熊筱和,余鑫,等.美军战时装备保障探析[J].地面防空武器,2005(2):60-64
[54] 陈希林,肖明清,王学奇.国内外战场抢修研究的现状和发展[J].兵工自动化,2006,25(9):14-17.
[55] Srull D W,Wallick D J,Kaplan B J.Battle Damage Repair:An Effective Force Multiplier[J].Battle Damage Repair An Effective Force Multiplier,1991.
[56] Capt Robert H. McMahon, Analysis of the Training Requirements for Effective Aircraft Structure Battle Damage Repair [D]. Ohio: Airforce Institute of Technology.
[57] Xiong X,Zhang H,Wang G,et al.Hybrid Plasma Deposition and Milling for an Aero Engine Double Helix Integral Impeller Made of Super Alloy[J].Robotics and Computer Integrated Manufacturing,2010,26(4):291-295.
[58] Xiong X,Zhang H,Wang G.Metal Direct Prototyping by Using Hybrid Plasma Deposition and Milling[J].Journal of Materials Processing Tech,2009,209(1):124-130.
[59] 周加永,纪平鑫,莫新民,等.3D打印技术在军事领域的应用及发展趋势[J].机械工程与自动化,2015(6):217-219.
[60] 郭亚军.综合评价理论、方法及应用[M].北京:科学出版社,2008.
[61] 弗洛伦斯·N.特雷费森.管理的运筹学[M].约翰·霍普金斯大学出版社,1954:6-8.
[62] Pawlak Z.Rough sets[J].International Journal of Computer & Information Sciences,1982,11(5):341-356.
[63] Slowinski R. Rough set approach to decision analysis [C]. Foundations of Computing and Decision Sciences.1995.
[64] Heckerman D.Causal Independence for Knowledge Acquisition and Inference[J].Uncertainty in Artificial Intelligence,1993,5(1):122-127.
[65] Heckerman D,Breese J S.A New Look at Causal Independence[J].Uncertainty Proceedings,1994:286-292.
[66] Heckerman D, Shachter R. A Decision-Based View of Causality[J]. Uncertainty Proceedings, 1994:302-310.
[67] Opricovic S,Tzeng G H.Compromise Solution by MCDM Methods:A Comparative Analysis of VIKOR and TOPSIS[J].European Journal of Operational Research,2004,156(2):445-455.
[68] Horenbeek A V, Pintelon L, Muchiri P. Maintenance Optimization Models and Criteria[J]. International Journal of System Assurance Engineering & Management,2010,1(3):189-200.
[69] Bertolini M, Bevilacqua M. A Combined Goal Programming—AHP Approach to Maintenance Selection Problem[J].Reliability Engineering & System Safety,2006,91(7):839-848.
[70] Wang L, Chu J, Wu J.Selection of Optimum Maintenance Strategies Based on a Fuzzy Analytic Hierarchy Process[J].International Journal of Production Economics,2014,107(1):151-163.
[71] Nezami F G,Yildirim M B.A Sustainability Approach for Selecting Maintenance Strategy[J].International Journal of Sustainable Engineering,2013,6(4):332-343.
[72] Demirel O F, Zaim S, Turkyılmaz A, et al.Maintenance Strategy Selection Using AHP and ANP Algorithms:a Case Study[J].Journal of Quality in Maintenance Engineering,2012,18(1):16-29.
[73] 何志德,宋建社,马秀红.武器装备战时备件保障能力评估[J].计算机工程,2004,30(10):38-39.
[74] 马世宁,刘谦,孙晓峰.装备应急维修技术研究[J].中国表面工程,2003,(03):7-11+16.

229

[75] 王一任.综合评价方法若干问题研究及其医学应用[D].长沙:中南大学,2012.
[76] 苏为华.多指标综合评价理论与方法问题研究[D].厦门:厦门大学,2000.
[77] 武子荣,陈曼青,崔伟宁.基于遗传算法的战时任务抢修过程优化研究[J].科技传播,2015(16).
[78] 许伟,曾凡明,刘金林,等.基于知识库的舰船应急抢修决策支持系统研究[J].中国修船,2012,25(4):43-46.
[79] 张芳玉,高崎,何鹏,等.战时装备维修任务指派模型及算法研究[J].运筹与管理,2006,15(1):62-65.
[80] 王锐,李羚伟,郭波,等.一种基于多目标多约束的战时抢修力量调度[J].兵工自动化,2010,29(1):34-37.
[81] 刘利.基于贝叶斯网络的战场抢修顺序优化模型[J].航天控制,2005,23(6):72-75.
[82] 张濡川,刘作良,王硕.基于模糊多属性决策的威胁度评估与排序研究[J].现代防御技术,2005,33(1):15-18.
[83] 石全,李建平,康建设.基于知识库的BDAR分析方法研究[J].计算机工程,2000,26(9):137-139.
[84] 甘茂治,康建设,高崎.军用装备维修工程学[M].北京:国防工业出版社,2005.
[85] 杨鹏.基于FMECA的故障树分析系统自动生成算法研究[D].南昌:江西师范大学,2009.
[86] 杨小彬,李和明,尹忠东,等.基于层次分析法的配电网能效指标体系[J].电力系统自动化,2013,37(21):146-150.
[87] 朱建军.层次分析法的若干问题研究及应用[D].沈阳:东北大学,2005.
[88] 郭金玉,张忠彬,孙庆云.层次分析法的研究与应用[J].中国安全科学学报,2008,18(5):148-153.
[89] 郭金维,蒲绪强,高祥,等.一种改进的多目标决策指标权重计算方法[J].西安电子科技大学学报(自然科学版),2014,41(6):118-125.
[90] 欧阳森,石怡理.改进熵权法及其在电能质量评估中的应用[J].电力系统自动化,2013,37(21):156-159.
[91] 李辉.改进的组合赋权雷达图在电网电能质量综合评估中的应用[J].北京工业大学学报,2014,40(3):348-353.
[92] 山成菊,董增川,樊孔明,等.组合赋权法在河流健康评价权重计算中的应用[J].河海大学学报(自然科学版),2012(6):622-628.
[93] 李兆伟,刘福锁,李威,等.基于TOPSIS法考虑电力安全事故风险的运行规划分负荷方案优化[J].电力系统保护与控制,2013(21):71-77.
[94] 熊鸿斌,陆冬梅.综合指数法在环巢湖旅游大道生态环境影响分析中的应用研究[J].环境污染与防治,2013,35(11):46-50.
[95] 黄静,马宏忠,纪卉.密切值法在电能质量综合评价中的应用[J].电力系统保护与控制,2008,36(3):60-63.
[96] 刘安.组合综合评价方法的研究及应用[D].兰州:兰州商学院,2012.
[97] 汪淑娟,金菊良,汪明武.用遗传算法的兼容度极大化模型选优水污染治理方案[J].水利科技与经济,2004,10(5):281-283.
[98] 詹丽,杨吕明,杨东福.基于兼容度和差异度的圈闭评价方案优化研究[J].系统工程理论与实践,2007,27(1):152-156.

附录 A APDL 语句

1. 温度场模拟 APDL 语句
fini
/clear,all
/filname,3d_thermal
/config,nres,100000
/nerr,100000
/prep7
B=20
L=80
G=2
CN=5
SHIWEN=25
JIAWEN=210
*do,i,1,CN
block,0,L,0,B,2*(i-1),i*2
*enddo
et,1,70
mp,reft,1,SHIWEN
mp,dens,1,1.6e-9
mptemp,1,20,100,150,200
mpdata,nuxy,1,1,0.35,0.35,0.35,0.35
mpdata,ex,1,1,3500,1200,450,60
mpdata,c,1,1,2000e6,2000e6,2000e6,200e6
mpdata,kxx,1,1,0.36,0.36,0.36,0.36
mp,alpx,1,72.4e-6
esize,2
vmesh,all

```
nummrg,all
save
/solu
antype,trans
ic,all,temp,SHIWEN
timint,off
time,1e-5
solve
timint,on
alls
ekill,all
D,ALL,temp,SHIWEN
tt=0
nsel,,loc,x,0
nsel,a,loc,x,l
nsel,a,loc,y,0
nsel,a,loc,y,b
nsel,a,loc,z,0
nsel,a,loc,z,CN*g
cm,biaomian,node
alls
sfdele,all,all
sf,biaomian,conv,72e-3,shiwen
*do,i,1,CN
*do,j,1,B/2
*do,k,1,L/2
tt=tt+0.1
nsel,,loc,z,2*i
sf,all,conv,72e-3,shiwen
nsel,,loc,z,2*(i-1),2*i
nsel,r,loc,y,2*j
sf,all,conv,72e-3,shiwen
nsel,,loc,z,2*(i-1),2*i
```

nsel,r,loc,y,2*(j-1),2*j
nsel,r,loc,x,2*(k-1),2*k
ddele,all,all
d,all,temp,JIAWEN
cm,jiazain,node
esln,s,1
ealive,all
alls
time,tt
solve !
nsel,,loc,x,2*(k-1),2*k
nsel,r,loc,y,2*(j-1),2*j
nsel,r,loc,z,2*(i-1),2*i
esln,s,1
ddele,all,all
*enddo
*enddo
*enddo

2. 应力场的 APDL 语句

fini
resu,3d_thermal,db ! 重读,进入应力分析
/filname,3d_stress
/config,nres,100000
/nerr,100000
/prep7
et,1,70
mp,reft,1,SHIWEN
mp,dens,1,1.6e-9
mptemp,1,20,100,150,200
mpdata,nuxy,1,1,0.35,0.35,0.35,0.35
mpdata,ex,1,1,3500,1200,450,360
mpdata,c,1,1,2000e6,2000e6,2000e6,200e6
mpdata,kxx,1,1,0.36,0.36,0.36,0.36

```
mp,alpx,1,7.24e-6
alls
ddele,all,all
sfedel,ll,all
etchg,tts
/solu
antype,trans
nropt,full
nlgeom,on
alls
ealive,all
timint,off
nsel,,loc,z,0
d,all,all
alls
time,1e-5
ldread,temp,,,1e-5,,3d_thermal,rth
alls
solve
timint,on
alls
ekill,all
tt=0
*do,i,1,CN
*do,j,1,B/2
*do,k,1,L/2
tt=tt+0.1
nsel,,loc,z,2*(i-1),2*i
nsel,r,loc,y,2*(j-1),2*j
nsel,r,loc,x,2*(k-1),2*k
esln,s,1
ealive,all
alls
```

time,tt
! ldread,temp,,,tt,,diata,rth
nsubst,1000
outres,all,last
ldread,temp,,,tt,,3d_thermal,rth
solve
*enddo
*endd

附录 B 3D 打印概述

附表 B-1 车辆装备 3D 打印零部件技术参数要求

序号	部件名称	元件性能要求	功能	打印材质	打印工艺	备注
1.1	气缸体	机体一般用高强度灰铸铁或铝合金铸造，轿车发动机采用铝合金机体越来越普遍。机体的壁厚均为铸造工艺允许的最小壁厚，合金铸铁离心铸造的干式气缸套壁厚为2～3mm，精密拉伸的钢制气缸套壁厚为1～1.5mm	发动机的主体，它将各个气缸和曲轴箱连成一体，是安装活塞、曲轴以及其他零件和附表的支承骨架	铝合金,铸铁	选择性激光熔化（SLM）、选择性激光烧结（SLS）	
1.2	气缸盖	由优质灰铸铁或合金铸铁铸造，轿车用汽油机多采用铝合金，其地平面的温度应控制在300℃以下	密封气缸，与活塞共同形成燃烧空间，并承受高温高压燃气	铝合金,铸铁	选择性激光熔化（SLM）、选择性激光烧结（SLS）	
1.3	气缸垫	(1) 金属石棉垫以石棉为基体，外包钢皮。有的在缸孔周围加金属用编织钢丝或轧孔钢板为背架，有的钢皮，但强度较差。(2) 金属垫用单块光整的钢板制成，在密封处有弹性凸纹、靠凸纹的弹性及耐热密封胶的作用来密封。其优点是强度高，密封效果好，但成本较高	保证燃烧室的密封，防止气缸漏气和水套漏水	钢	选择性激光烧结（SLS）	
1.4	飞轮齿圈	材质为45或40Cr钢，加工工艺为：毛坯锻造—毛坯检测—调质处理—车床加工—滚齿—钻孔—淬火处理—探伤—高温回火—检测—包装	实现起动机与曲轴之间的动力传递	45或40Cr钢	选择性激光熔化（SLM）、选择性激光烧结（SLS）	
1.5	飞轮壳	飞轮壳形似盆状，其结构特点是外形尺寸大，最大直径可达600mm，高达300mm，飞轮壳大多采用灰铸铁铸造毛坯，材料结构特点是壁厚不均匀，一般处壁厚为6～8mm，最薄处为5mm，最厚处为40mm。与发动机及离合器连接的两个面的面积较大，压铸时容易产生变形，且变形量不易控制，所以两个面上的连接面必须进行机械加工	连接机体，防护和载体	灰铸铁	直接金属激光烧结（DMLS）、选择性激光烧结（SLS）	

续表

序号	部件名称	元件性能要求	功能	打印材质	打印工艺	备注
1.6	曲轴正时齿轮	汽车曲轴正时齿轮通常采用45、40Cr、35SiMn等钢，经调质或正火处理	机械装置中对完成相关控制功能起到同时尺度定位作用	45或40Cr钢	选择性激光熔化（SLM）、选择性激光烧结（SLS）	
1.7	气门室罩盖	气门室罩盖通常有铁的，有铝的，也有塑料材质的，对强度要求不高，结构比较复杂，一般是铸造加工	密封配气机构等部件，预防灰尘污染机油或者灰尘进入，加快配气机构零部件的磨损	工程塑料、金属	选择性激光熔化（SLM）、选择性激光烧结（SLS）	
1.8	气门推杆	气门推杆一般由冷拔无缝钢管制成，两端焊上球头和球座。也可以用中碳钢制成实心推杆，与推杆锻成一个实体	将挺杆的推力传给摇臂，驱动气门开启	中碳钢、高温合金	选择性激光熔化（SLM）、选择性激光烧结（SLS）	
1.9	气门挺杆	气门推杆一般由冷拔无缝钢管制成，两端焊上球头和球座。也可以用中碳钢制成实心推杆，与推杆锻成一个实体	利用机油压力将凸轮偏心轮上的力传递到气门			
1.10	凸轮轴止推片	止推片为发动机滑动轴承的一种。止推片的材料常用的有铝合金与铜板和铜合金或全铝合金的，也有铝合金的。止推片表面镀有0.45~0.75mm厚度的合金层。发动机止推瓦。止推片是发动机的主要摩擦副，在发动机运行中相比于其他零件是处于最恶劣的工况下工作的零件	保证曲轴轴向转动的同时，阻止曲轴轴向窜动	铝合金、高温合金	选择性激光熔化（SLM）、选择性激光烧结（SLS）	
1.11	空气滤清器滤芯	滤清器的过滤材质有许多，如纤维素、毛毡、棉纱、无纺布、金属丝及玻璃纤丝等，基本以树脂浸渍的纸质滤芯为主	滤除空气中灰尘、沙粒的作用，保证气缸中进入足量、清洁的空气	纸	分层实体制造（LOM）	

续表

序号	部件名称	元件性能要求	功能	打印材质	打印工艺	备注
1.12	排气歧管	排气歧管的工作温度达到了750℃以上，目前普遍使用的排气歧管从材料和加工工艺上分为铸铁歧管和不锈钢歧管两个类型。排气歧管长期在高温循环交变状态下工作，材料在高温下的抗氧化性能直接影响排气歧管的使用寿命。普通铸铁显然无法满足要求，需要在材料中加入合金元素提高材料的高温抗氧化性能	将各气缸的排气集中起来导入排气总管	不锈钢，高温合金	选择性激光熔化（SLM），选择性激光烧结（SLS）	
1.13	节温器	节温器内部为感热性良好的精致固态石蜡，一般由弹簧、胶管、感温体、节温器阀、阀座、推杆、上下支座等组成	控制冷却液流动路径		不适合3D打印	不建议采用3D打印
1.14	机油尺	由于机油尺插入孔存在拐弯路径，因而要求机油尺插入时的弹变能在抽出来时回弹复原。为此，机油尺的材料一般由退火状态的65Mn钢板剪成，厚度为0.8mm，327mm×5mm钢条制成。钢条一端作装配孔，另一端头部弯曲，中间两处折压成形，再经淬火、回火热处理	查看润滑油孔存量的一个常用控制量尺	钢	直接金属激光烧结（DMLS）、选择性激光烧结（SLS）	
1.15	加机油口盖	由耐油性良好的橡胶材料制成	防止机油从液压挺杆底下的气门眼前座流到进气歧管再进入气缸燃烧	橡胶，光敏树脂，尼龙等	熔融沉积成形（FDM）、立体光固化成形（SLA）	
2	离合器	接合平稳，分离迅速而彻底；调节和修理方便；外廓尺寸小；质量小；耐磨性好和有足够的散热能力；操作方便省力，常用的离合器分为牙嵌式与摩擦式两类	离合器安装在发动机与变速器之间，是汽车传动系统中直接与发动机相联的总成件。通常离合器发动机曲轴的飞轮组安装在一起，是发动机与汽车传动系统之间切断和传递动力的部件			不建议采用3D打印

附录 B 3D 打印概述

续表

序号	部件名称	元件性能要求	功能	打印材质	打印工艺	备注
2.1	离合器摩擦片	以摩擦为主要功能，兼有结构性能要求的复合材料。汽车用摩擦材料主要是用于制造制动摩擦片和离合器片。这些摩擦材料主要采用石棉基摩擦材料，随着对环保和安全的要求越来越高，逐渐出现了半金属型摩擦材料、复合纤维摩擦材料、陶瓷纤维摩擦材料	传导力矩	复合材料、陶瓷灯	选择性激光烧结（SLS）	
2.2	离合器壳	铸铁或铝合金铸造	保护离合器	铝合金、铸铁	直接金属激光烧结（DMLS）、选择性激光烧结（SLS）	
2.3	半轴	合成钢铸造，42CrMo合金钢、40MnB钢等。其具有很高的硬度，不易扭曲；耐高温；半轴表面还有一层防锈材料	将差速器与驱动轮连接起来	合成钢	直接金属激光烧结（DMLS）、选择性激光烧结（SLS）	
3	悬架系统	典型的悬架系统由弹性零部件、导向机构以及减震器等组成，个别结构还有缓冲块、横向稳定杆等。弹性零部件又有钢板弹簧、空气弹簧、螺旋弹簧以及扭杆弹簧等形式，而现代轿车悬架多采用螺旋弹簧和扭杆弹簧，个别高级轿车则使用空气弹簧			悬架系统结构复杂，强度要求较高，一般无法直接打印	

续表

序号	部件名称	元件性能要求	功能	打印材质	打印工艺	备注
3.1	悬架系统球头销	(1)接头。用热锻、冷镦、压制成形或铸造等方法制造压坯料,再进行切削加工。(2)球销。对冷镦制品进行机械加工方式是主流。(3)球座。带有弹性作用的聚丙烯酸酯和聚酯弹性体等合成树脂材料结构成为主流。(4)装配。球铰的结构不同,组装的方法也不同,但大多数以滚轮压入为主要方式	实现车轮上下跳动和转向运动	高温合金、合成树脂	直接金属激光烧结(DMLS)、立体光固化成形(SLA)、数字光处理(DLP)	
3.2	车轮	目前,车轮的主要材料有铝合金、钢材、镁合金以及一些复合材料和复合材组合材料,一般是铸造或锻造而成的	固定轮胎内缘,支持轮胎并与轮胎共同承受负荷	合金、复合材料、钢	选择性激光熔化(SLM)、选择性激光烧结(SLS)	
3.3	轮胎	天然/合成橡胶为主要材料,传统的轮胎生产工艺由四大工序组成:①塑混炼;②压延和压出;③成形;④硫化	支承车身,缓冲外界冲击,实现与路面的接触,并保证车辆的行驶性能	橡胶、塑料材料	熔融沉积成形(FDM)	
3.4	轮毂	轮毂是轮胎内廓支撑轮胎的圆筒形的、中心装在轴上的金属部件,又称为轮圈、钢圈、轮辋、胎铃。轮毂根据直径、宽度、成形方式、材料不同而种类繁多,铝合金轮毂的制造方法有重力铸造、锻造、低压精密铸造三种	轮胎内廓支撑轮胎的圆筒形的、中心装在轴上的金属部件	铝合金	选择性激光熔化(SLM)、选择性激光烧结(SLS)	
3.5	轴承	轴承分为滑动轴承和滚动轴承,常用材料为高碳轴承钢、渗碳轴承钢,抗腐蚀轴承钢等。其要求有良好的抗疲劳强度,较好的耐磨性,适宜的硬度等,一般通过锻造与机械加工相结合的一系列专业制造工艺进行加工的	支撑机械旋转体,降低其运动过程中的摩擦系数	轴承钢	选择性激光熔化(SLM)、选择性激光烧结(SLS)	

附录 B 3D 打印概述

续表

序号	部件名称	元件性能要求	功能	打印材质	打印工艺	备注
3.6	筒式减震器	双向作用筒式减震器一般由 4 个阀,3 个缸筒,2 个吊耳和 1 个活塞及活塞杆等组成	制弹簧吸震后反弹时的震荡及来自路面的冲击			不建议采用 3D 打印
3.7	稳定杆	形状呈 U 形,目前国内使用比较多的是 60Si₂MnA 材料,日本推荐使用 Cr-Mn-B 钢(SUP9、SuP9A),应力不高的稳定杆用碳素钢(S48C)	防止车身在转弯时发生过大的横向侧倾	Cr-Mn-B 钢	选择性激光熔化(SLM)	
3.8	推力杆	一般呈 V 字形,端头杆上有三个不同的端头,相互通过杆身另外两个端头铆接而成,在一副推力杆上有三个不同的端头,相互间具有严格的尺寸关系,杆身的材料一般为 35 钢	防止桥移位	35 钢	选择性激光熔化(SLM)	
4	车身					
4.1	安全带	宽约 50mm,厚约 1.2mm 的带;尼龙织带、高强涤纶织带;拉力强,耐磨性好,防紫外线等	保证安全行车	尼龙	立体光固化成形(SLA)、选择性激光烧结(SLS)	
4.2	后视镜	壳体部分材料采用工程塑料,如 MPP2、ABS 等;镜面材料大多采用浮法玻璃,执行标准 GB 11614—2022《平板玻璃》;固定盖板大多采用 08AL 或其他金属,执行标准 GB 13237—2013《低质碳素结构钢冷轧钢板和钢带》	获取汽车后方、侧方和下方等外部信息	ABS、玻璃、08AL 或其他金属	熔融沉积成形(FDM)、G3DP、选择性激光烧结(SLS)、选择性激光熔化(SLM)	
4.3	前挡风玻璃	目前,汽车前挡风玻璃以夹层钢化玻璃为主,能承受较强的冲击力	挡风遮雨,抵挡异物	玻璃	玻璃 3D 打印技术	

续表

序号	部件名称	元件性能要求	功能	打印材质	打印工艺	备注
5	动力转向系统					
5.1	动力转向器	主要包括机械转向器、齿轮式转向泵、转向动力缸、转向动力阀，由五六十个零件组成	把来自转向盘的转向和转角进行适当的变换（主要是减速增矩），再输出给转向拉杆机构，从而使汽车转向	合成钢	选择性激光熔化（SLM）	
5.2	动力转向油泵	叶片式转向泵、齿轮式转向泵、柱塞式转向泵，其中双作用叶片式转向泵因其尺寸小、噪声低、容积效率高等优点在各种车型中广泛采用。动力转向油泵由较多零件组成	协助驾驶员作用汽车方向调整	合成钢	选择性激光熔化（SLM）	
5.3	方向盘	内部钢制骨架，外面聚氯乙烯	将驾驶员作用到转向盘边缘上的力转变为转矩，后传递给转向轴	合成钢、PLA	选择性激光熔化（SLM），熔融沉积成形（FDM）	
5.4	转向传动轴	零件的材料为45钢，硬度（HBS）为240~300，基本尺寸为197.75cm	将驾驶员作用于转向盘的转向力矩传递给转向器	45钢	选择性激光熔化（SLM）	
5.5	驾驶室密封套	密封条为三元乙丙橡胶（EPDM），采用发泡与密实工艺复合而成，内含涤纶特的金属夹具和舌形扣，材料为钢丝或钢片	防尘、防雨、防震、除噪	橡胶	选择性激光烧结（SLS）	
6	制动系统					

附录 B　3D 打印概述

续表

序号	部件名称	元件性能要求	功能	打印材质	打印工艺	备注
6.1	制动踏板	(1)刚度：加载（500±10）N 的纵向力作用下，踏板的纵向位移应小于或等于5.0mm；加载（100±5）N 的正反方向的纵向力作用下，踏板的纵向位移应小于或等于2.5mm。 (2)抗扭性能：施加（15±1）N·m 正反方向的旋转力矩，踏板和焊缝位置应无裂纹或损坏等缺陷。 (3)强度性能：加载纵向力（2000±50）N，并保持30s后释放载荷踏板，踏板面永久变形量小于或等于5.0mm，并且无裂纹或损坏等缺陷	用于减速停车	合成钢	选择性激光熔化（SLM）	
6.2	制动管路	制动管路包括钢管和柔性软管 (1)钢管：基本制管材料为 SAE1008 或 SAE1010 冷轧钢，抗拉强度≥300MPa，屈服强度≥200MPa，延伸率≥25%，能承受 35MPa 内部静液压。 (2)柔性软管：在液压试验时，软管总成的每条样品必须在 27.6MPa 压力作用下，保持2min，柔性软管总成不得损坏，其最低爆裂压力为 34.5MPa	将从主缸取得的制动液传递到各个车轮制动器	合成钢、PLA	选择性激光熔化（SLM）、熔融沉积成形（FDM）	
6.3	液压助力器	一种机液伺服机构，驾驶员只要用很小的力来操纵助力器，就能带动有大载荷作用的舵面偏转	借助压缩空气、高压油等操控装置，以达到使用轻便的目的	合成钢	选择性激光熔化（SLM）	
6.4	制动总泵	采用 104 铝加一定添加剂液态模锻生产轻型汽车制动总泵铝合金主缸，其硬度平均值为 HB105	推动制动液（或气体）传输至各个制动分泵之中推动活塞	铝合金	选择性激光熔化（SLM）	

243

续表

序号	部件名称	元件性能要求	功能	打印材质	打印工艺	备注
6.5	制动器	汽车所用的制动器几乎都是摩擦式的，分为鼓式和盘式两大类。盘式制动器包含制动卡钳组件、制动盘和毂组件、轮毂、双头螺栓、摩擦面、摩擦块	使运动部件（或运动机械）减速、停止或保持停止状态等功能	合成钢	选择性激光熔化（SLM）	不建议采用3D打印
6.6	卡钳总成	盘式制动系统的卡钳有固定式卡钳和浮动式卡钳两种形式	有使运动的车轮减速、停止或保持停止状态等功能	合成钢	选择性激光熔化（SLM）	不建议采用3D打印
7	起动系统					
7.1	喇叭按钮	汽车电喇叭由铁芯、磁性线圈、触点、衔铁、膜片等组成	控制喇叭			不建议采用3D打印
7.2	水温传感器	汽车水温传感器安装在发动机缸体或缸盖的水套上，与冷却液直接接触，用于测量发动机的冷却液温度。温度传感器是一个负温度系数热敏电阻（Negative Temperature Coefficient Thermistor，NTC），其阻值随温度升高而降低，有一根导线与电控单元ECU相连，另一根为搭铁线	把冷却水温度转换为电信号			不建议采用3D打印
7.3	电压变换器	电压变换器能够将DC 12V、DC 24V、DC 36V或DC 48V直流电转换为和市电相同的AC 220V或AC 110V交流电，供一般电器使用	通过电磁感应原理和整流电路输出直流电流信号或电压信号			不建议采用3D打印
7.4	继电器	汽车继电器由磁路系统、接触系统和复原机构组成。磁路系统由铁芯、轭铁、衔铁、线圈等零件组成。接触系统由静簧片、动簧片、触点底座等零件组成。复原机构由复原簧片或拉簧组成	具有隔离功能的自动开关元件			不建议采用3D打印

附录 B　3D 打印概述

续表

序号	部件名称	元件性能要求	功能	打印材质	打印工艺	备注
7.5	保险丝	插片式保险,早期称为保险丝,国家标准中称为熔断器	起过载保护作用			不建议采用3D打印
7.6	暖风电机	壳体总成用于安装风机、散热器、蒸发器以及风门、连杆等部件;风机总成——散热器,电机固定,进水管、水阀及风机底座构成;暖风机总成通过传动机构控制各个风门的位置,分别实现实内/外循环风、吹脸、脚暖、脚等风向控制	作为循环空气供暖用	PLA	熔融沉积成形(FDM)	
7.7	雨刮电机	振动强度:10～100Hz时5g,冲击强度:0.03～0.08Hz时10g,电动机在500h耐久性实验中不应损坏	通过连杆机构将电机的旋转运动转变为刮臂的往复运动,从而实现雨刮动作	PLA	熔融沉积成形(FDM)	
7.8	喷淋泵		在泵的运转过程中对缸套、活塞进行冲洗和冷却			

245

附表 B-2　3D 打印材料性能表

序号	材料大类	材料名称	性能特点	打印工艺	打印应用实例
1	金属类	不锈钢	高强度与耐腐蚀性		珠宝、功能构件和小型雕刻品等
2		高温合金	优异的高温强度、良好的抗氧化和抗热腐蚀性能、良好的疲劳性能、断裂韧性等综合性能		航空工业领域（军民用燃气涡轮发动机热端部件不可替代的关键材料）
3		钛合金	强度大、密度小、硬度大、熔点高，抗腐蚀性很强，良好的生物相容性	选择性激光熔化（SLM）、电子束熔化（EBM）、直接金属激光烧结（DMLS）、选择性激光烧结（SLS）	英国的 Metalysis 公司利用钛金属粉末成功打印了叶轮和涡轮增压器等汽车零件、生物医学植入物、牙科植入物等
4		铝合金	质轻、强度高，良好的热性能		薄壁零件如换热器等其他汽车零部件、航空航天薄壁和复杂形状零件
5		铜基合金	良好的导热性和导电性，可以结合设计自由度，产生复杂的内部结构和冷却通道		半导体器件，也可用于微型换热器，具有壁薄、形状复杂的特征
6		贵金属材料（金、纯银、黄铜）	稀有金属，价值较高，导热性良好		饰品 3D 打印材料、珠宝设计

附录 B　3D 打印概述

续表

序号	材料大类	材料名称	性能特点	打印工艺	打印应用实例
7	工程塑料	PC材料（聚碳酸酯）	高强度、耐高温、抗冲击、抗弯曲等特点，强度比ABS材料还要高60%	选择性激光烧结（SLS）	德国拜耳公司开发的PC2605可用于防弹玻璃、树脂镜片、车头灯罩、宇航员头盔面罩、智能手机的机身、机械齿轮等异型构件
8		PA材料（尼龙）	强度高，具备一定的柔韧性		索尔维公司基于PA的工程塑料进行3D打印样件，用于发动机周边零件、门把手套件、刹车踏板等
9		PPSF材料	热塑性材料里面强度最高，耐热性最好，抗腐蚀性最高的材料		广泛用于航空航天、交通工具及医疗行业，通常作为最终零部件使用
10		PEEK（聚醚醚酮）	耐高温、自润滑，易加工和高机械强度等优异性能		PEEK材料适合制造人体植入物
11		EP（弹性塑料）	材料柔软，产品弹性相当好，变形后也容易复原	熔融沉积成形（FDM）	可用于制作像3D打印鞋、3D打印衣物等产品
12		ABS材料	较好的冲击强度、尺寸稳定性、电性能、耐磨性、抗化学药品性、染色性、成型加工和机械加工都比较好		在汽车、家电、电子消费品领域有广泛的应用，2014年，国际空间站用ABS塑料3D打印机为其打印零部件
13	生物塑料	PLA材料	聚乳酸的相容性、可降解性、力学性能和物理性能良好，同时也拥有良好的光泽性和透明度，以及良好的抗拉强度和延展度		在汽车、家电、电子消费品领域有广泛的应用
14		PETG材料	PETG材料是一种透明塑料，是一种非晶型共聚酯，较好的韧性、透明度、颜色、耐化学药剂和抗应力白化能力，可很快热成形或挤出吹塑成形	熔融沉积成形（FDM）	广泛应用于板片材、高性能收缩膜、瓶用及异型材等
15		PCL材料	PCL（聚己内酯）具有良好的生物降解性、生物相容性和无毒性，熔点较低（大约60℃）		广泛用作医用生物降解材料及药物控制释放体系，还可用来打印心脏支架等

247

续表

序号	材料大类	材料名称	性能特点	打印工艺	打印应用实例
16	光敏树脂	SOMOS NEXT 材料	白色材质,类 PC 新材料,韧性非常好,基本可达到 SLS 制作的尼龙材料性能,而精度和表面质量更佳	立体光固化成形(SLA)、数字光处理(DLP)	主要应用于汽车、家电、电子消费品等领域,可以打印散热器风扇和耳塞套
17		SOMOS 11122 材料	具有优秀的防水和尺寸稳定性,能提供类似工程塑料的特性,在内的多种类包括 ABS 和 PBT		适合用在汽车、医疗以及电子类产品领域
18		SOMOS 19120 材料	粉红色材质,是一种铸造专用材料		铸造领域
19		环氧树脂	便于铸造的激光快速成形树脂,可用于熔融石英和氧化铝高温型壳体系		可用于制造极其精密的快速铸造型模
20	陶瓷材料	硅酸铝陶瓷粉末	具有高强度、高硬度、耐高温、低密度、化学稳定性好、耐腐蚀等优异特性	选择性激光烧结(SLS)	在航空航天、汽车、生物等行业有着广泛的应用,可作为理想的炊具、餐具(杯、碗、盘子、蛋杯和杯垫)和烛合、瓷砖、花瓶、艺术品等家居装饰材料
21	橡胶类材料		橡胶类材料具备多种级别弹性材料的特征,这些材料所具备的硬度、断裂伸长率、抗撕裂强度和拉伸强度,使其非常适合于要求防滑或表面柔软的应用领域		消费类电子产品,医疗设备以及汽车内饰、轮胎、垫片等

续表

序号	材料大类	材料名称	性能特点	打印工艺	打印应用实例
22	复合材料	碳纤维增强复合材料	出色的耐高温和抗化学性能		复合材料制作的3D打印仿生肌电假手
		复合型石膏粉末(全彩砂岩)	全彩砂岩制作的对象色彩感较强,3D打印出来的产品表面具有颗粒感		应用于制作模型、人像、建筑模型等室内展示物
23	蓝蜡和红蜡		表面光滑	多喷头造型(MJM)技术	蜡模,用于精密铸造,超越以前标准纯蜡模型制作与展示功能。可用于标准熔模铸造材料和铸造工艺的熔模铸造,是制作珠宝、服饰、医疗器械、机械部件、雕塑、复制品、收藏品石蜡模型的失蜡铸造工艺
24	生命材料	细胞膜质纳米晶体	加入石墨烯,可模拟神经传递电脉冲功能		打印人工神经组织,促进神经再生

249

附表 B-3 目前 3D 打印应用一览表

序号	应用领域	应用方式	具体应用方法	成功案例
1	航空航天	(1)零件制造；(2)产品设计研发；(3)工艺结构验证	部件验证	2016年，GE推出3D打印零件占35%的航空飞机发动机。GE用验证机对35%的3D打印零部件进行了验证，目的在于希望能将3D打印技术应用在飞机涡轮螺旋桨（Aircraft Turbine Propeller, ATP）发动机的研发中，为Cessna Denali飞机的建造面服务。通过以往传统制造方法所需的855个零部件将在3D打印技术的帮助下减少到12个部分，占总零件数的35%。这些3D打印零部件包括油箱、轴承座、排气架、燃烧室、热交换器和固定流道组件等
2			零件研发	2016年，泰雷兹·阿莱尼亚宇航公司（Thales Alenia Space）与3D打印服务公司Poly-Shape合作，使用金属3D打印技术为韩国通信卫星Koreasat-5A和Koreasat-7制造出了天线支架，并成功地通过了泰雷兹·阿莱尼亚宇航公司的动态测试
3			试验件研制	2016年，中国航天科技集团公司一院211厂利用激光同步送粉3D打印技术，成功实现了"长征五号"火箭钛合金芯级捆绑支座试验件的快速研制，这是激光同步送粉3D打印技术首次在大型主承力部段关键构件上应用。该产品的试制成功对拓展3D打印技术在箭体结构制造领域的应用，丰富大型难加工金属结构件研制技术手段具有重要意义
4			测试验证	2016年，美国国家航空航天局成功测试了一个以液态甲烷为燃料的3D打印火箭发动机涡轮泵。科学家们认为，液态甲烷是NASA登陆火星计划中航天器的理想发动机推进剂
5			零件实际制造	2016年4月，欧洲飞机制造商空客公司接收了其下一代空中客车A320neo客机的LEAP-1A发动机，这是空客正式将使用3D打印的合金燃料喷嘴用于飞机引擎上
6			应用研究	航天发动机涡轮轴转子首次实现3D打印。2016年，中国航天科工集团第三研究院三十一研究所与西北工业大学联合承担的国家某3D打印制造技术推广应用研究项目《激光选区熔化成形技术》(即一种3D打印技术在某涡轮泵上的应用研究)顺利通过现场测试验收

续表

序号	应用领域	应用方式	具体应用方法	成功案例
7	医疗领域	(1)生物3D打印；(2)非生物3D打印	人造器官	(1)2014年11月,Organovo公司推出了全球第一款商用3D打印人体肝脏组织exVive3D,用于毒理学和其他临床药物测试；(2)杭州电子科技大学的徐铭恩教授团队自主成功研制出的商品级3D打印机可打印生物材料和活细胞,目前成功打印出较小比例的人类耳朵软骨组织、肝单元等
8			人造血管	2015年10月25日,蓝光英诺发明制造的"全球首台3D生物血管打印机"在成都发布。新加坡南洋理工大学的Leong等试图研究适合于SLS技术的聚合物结构及其成形结构的特性,提出了制造条件、材料生物相容性、制造精度和可重复性是3D打印技术相关的关键要素,利用选择性激光烧结制造血管支架结构
9			人造骨骼	北京大学第三医院2016年6月15日宣布,利用金属3D打印技术,以替代此前被彻底切除的5节脊椎。患者术后生命体征平稳,出血量很少,用6.5h左右为患有骨索瘤的袁先生成功植入世界首个金属3D打印定制19cm长的人造脊椎
10			医疗辅助	天津中医药大学第一附属医院骨伤科首次将3D打印技术应用于创伤骨科手术,通过3D打印技术辅助成为患者实施了良好的效果。3D打印手术导板、医用教具、手术模型等
11			皮肤修复	Baca等实证某型纳米生物材料可保持细胞的水分、渗透压、PH值等理化特性,并有效促进和维持细胞的生长,取得了良好的皮肤组织再生效果。该材料是以多孔纳米生物材料模拟细胞外基质,采用静电仿丝技术制成多层胶原支架,再利用3D技术将人类皮肤层纤维细胞和朊细胞直接沉淀在支架上而形成的人造皮肤
12			齿科方面应用	3D打印种植牙、3D打印牙模、矫形器等

续表

序号	应用领域	应用方式	具体应用方法	成功案例
13	军事领域	(1) 武器研发； (2) 战场抢修； (3) 实时制造	战场维修	2013年，美国陆军快速装备部队（REF）在战区部署了第二个移动远征实验室（ELM），通过使用3D打印机和计算机数字控制制造设备，将铝、塑料和钢材生产加工成所需零部件，用来修复在作战中受损的飞机和地面车辆
14			实时制造	2014年，NASA将一台Zero-g 3D打印机送上太空，在太空中打印国际空间站中所使用的新工具和零部件，未来甚至打印卫星及航天器，拟实现太空按需生产的能力
15				2014年，美国海军将3D打印机规划为海上船只的标配设备，不仅可以为行驶中的船只打印供临时使用的零件，还可以用来打印无人机群，拟实现"海上制造"的能力
16				2016年，美国空军首次将3D打印部件（用于座位扶手的塑料端盖）用于E-3预警机上，代表着美国空军将3D打印技术用于军用飞机的开端
17			维修	安妮斯顿陆军基地采用激光近净成形技术成功维修M1"艾布拉姆斯"坦克的燃气涡轮
18				2015年，在"补给-2015行动"中，成都军区油料保障部也成功应用了集成在战场抢修车中的3D打印设备，现场应急打印了车辆的联轴器，完成了快速抢修任务
19			武器研发	美国Solid Concepts公司利用3D打印技术制造了世界上第一把金属手枪，并测试成功，该3D打印的金属手枪由30多个零件组成，经测试该3D打印手枪的射程比常规手枪差一些，但精度相当

续表

序号	应用领域	应用方式	具体应用方法	成功案例
20	教育领域	(1) 工程设计系：可打印出设计中的原型产品； (2) 艺术系：可制作3D版本的艺术品或时尚用品； (3) 生物系：可打印细胞、病毒、器官和其他重要的生物样本； (4) 历史系：可复制物品，方便进一步观察； (5) 建筑系：可方便地打印设计的建筑实体模型； (6) 地理系：可绘制真实的地势图、人口分布图等		MakerBot推出3D打印教育平台Thingiverse Education，教育工作者可以在这个平台上交流3D打印的相关技巧和标准操作
21				深圳市的南山实验小学、南山外国语学校、珠光小学，深圳外国语学校和明德实验学校等，此口学校，月亮湾小学，丽湖中学，同乐学校，育才二中，均已加入3D创客联盟，在新的技术革命下大胆创新，尝试开设3D打印课程，丰富中小学阶段信息技术学科的内容，激发学生的创造力和培养思考能力
22				英国教育部开展了一项为期一年的试验项目(2012.10—2013.9)，以21个学校为试点，将3D打印技术应用到数学、物理、计算机科学、工程和设计等课程中，探索3D打印的教学应用，推动教学创新
23				2013年初，澳大利亚的达尔文高中启动了一个项目，旨在让学生通过产品开发和工作流分析接触到微型企业的经营理念。使用3D打印技术，学生可以快速实现有关产品原型的想法，探索产品的设计，并且学习如何市场化运作产品
24				美国明尼苏达州的非营利性机构STARBASE建立了一个以航空航天为主题的课程，学生可以在这里策划火箭任务。这个项目最精彩的部分在于使用3D打印机来创造一个具有工作性能的火箭，学生们在打算这个项目的最后一天进行发射
25				2014年6月16日，北京市首个校内"3D打印实验室"落户北京二中亦庄学校，首次实现3D打印机走进校园
26				在上海协和国际学校，使用三维技术的学生从NASA免费提供的"黎明号"使命中扫描了小行星灶神星的图像。学生们在创造了他们自己的微缩模型，并通过动手实践来探索小行星
27				上海市静安区青少年活动中心创意梦工厂配置了3D打印机及配套的3D扫描仪，定期开设相关课程，免费供给有兴趣的学生学习三维设计和计算机辅助制造，打印自己设计的产品

续表

序号	应用领域	应用方式	具体应用方法	成功案例
28	汽车领域	应用方式	(1)方案策划； (2)概念设计； (3)工程设计； (4)样车试验； (5)投产启动	2013年3月，世界第一辆3D打印汽车——Urbee 2问世。其中，除底盘、发动机、电子设备等金属件采用传统方式制造外，其余部件均由3D打印技术打印而成
29				2014年，在美国芝加哥举行的国际制造技术展览会（International Manufacturing Technology Show，IMTS）上，Local Motors汽车公司展出了世界第一辆采用3D打印技术打造的电动汽车"Strati"
30				2015年7月，美国Divergent Microfactories公司推出全球首款3D打印超级跑车"Blade"
31				2015年7月，鹿特丹举行的壳牌环保马拉松赛（欧洲站）上，米自波兰的Iron Warriors团队使用Zortrax M200 3D打印机打印的概念车凭借1L油跑640km的成绩一举夺冠
32				2015年8月，澳大利亚初创公司EVX Ventures提出了一款名为"Immortus"的3D打印太阳能超跑概念设计
33				2007年，兰博基尼公司购入一台Stratasys Dimension 1200es 3D打印机应用于产品的开发环节。2010年，公司又相继购入Stratasys的Fortus360mc和Fortus 400mc制造系统，用于构建更大尺寸的零部件
34				2014年5月，日产汽车公司与一家总部位于澳大利亚墨尔本的3D打印服务公司Evok 3D合作，后者专门为公司日产的Motorsports（Nismo）提供打印服务，包括建造原型以及直接制造零件
35				2014年，据新闻报道，3D打印成功"修复"保时捷Carrera气缸盖

附录 B 3D 打印概述

续表

序号	应用领域	应用方式	具体应用方法	成功案例
36	食品领域			2013 年,NASA 投资 3D 食物打印机,打印比萨。据介绍,3D 打印机制作比萨的原理是,将碳水化合物、蛋白质和各种营养都制成粉末状,并将水分剔出,这样可以将保质期延至 30 年左右
37				2015 年 9 月,德国知名的糖果制造商 Katjes 用 3D 打印技术开启了"神奇糖果工厂",也是采用 FDM 技术,加热的挤出系统会熔化糖果,使其通过注射泵挤出到下面的构建平台上。它只需约 5min 就可以 3D 打印出一块 10g 的糖块
38				2015 年 6 月,全国最大的意大利冰淇淋连锁品牌,爱茜茜里推出了"3D 打印"冰淇淋(全国首发),与最新科技融合,革命性颠覆了冰淇淋制作过程中严格控制糖分和热量等,深受爱美女性的追捧
39				意大利面食生产商 Barilla,准备在几年内让每家餐厅都配置一台 3D 食品打印机,让食客们在几分钟内就能吃上自己设计的面食

附表 B-4　3D 打印主流技术一览表

序号	技术名称	特点	可打印的材料	能实现的主要设备	打印示例
1	立体光固化成形技术	原型件精度高，零件强度和硬度好，可制造出形状特别复杂的空心零件，生产的模塑柔性化好，可随意拆装，是间接制模的理想方法。其缺点是需要支撑，树脂收缩会导致精度下降，另外，立体光固化树脂有一定的毒性，不符合绿色制造发展趋势	光敏树脂	Lite 600HD	
2	分层实体制造技术	工作可靠，模型支撑性好，成本低，效率高，缺点是前、后期处理费时费力，且不能制造中空结构件	薄片材料，如纸、塑料薄膜等		
3	选择性激光烧结技术	材料适用面广，不仅能制造塑料零件，还能制造陶瓷、金属、蜡等材料的零件，造型精度高，原型强度高	金属、陶瓷、ABS塑料等材料		
4	熔融沉积成形技术	使用、维护简单，成本较低，速度快	ABS、PC、PP、PLA、合成橡胶等	Guider II 引领者 2	
5	PolyJet 聚合物喷射技术	优点：可同时喷射不同材料，适合多种材料、多色材料同时打印，满足不同颜色、透明度、刚度等需求；缺点：产品通常不适合长期使用，成本高	彩色硬脂、类橡胶、半透明材料，一直到具备生物兼容性的医用材料	Objet1000 Plus	

附录 B　3D 打印概述

续表

序号	技术名称	特点	可打印的材料	能实现的主要设备	打印示例
6	立体喷墨打印技术	优点:成形速度快,价格相对低廉,可实现大型件的打印(目前最大可打印 4m); 缺点:产品力学性能差,强度、韧性相对较低,通常只能做样品展示,无法适用于功能性试验			
7	连续液面生长技术	打印速度快到了颠覆性程度,分层理论上可以无限细腻,大大改善了产品的力学性能			
8	电子束熔融技术	能打印难熔金属,真空熔炼的质量可保证材料的高强度			
9	多喷头熔融技术	速度快			
10	选择性激光熔化技术	成形精度高,综合力学性能优,可直接满足实际工程应用	钛合金、铝合金、不锈钢等	BLT-S400、YLM-400	

257

附表 B-5 现阶段 3D 打印企业代表

序号	企业名称	工艺类型	打印应用	备注
1	杭州先临三维科技股份有限公司	SLA、SLS、SLM	工业制造,生物医学,文化创意,教育科研;汽车零部件:汽车仪表盘、动力保护罩、装饰件、水箱、车灯配件、油管、进气管路、进气岐管等零件	3D 扫描仪
2	上海联泰科技股份有限公司	SLA	快速原型制造,工业功能验证,个性化生产,熔模铸造	
3	浙江闪铸三维科技有限公司	FDM	建筑业,工艺品,科学研究,制造业,教育	
4	美国 3D Systems	SLA、SLS、DMP、MJP、CJP、PJP、FTI 等	教育,医疗,能源,珠宝,动漫,汽车,消费品,国防,航空,建筑,文化创意等行业。案例:打印太空卫星引擎零件、快速设计调压器、俄罗斯风力发电站 14 叶片定制涡轮	
5	以色列/美国 Stratasys	FDM、PolyJet	制造,原型制造,工具制造	
6	清华大学(江苏永年激光成形技术有限公司)	SLM、激光熔覆沉积成形 LCD 系统		颜永年团队
7	北京航空航天大学(中航天地激光科技有限公司)			王华明团队

续表

序号	企业名称	工艺类型	打印应用	备注
8	西北工业大学(西安铂力特增材技术股份有限公司)	SLM、LSF、EOS	航空:机身结构构件、发动机零部件、飞机附表、发动机控制部件;电子:雷达零部件、通信部件、半导体生产设备;能源动力:燃气轮机叶片、石油石化装备;模具:注塑模具、轮胎模具;汽车:转向节、模具、发动机零部件	黄卫东团队
9	西安交通大学(陕西恒通智能机器有限公司)	SLA、SLS、SLM、FDM	快速原型制作、快速模具制造以及逆向工程服务;汽车摩托:整机设计、3D外壳、大型钣金逆向设计、仪表盘、出风口、车灯罩	卢秉恒团队
10	华中科技大学(武汉华科三维科技有限公司)	SLS、DMLS	铸造、泵阀、航空航天、汽车、医疗和科学校等、液压回路演示系统	史玉升团队
11	德国 EOS	SLS、PBF(粉末床熔化)	汽车、航空、金属件	
12	英国雷尼绍 Renishaw	SLS 等	山地车、轮胎等	
13	美国 HP	多射流熔化		

附表 B-6 现阶段部分 3D 打印设备详情表

序号	工艺类型	设备名称	设备性能特点	生产国别公司	可打印的材料	示例
1	FDM	Guider II 引领者 2	成形尺寸：280mm × 250mm × 300mm 层厚：0.05~0.4mm	浙江闪铸三维科技有限公司	ABS、PLA、弹性材料、柔性材料、导电材料等	建筑业、工艺品、科学研究、制造业、教育
2	SLA	Lite 600HD	成形尺寸：600mm × 600mm × 400mm 层厚：0.05~0.25mm 扫描速度：18m/s（最大）8~15m/s（典型）	上海联泰科技股份有限公司	光敏树脂	快速原型制造、工业功能验证、个性化生产、熔模铸造
3	SLM	BLT-S400	成形尺寸：250mm × 400mm × 400mm 定位精度（mm/m）：Z轴，±0.005	西安铂力特增材技术股份有限公司	钛合金、铝合金、不锈钢等	发动机零部件、燃气轮机叶片
4	SLM	YLM-400	成形尺寸：300mm × 300mm × 400mm 最小光斑尺寸：20μm	江苏永年激光成形技术有限公司	钴铬合金、不锈钢、高温合金、钛合金、模具钢、铝合金、无氧铜	超大型金属熔化3D打印成形制造航空航天、军工、医疗器械、高端复杂模具制造等领域科研教学、新型材料研发
5	SLS	EP-P380	成形尺寸：380mm × 380mm × 500mm 层厚：0.08~0.3mm 扫描速度：7.8m/s（最大）	武汉华科三维科技有限公司	矿玻璃微珠复合尼龙物、纤维复合尼龙、碳纤维复合尼龙、PP、超高分子量PE等	波音飞机案例——管路改造

附表 B-7 中国汽车工程学会汽车制造 3D 打印路线

名称		2020 年	2025 年	2030 年
3D 打印技术	目标	关键零部件用模具制造，周期缩短 50%	新车研发周期缩短 50%	高端车/概念车零部件 3D 打印直接制造
	设备	实现高精度、大尺寸 SLA 和 SLS 装备	实现高精度 SLM 装备、复合 SLM-LENS/机加工装备	实现多材料复合打印装备
	材料	进一步完善树脂、覆膜砂、高分子材料在汽车铸造砂型、熔模等领域的应用	推广应用金属模具/复合材料零件	推广应用多材料、多结构件整体成形
	技术	推广应用 SLA 和 SLS 技术，实现汽车零部件 3D 打印间接制造	推广应用 SLM、EBM、LENS 技术，实现汽车零部件 3D 打印直接技术	推广应用多材料、复合 3D 打印技术，实现汽车 3D 打印技术的快速研发及批量制造

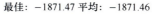

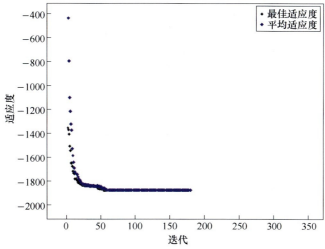

图 7-12 遗传算法寻优迭代过程

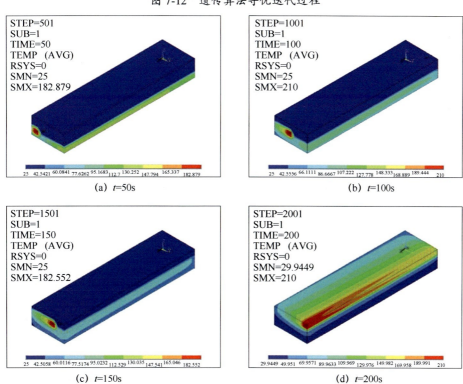

图 7-15 成形件温度分布云图

彩 1

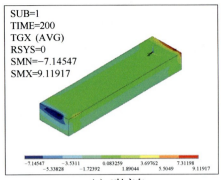
(a) X 轴方向

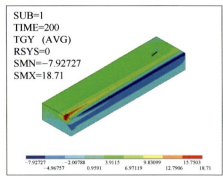
(b) Y 轴方向

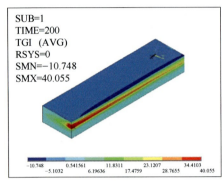
(c) Z 轴方向

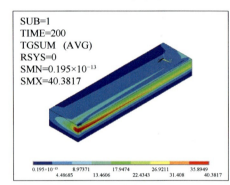
(d) 矢量和

图 7-17　成形结束时刻的温度梯度分布

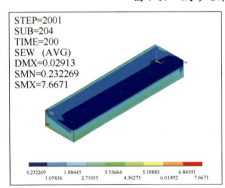
(a) 模型顶面

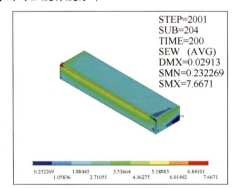
(b) 模型底面

图 7-19　等效应力场云图

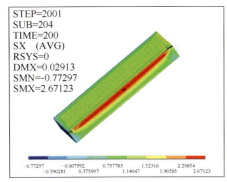

(a) σ_x 主应力

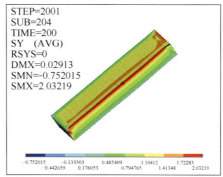

(b) σ_y 主应力

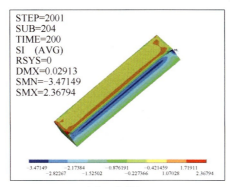

(c) σ_z 主应力

图 7-20　成形结束时刻的模型主应力云图

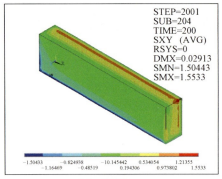 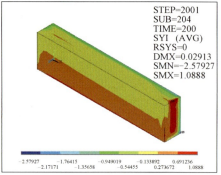

(a) τ_{xy}切应力　　　　　　　　　(b) τ_{xz}切应力

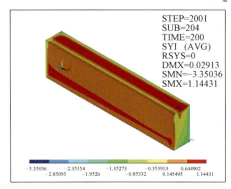

(c) τ_{yz}切应力

图 7-21　成形结束时刻的切应力云图

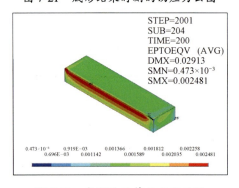

图 7-22　成形件的等效应变云图

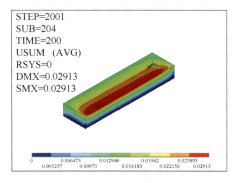

图 7-23 成形件的总位移云图

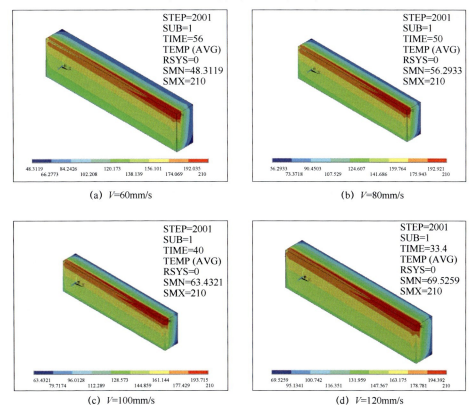

(a) V=60mm/s (b) V=80mm/s

(c) V=100mm/s (d) V=120mm/s

图 7-24 不同打印速度下成形结束时刻的温度场分布

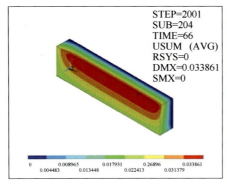

(a) V=60mm/s

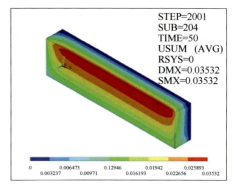

(b) V=80mm/s

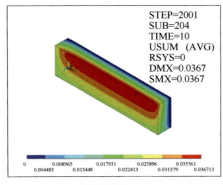

(c) V=100mm/s

(d) V=120mm/s

图 7-25　不同打印速度下成形结束时刻的总位移云图